践行绿色、低碳的新型城市滨水空间

——湾区水利工程设计管理与样例汇编

冷国兴　彭　智　陈荣毅　朱方敏　主编

黄河水利出版社

·郑　州·

图书在版编目(CIP)数据

践行绿色、低碳的新型城市滨水空间:湾区水利工程设计管理与样例汇编/冷国兴等主编. —郑州:黄河水利出版社,2023.5

ISBN 978-7-5509-3520-4

Ⅰ.①践… Ⅱ.①冷… Ⅲ.①水利工程-设计-南沙区②水利工程管理-南沙区 Ⅳ.①TV222②TV6

中国国家版本馆 CIP 数据核字(2023)第 095832 号

组稿编辑:王志宽 电话:0371-66024331 E-mail:wangzhikuan83@126.com

出 版 社:黄河水利出版社 网址:www.yrcp.com
　　　　地址:河南省郑州市顺河路黄委会综合楼14层 邮政编码:450003
发行单位:黄河水利出版社
　　　　发行部电话:0371-66026940、66020550、66028024、66022620(传真)
　　　　E-mail:hhslcbs@126.com
承印单位:河南匠心印刷有限公司
开本:787 mm×1 092 mm 1/16
印张:21.75
字数:520 千字 插页:6
版次:2023 年 5 月第 1 版 印次:2023 年 5 月第 1 次印刷

定价:148.00 元

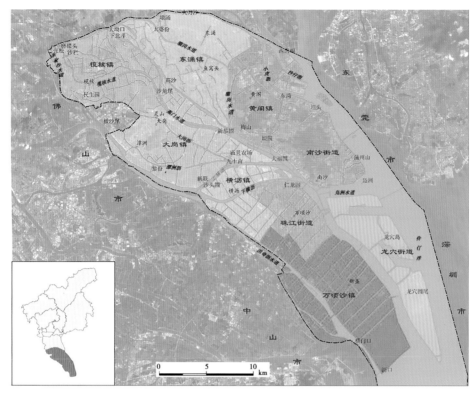

图1 南沙区概况图

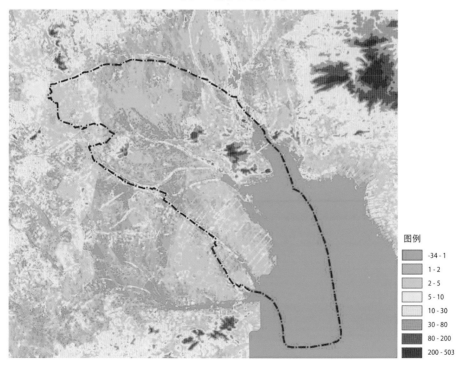

图例

-34 - 1
1 - 2
2 - 5
5 - 10
10 - 30
30 - 80
80 - 200
200 - 503

图2 南沙区现状高程图

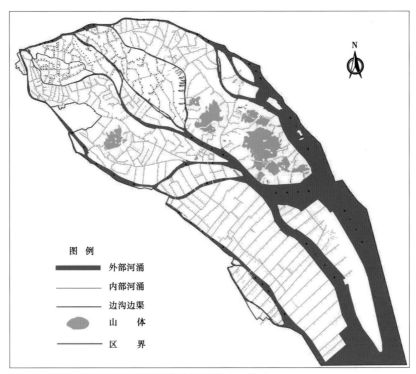

图3 南沙区现状水系分布图

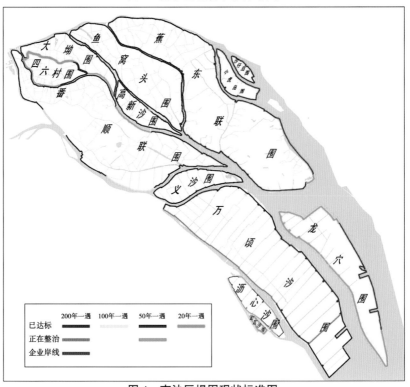

图4 南沙区堤围现状标准图

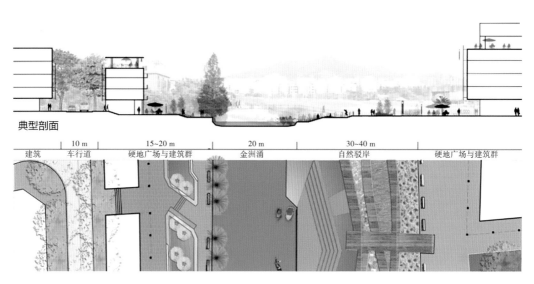

图 5 蕉门河堤岸效果

图 6 蕉门河实施效果

图7　海堤典型断面示意之一

图8　海堤典型断面之二

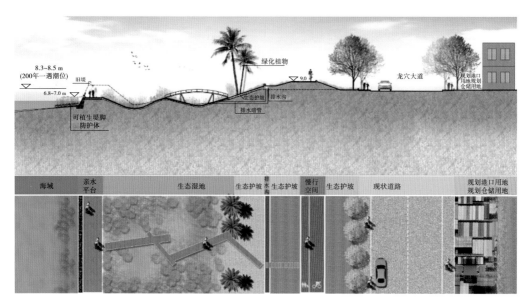

图 9　海堤典型断面之三

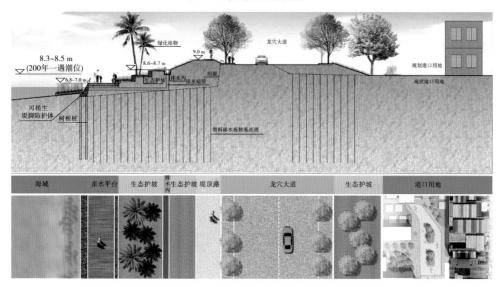

图 10　海堤典型断面之四

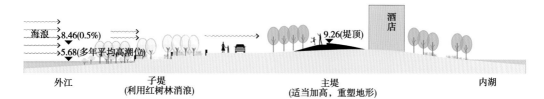

图 11　混合式海堤断面图

图 12　南沙区金州涌项目实施后效果图

图 13　南沙区大角山海滨公园日景、夜景设计方案图

图 14　南沙区大角山海滨公园节点设计方案图

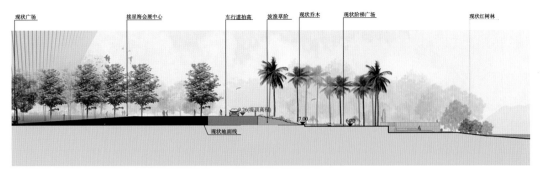

图 15 南沙区大角山海滨公园典型断面设计图

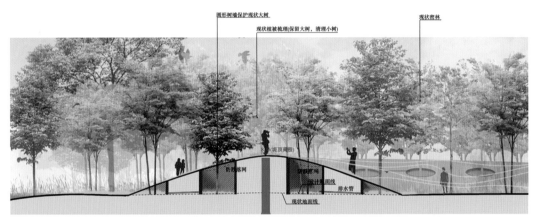

图 16 南沙区大角山海滨公园典型断面设计图

图 17 慧谷生态堤实景图一

图 18 慧谷生态堤实景图二

图 19　南沙凤凰湖城市山水空间总体布局图

《践行绿色、低碳的新型城市滨水空间
——湾区水利工程设计管理与样例汇编》
编委会

主　　编：冷国兴　彭　智　陈荣毅　朱方敏

副 主 编：张永恒　张　勉

编写成员：苏柱仲　陈泳妍　詹国富　吴欢强　陈佳鹏

　　　　　谢穗祥　向　鹏　黄　显　刘晓平　梁润华

　　　　　王英杰

参编单位：广州市南沙区建设中心

　　　　　广州市水务规划勘测设计研究院有限公司

　　　　　中水珠江规划勘测设计有限公司

　　　　　广东省水利电力勘测设计研究院有限公司

　　　　　中电建十四局城市建设投资有限公司

前　言

南沙地处粤港澳大湾区几何中心、珠江出海口,距香港38海里(1海里＝1.852千米,下同)、澳门41海里,是大湾区"半小时交通圈"的原点,是广东省唯一的国家级新区、广东自贸试验区面积最大片区、粤港澳全面合作示范区,正加快打造立足湾区、协同港澳、面向世界的重大战略性平台。南沙山、城、田、江、海交相辉映,水乡文化、岭南文化、海洋文化韵味独特,获评联合国"全球最适宜居住城区奖"金奖、全国法治政府建设示范区,是"中国最具幸福感城区"。

2019年,中共中央、国务院印发了《粤港澳大湾区发展规划纲要》,专章部署建设南沙粤港澳全面合作示范区。2022年6月,国家出台《广州南沙深化面向世界的粤港澳全面合作总体方案》,赋予南沙在国家战略矩阵中新的重要角色、重要使命,绘制了南沙未来发展的宏伟蓝图,为南沙改革发展注入新的强劲动力。2023年广州"两会"政府工作报告首次提出打造中心城区、南沙新区"双核"的概念,强化规划引领高质量发展,高标准编制面向2049的城市发展战略规划,开展新一轮南沙总体发展规划、国土空间总体规划编制,进一步明确了规划按照"精明增长、精致城区、岭南特色、田园风格、中国气派"的现代化都市理念。未来的南沙,将为世界留下更大的想象空间。

为全面提升南沙区防洪潮能力,统筹山水林田湖草沙治理理念,使南沙区高质量发展有坚实的水安全保障基础,按照"统筹谋划,内外兼顾,分期实施"的原则,以"工程第一、技术先行、规范有序、高效创新"的管理思路,引导和推动南沙范围内的河涌整治、新建和重建的海堤、水闸和泵站,以及溢流堰、截洪沟等工程建设系统化开展,避免分批分期建设出现较大的差异,有必要对上述各类水利工程建设提出适合南沙区总体规划、水文气象条件、工程地质条件和运行管理习惯的建设方案,推动南沙建立"世界水准、中国气派、湾区特色、岭南风韵"的高质量城市发展标杆。

本书以广州市南沙区水利工程中河涌、海堤、水闸、泵站、溢流堰、截洪沟和水系连通等常见的几类项目为例,结合国家现行的相关规范、规程以及南沙区建设条件的特点,对南沙区水利工程的常见做法、技术要求、规范强制性条款等进行归纳和分析。通过阅读本书,一是可以使设计管理人员更容易掌握水利工程基础知识,快速形成水利工程建设概念,全面提升自身素养和管理水平;二是通过汇总南沙区水利工程实例,提炼品质工程的设计理念,分析优秀方案,比选论证过程,总结水利工程建设经验,为后续南沙区水利工程的建设提供参考和借鉴。同时,附上南沙部分建设项目的效果图或建设方案,以飨读者!

　　本书的编写得到很多相关专业人士、部门、单位的大力支持,在此谨致以诚挚的谢意!

　　本书以水利工程方案设计为主线,融入了水利工程领域的一些实际案例分析,为水利工程的设计、评审和管理等工作提供了非常重要的指导作用。但由于作者水平有限,难免有所错漏。如有疏漏以及不当之处,敬请广大读者不吝指正。

作　者

2023 年 1 月

目　录

1 绪 论

1.1 南沙城市定位

2012 年 9 月 6 日,国务院正式批复《广州南沙新区发展规划》,南沙区正式跻身国家级新区。这意味着南沙新区即将迎来一个新型城市化阶段。《广州南沙新区发展规划》对南沙城市定位:立足广州、依托珠江三角洲、连接港澳、服务内地、面向世界,将南沙打造成为粤港澳全面合作示范区。

2012 年 11 月,党的十八大报告首次强调建设美丽中国,并把生态文明建设放在了突出地位,尤其强调了在经济建设、政治建设、文化建设、社会建设中融入生态文明。因此,水系为南沙生态文明建设的关键内容。

2015 年 3 月,中共中央政治局审议通过广州南沙自由贸易试验区总体方案,南沙新区将面向全球进一步扩大开放,在构建符合国际高标准的投资贸易规则体系上先行先试,重点发展生产性服务业、航运物流业、特色金融业以及高端制造业,建设具有世界先进水平的综合服务枢纽,将南沙打造成国际性高端生产性服务业要素集聚高地。

2015 年 7 月,广东省人民政府正式批复了《南沙新区城市总体规划(2012—2025)》,确定南沙区城市定位为:国家粤港澳合作和新型城市化综合示范区,内地与港澳、国际接轨的服务平台,珠江三角洲世界级城市群的枢纽性城市,广州国家中心城市的海上门户。

2017 年,国务院政府工作报告提出了建设粤港澳大湾区,南沙是粤港澳全面合作的示范区,未来也是粤港澳大湾区中心区域,具有全面整合来自大陆、港澳等多方资源的优势,要倾力将其打造成世界级大都会。这是南沙新区开发建设史上的里程碑,是南沙新区、广州市乃至广东省建设发展的重大历史机遇。

南沙地处珠江水系河口区范围,水网密布,水资源丰富。为保证未来"岭南水乡、钻石水城、国际水都、理想湾区"蓝图的实现,南沙旨在从水安全、水生态、水空间、水交通、水管理、水经济六方面对水务体系进行优化梳理,借鉴国际成功经验,结合地方特色,做好南沙"水"的文章,实现"以水兴城"的创新发展模式。

1.2 水利设计基本原则

(1)开展水利工程设计前,应先收集区域的总体规划和与水利相关的各专项规划,进行相关河网和堤围现状调查及问题分析,结合调查情况及区域规划定位,合理确定工程设计目标、深度和内容。

(2)河涌治理应以生态治理为主,分类分阶段实施,规划未稳定区域不应一步到位,应近、远期结合,近期以简单水环境、水质改善为主,远期再结合区域发展定位进行美化提升。水闸、泵站的建设应充分考虑区域未来的规划情况,与周边建筑物和景观相协调。

（3）水利工程各阶段的设计深度及报告编制应按各阶段相应规程、规范执行;开展设计工作时,应资料收集与勘察先行,收集区域各类规划、气象水文等资料;勘明水系水域、地形地貌、地下管线、工程地质、建筑材料等情况。

（4）水利工程设计方案应遵循避免大拆大建的原则,但对于侵占河道、影响排涝的乱搭乱建及河岸养殖建筑,必须统一清除。

（5）工程整治措施与第三方设施(例如市政桥梁、地下管线)交叉时,设计时应考虑应对方案,并应征求第三方设施权属单位的意见,必要时按照权属单位要求开展专项评估论证。

（6）设计时应考虑工程对周边利益人的影响,并编制对周边利益人的影响分析报告,工程投资应全面,必要的费用不能漏项。

（7）当受既有条件的约束导致部分整治内容难以同步实施时,应按照系统设计、分序实施的策略进行设计,先行实施的措施应为后续实施的措施预留空间与接口,同时应考虑后续实施的措施施工对先行实施措施的影响。

（8）水利工程的设计单位资质条件应符合住房和城乡建设部关于《工程设计资质标准》的相关资质要求。

1.3　适用范围

本书适用于南沙区范围内的河涌,新建和重建的海堤、溢流堰、截洪沟,新建和重建的水闸和泵站等工程。

1.4　编制目的

本书的编制目的是指引南沙区水利工程前期设计管理,贯彻落实新发展理念,在推动高质量发展上聚焦用力,实现"国际化、高端化、精细化、品质化"建设管理。

2 南沙区概况

2.1 南沙的历史变迁

南沙区是广州市最南端的一个行政区,位于北纬 22°33′33″至 22°52′46″、东经 113°26′27″至 113°41′03″之间,全区 803 km²,地处珠江出海口虎门水道西岸,承接西江、北江、东江三江交汇之水。东临狮子洋,与东莞市隔水相望;西以洪奇沥水道为界,与中山市隔水相峙;北靠沙湾水道,与番禺区相连;南濒珠江入海口,扼广州出海洋之通道。下辖南沙、珠江、龙穴 3 个街道和万顷沙、横沥、大岗、黄阁、东涌、榄核 6 个镇,自然条件优越,是粤港澳大湾区的地理几何中心。

2.1.1 地理变迁

2.1.1.1 区域轮廓演变

南沙区是广州的"新大陆",其得名来自"南湾"和"沙埠",也成为"沙泥沉积,坦洲逐现"的见证。远古时期,南沙地区曾是珠江口古海湾的组成部分,在地壳运动自然力的作用下,海进海退,几经沉浮。

新石器时代晚期,南沙地区还是一片汪洋大海,境内主要以露出海平面的低山丘陵为主。秦汉时期,珠江三角洲地区仍是大海湾中的一片汪洋,尚未形成大面积的河口平原。直至唐代,南沙地区除出露的岛屿外,周围还是大海。宋元时期,南沙地区坦沙生成相当之快,南浅海中丘陵洲岛周围沙泥淤积成坦,部分拍围成田,一方面洲岛附近淤积成坦,另一方面海岸线自北向南出现浅沙逐现的情形。

明清时期,南沙地区从海湾变成沙田的速度不断加快。万顷沙浮露,东莞明伦堂大规模围垦,成陆地界已经逐渐开到了十一涌。南沙、黄阁、东涌、大岗、榄核、横沥等地的沙田也迅速扩大。南沙地区由洲岛台地、淤积坦沙转变成为片状的沙田,南沙的区域轮廓逐渐形成。

中华人民共和国成立以来,万顷沙、龙穴岛地区不断有计划、有步骤、有秩序地继续围海造田、围海建港,以涌为单位不断向入海口扩展,形成了南沙独特的城市扩张方式。到 21 世纪,南沙基本形成现有的城市轮廓。

2.1.1.2 沙田的形成

南沙拥有丰富的沙田资源。所谓"沙田",不仅指可耕作的冲积田坦,还包括一切淤积衍生的田坦。其既有自然形成的,也有人工筑围的,大致经历鱼游、橹迫、鹤立、草垛和围田几个发展演变阶段。

明代,沙坦不断浮生,相连成片,冲积平原已从沙湾向南移至黄阁一线以南和横沥义沙一带,龙穴岛周围的沙坦已淤积形成洲。据记载,明初洪武年间曾在边防海防大事屯田开垦,黄阁等地也有明军屯田垦荒。

到清代,沙坦不断向南延伸。南沙地区特别是万顷沙一带的沙坦、围田迅速增加,现南沙地区的万顷沙一涌至十一涌、横沥镇大部分地段,以及黄阁镇、南沙街的部分地段形成于此时期。

清中期至1949年,是南沙围垦发展较快的时期,万顷沙已拥有大片围垦沙田,当时的南沙、黄阁等地围垦了数万亩(1亩=1/15 hm²,下同)沙田。南沙的陆域面积大为扩展,农业生产水平大幅提升。

到20世纪七八十年代,万顷沙扩大耕地面积已达55 364亩,南沙(镇)、黄阁、东涌、大岗、横沥、榄核等地扩大耕地面积7 826亩。围垦形成的湿地和耕地,大部分至今仍被列为南沙的自然保护区,是南沙特色旅游的热点。

21世纪初期,龙穴岛西面的区域全部成陆,与龙穴岛连成一片,其陆域面积从3.5 km²扩大至49.8 km²,其靠近珠江主航道的深水线,成为建设华南最大的造船基地和国际货运码头的有利条件。

2.1.2 历史沿革

2.1.2.1 古代

南沙地区先后发现有新石器时代晚期至商代的鹿颈村遗址、白藤溶遗址、鸡公头遗址等7个遗址,汉代的广隆村遗址、唐代的藤落村遗址、宋元时期的深湾村遗址说明南沙地区早在数千年前就有先民活动,且已形成不少自然村落。

先秦遗址中鹿颈村遗址颇具代表性。该遗址中有一具完好、仰身直肢的男性人骨架,并有4件随葬的陶器。经鉴定,该具人骨架距今有3 000多年的历史,这是迄今为止广州地区发现的时代最早、保存完整的人骨架,被命名为广州"南沙人"。鹿颈村遗址中发现有大量陶瓷、石器、骨器等文物,可将当地有人类活动的历史追溯到4 000年前左右,证实了在新石器时代晚期已有人类在南沙从事捕捞、采集、狩猎等活动,这是当时广州人生产生活水平的标志。

2022年8—11月,南沙又发掘一处先秦遗址——合成村遗址,位于广州市南沙区南沙街中部。经过目前的挖掘发现,遗址包含商时期、西周时期、唐宋、明清四个阶段的文化堆积,其中尤以商时期的遗存最为丰富,这可以说明早在商代,南沙地区就已经出现人类活动痕迹。

秦时期,南沙地域平原地带尚未形成,前海中零星分布丘陵洲岛,隶属南海郡。公元前204年,赵佗在南海郡建立南越国,定都番禺,南沙区隶属南越国番禺地。唐时期,宝安县更名为东莞县,南沙区域随属东莞县。

宋、元、明时期,番禺冲积三角洲快速形成,南沙地区海湾中的丘岛周围已成沙坦,为更多的本地先民和中原迁徙来的移民在此开村落户、繁衍生息创造了条件。

在北宋末、南宋、元初的战争动乱时期,中原和江南地区居民大量南迁,越过大庾岭进入岭南,暂息于南雄珠玑巷,后又沿水南下珠江流域,散居各县。南宋咸淳九年(1273年)麦必荣、麦必达等五兄弟携家眷200余人南迁至珠江口,住麦屋山,改凰阁为黄阁。南宋末年,张氏第三十八代传人张友良,由东莞迁居南沙黄阁大井,其后代人丁兴旺,到乾隆年间已经有12个分支,成为当地的大家族。此外,宋元时期还有迁居黄阁大塘村的陈氏,迁居南沙深湾村的朱氏、罗氏等,来南沙砌石堤而垦殖。

明初,开始由官府组织的屯田也大规模地促成黄阁一带新沙田的形成。屯田的军户转成民户后,不少屯成为规模较大的自然村落,促进了南沙地区沙田的开发。

今黄阁镇和南沙街地段,在宋、元、明时期先后形成的村落,多是同姓族人聚居。这些"聚族而居"的村庄,一般都有按姓氏系别修纂的族谱,还有按姓氏系别建立的祠堂。至今,黄阁、南沙一带保存完好的祠堂有麦氏大宗祠、张氏宗祠等 19 处;保存有宋代及以后各个时期修建的古墓 40 多座、水井 20 多口。

清初,为切断沿海百姓与抗清义军的联系,防止西方殖民者侵扰沿海,清政府推行海禁政策,勒令广东沿海的东莞等 24 个州县包括海岛洲港的居民内迁。由于限期,被迫迁移的老百姓苦不堪言,颠沛流离 23 年后才得以重返故里。

在拍围初期,沙坦耕种条件极差,只有穷苦沙民才不得已"落沙"至万顷沙。他们租沙耕种,受尽地主的层层压榨。当时在万顷沙租沙耕种的沙民就有 1 000 多户。

2.1.2.2　近现代

道光二十九年(1849 年),香山县、东莞县争沙达成和解,在万顷沙中间开挖界河。界河以西大鳌沙、沥心沙、缸瓦沙、屎船沙属香山县;界河东北归东莞县管辖。至民国初年,东莞县在南沙地区拥有南沙村、万顷沙沙坦与沙田近 5 000 hm^2。

民国十四年(1925 年),香山县改称中山县,黄阁、潭洲、大岗与万顷沙界河以西大鳌沙、沥心沙、缸瓦沙、屎船沙随之改属中山县。南沙、大虎岛、小虎岛与万顷沙界河以东地段,以及鸡抱沙、龙穴岛仍隶属东莞县。

20 世纪 40 年代,东莞县明伦堂在万顷沙东北部建立东莞县明伦示范农场。

1948 年,南沙乡成立,属东莞县第五区。

2.1.2.3　中华人民共和国成立后

中华人民共和国成立初期,南沙地区的经济社会得到初步发展。改革开放后,多种所有制经济共同发展,引进外资后更是促进了乡镇经济的迅速发展。由于南沙区地处珠江出海口,是广州通往海外的水上唯一通道,以其不可替代的地理位置成为广州市总体规划中"滨海广州"建设的主要标志,此后,广州实施大港口战略和重点向东南部发展的计划,从而赋予了南沙千年一遇的历史发展机遇。

1950 年 10 月,南沙、万顷沙、长沙岛、龙穴岛、小虎岛、大虎岛划属东莞县第九区。大鳌沙、沥心沙、缸瓦沙、屎船沙划属中山县第十区。

1951 年 1 月,广东省人民政府珠江区专员公署海岛管理处成立,万顷沙五涌、一涌以及龙穴岛从东莞析出,划入海岛管理处管辖。1951 年底,在万顷沙二涌一带的 5 个围,组建归国难侨处理委员会农场。1952 年 10 月,万顷沙五涌、一涌以及龙穴岛随海岛管理处移交中山县渔民区人民政府管辖。同年,万顷沙正安等 8 个围并入归国难侨处理委员会农场,随即更名为万顷沙华侨集体农场。1954 年,广东省东莞县万顷沙国营农场和万顷沙华侨集体农场合并,成立广东省万顷沙国营机械农场,直属广东省农垦厅。

1953 年 4 月,珠海县成立,万顷沙、龙穴岛和沙头乡、沙中乡、沙尾乡,连同从东莞县析出的南沙、长沙、小虎岛、大虎岛,与同时从中山县析出的冯马乡、新安乡、平安乡一并划入珠海县第四区管辖。1954 年,长沙划入中山县大岗区。1955 年 7 月,珠海县第四区改称珠海县万顷沙区。1957年3月，珠海县万顷沙区划入中山县，改称中山县万顷沙乡，南沙随改属中山县万顷沙乡。大虎岛、小虎岛、沙仔岛划入中山县黄阁乡。

1958年，黄阁乡、万顷沙乡撤乡改社，分别改称黄阁人民公社、万顷沙人民公社。广东省万顷沙国营机械农场并入万顷沙人民公社。

1959年1月，广东省万顷沙国营机械农场从万顷沙人民公社析出。黄阁人民公社先后并入万顷沙、大岗人民公社。同年6月，番禺县建制恢复，7月，黄阁（含大、小虎岛，沙仔岛）和万顷沙（含南沙、龙穴岛）恢复人民公社建制，2个公社从中山县析出，一并划入番禺县万顷沙人民公社。

1961年3月，南沙从万顷沙人民公社析出，成立南沙人民公社，长沙、义沙属番禺县大岗公社。

1972年10月，新造、潭州人民公社的8个渔业大队迁到万顷沙尾，组建新垦渔业公社。

1975年1月，番禺县改属广州市管辖。

1978年，大岗公社析出前进、义沙等5个生产大队，万顷沙人民公社析出冯马一、东升等5个生产大队，组建横沥人民公社。同年6月，广东省万顷沙国营机械农场改称广东省珠江华侨农场。

1983年12月20日，撤公社改区，1987年1月20日撤区改镇，南沙区域有黄阁、万顷沙、新垦、横沥、南沙5个镇和广东省珠江华侨农场。1988年，广东省珠江华侨农场由省下放至广州市，1989年6月改称广州市珠江华侨农场。1992年1月，广州市珠江华侨农场加挂"广州市珠江管理区""广州市国营珠江华侨农工商联合公司"两块牌子。

1990年，南沙被确定为重点对外开放区域和重点开发区。1993年5月12日，国务院批准设立广州南沙为经济技术开发区，面积为9.9 km²（东以金沙路、金珠路、合成路、金岭路为界；南以大岭村为界；西以蕉门水道、蕉门河为界；北以小虎沥为界）。

2005年，广州市南沙区正式设立，面积527.66 km²。2012年，南沙新区成为继上海浦东新区、天津滨海新区之后，又一个国家级新区。

2014年12月28日，第十二届全国人大常委会第十二次会议通过了关于授权国务院在中国（广东）等自由贸易试验区暂时调整有关法律规定的行政审批的决定，并公布各自由贸易试验区的四至范围，广东南沙新区片区被纳入自由贸易试验区范围内，面积为60 km²。

2015年，根据《国务院关于印发中国（广东）自由贸易试验区总体方案的通知》，明确了南沙自由贸易试验区定位。2019年2月，《粤港澳大湾区发展规划纲要》正式发布，南沙区被定位为粤港澳全面合作示范区。2022年6月，国务院印发《广州南沙深化面向世界的粤港澳全面合作总体方案》，要求将南沙打造成为香港、澳门更好融入国家发展大局的重要载体和有力支撑。

2.1.3　南沙海上丝绸之路文化

广州位于祖国南端，濒临南海，背靠广阔的腹地，自古以来是岭南地区的政治、经济和文化中心，也是中国连接海外世界的重要门户，2 000多年的海外贸易从未中断。以广州为起点的海上丝绸之路兴起和形成于秦汉,发展于三国两晋南北朝,至唐宋元走向成熟和繁荣,明清臻于鼎盛。2 000多年来,这条连贯中国与世界各地的海上丝绸之路,在东西物种交流、商贸往来和文化交流史上发挥了巨大作用。

南沙作为广州从海路与海外交往的唯一通道,在海上丝绸之路历史上有着重要地位与作用。在这里仍保存有一批与海洋相关的文物,印证了广州在古代海上丝绸之路上的重要地位。

2.1.3.1 虎门税馆

虎门不是一个点位的概念,而是泛指外濒伶仃洋,内联狮子洋,长约8 km的一段珠江江面以及附近两岸的地区,具有重要的战略地位。当时虎门水域西至南沙山东侧山脚(为现在的时代南湾附近,南沙山由于开山采石,山体已几乎消失),现港前大道除南北台山体外,其他大部分为当时虎门水域临近山脚的滩涂,经围垦现已成为南沙的土地面积。

虎门税馆是洋人对粤海关虎门口的称呼,据《粤海关志》记载,粤海关虎门口就设在海防重镇虎门横档炮台内。外来商船从珠江口到达海上丝绸之路重要港口的广州黄埔港需要经过一段狭长的水道——虎门,虎门口就像大门一样,成为黄埔港和粤海关的天然屏障和设置控制的最佳地点。直至鸦片战争前夕,虎门炮台既是广州的海防工事,也是广州黄埔港和粤海关管理海口的重要设施,它促成了"一口通商"政策落地广州,为广州口岸繁荣发展提供了保障。

2.1.3.2 天后庙、烟墩、灯塔

1. 天后庙

在海上丝绸之路的文物遗存中,天后庙是最有代表意义的文物。在中国1.8万km的海岸线上,南至海南、广西,北至辽东半岛,生活在辽阔的滨海地区的中华民族有着一个共同的信仰,这就是保佑沿海地区人民的天后,它是海上丝绸之路中国一端人民共同信奉的神。广州南沙区是珠三角和穗港澳的地理中心,在广州南沙早有祭祀天后的记载。据《粤海关志》,在鸦片战争时官府的军营如上横档炮台就建有天后古庙。历史上南沙的村庄几乎都曾有自己的天后庙,最早可追溯到明代时期。直到现在这里还存有3座清代的天后庙,其中南沙街塘坑村天后古庙始建于明代,是广州现存最早的天后庙。

2. 烟墩

为了传递海上丝绸之路海口区域安全信息,防止海盗袭击沿海村镇,在海上丝绸之路中国段的多数沿海城市都有一种标志性的建筑——烟墩(内地所说的烽火台)。烽火台是陆上丝绸之路的重要设施,烟墩是海上丝绸之路的重要设施。在中国沿海如宁波、泉州、大连、烟台、青岛等地区都有著名的烟墩,广州也一样,在南沙保存了明代末期的烟墩——大山屺烟墩。它是传递海上丝绸之路的重要关口,位于黄阁镇中南部海拔224 m的大山屺上,在出海口附近,是南沙的制高点。据当地村民回忆,历史上这里曾多次在有海盗入侵时,举烟向当地及番禺、广州方向的各村镇和狮子洋水道上的船只报警。大山屺烟墩远近闻名,烟墩所在的地方因而得名为"烟墩岗"。

3. 灯塔

在19世纪末20世纪初,世界上连接所有著名航线的重要港口都有自己标志性的导航灯塔。在中国沿海,由古代海上丝绸之路的大港转为近代重要港口的地方也都有自己

标志性的导航灯塔。在广州南沙区就有两座古老灯塔,它们是金锁排灯塔和舢板洲灯塔。金锁排灯塔始建于 1906 年,因建虎门大桥,现已停用。舢板洲是珠江口和伶仃洋交汇处龙穴岛东侧的一个孤岛,四面环水,地形险要。1915 年,广州海关为方便各国商船进入广州,在此建造了舢板洲灯塔。当乘船从国外来广州的旅客的视野里出现舢板洲和金锁排这两座灯塔时,就意味着广州到了。从航道史的角度来说,这两座灯塔建造时间较晚,但由于这两座灯塔都位于珠江口航道上的重要礁石之上,在漫长的航道史上一直作为灯塔前身的航标存在。

2.2　基本资料

2.2.1　地形及地貌

南沙区位于珠江三角洲冲积平原东南部,界于狮子洋和洪奇门水道之间的开阔平原和丘陵区,由冲积平原及少量的丘陵台地、海岛组成,总的地势为北高南低。平原地带河涌环绕,大部分地区地面高程 7 m(广州城建高程,下同)以下。蕉东联围冲积平原高程一般为 4.0~9.0 m,高程 7.25 m 以上为坡地及山体;小虎岛围环岛为冲积平原农田区,淤积高程为 4.36~8.05 m;沙仔岛围全部为冲积平原农田区,田面高程一般为 4.456~5.056 m;其他如番顺联围、义沙围、万顷沙围等,均为冲积平原区,地势低平,地面高程为 4.0~8.0 m。

平原间残丘孤山屹立,黄山鲁高程 295 m,是南沙区最高峰;山体范围较大的"大山乸",高程 224.0 m;还有山体较小的"骝岗山",高程 89.0 m;乌洲山高程 68.0 m;小虎山高程为 115.0 m 等。

冲海积平原基底地貌为一古海湾,形成于第三纪末期,第四纪时期受东、西、北三江和海浸时期所携带的冲积海积物复合堆积而成现状平坦地带,其冲积物之下基底地形复杂、起伏大,沉积物为河海相层次频繁交替,下伏基岩全风化或残积土层厚度较大。南沙区现状高程见彩插图 2。

2.2.2　水文气象

2.2.2.1　气候特征

南沙区光能充足,日照时间长,全年平均气温较高。雨量充沛,但时空分配不均匀,夏秋多暴雨,季风盛行,夏秋多受热带气旋影响。

根据南沙附近广州气象站相关资料统计,广州站多年平均气温为 22 ℃,年均气温的年际变化较大。南沙区多年平均日照时数为 1 600~2 100 h;日照时数的年际差异较大,日照的年内分配也不平均。番禺站年平均风速 2.0~2.6 m/s。

南沙为台风影响区,台风一般发生在 7—9 月,据统计,年均受影响 2.85 次,最多为每年 5 次。台风最大风力在 9 级以上,并带来暴雨,破坏力极大。

根据《海堤工程设计规范》(GB/T 51015—2014)规定,设计波浪和设计风速的重现期宜采用与设计高潮(水)位相同的重现期。南沙区气候呈随季风变化的特征,常年盛行两个主要风向,2—8 月的主导风向为东南风,9—12 月和 1 月的主导风向为偏北风。

结合吹程,计算波浪爬高、风壅水面高度,再加根据堤防级别选定的安全超高值,合理确定堤顶设计高程。

南沙区呈随季风变化的特征,风速与风向是计算波浪要素的基础资料,根据《广东省海堤工程设计导则(试行)》(DB44/T 182—2004),工程附近的番禺气象站 10 m 高各风向年最大 10 min 平均风速计算成果见表 2-2-1。

2.2.2.2 降水、蒸发

南沙区多年平均降水量约 1 700 mm,降水量年均极不均匀,汛期 4—9 月降水量占年总量的 80% 以上,其中又以 5、6 月降水量最为集中,枯水期 1—3 月、10—12 月占年总量不足 20%。

多年平均蒸发量为 1 100~1 300 mm,蒸发量的年均变化不大,但年内变化相对较大,7、8 月蒸发量最大,约占年总量的 23%,1—3 月蒸发量较小,约占年总量的 17%。

2.2.2.3 设计暴雨

南沙区雨量充沛,多年平均雨量 1 561 mm,但时间分布不均。降水量的年际变化大,最大年降水量为 2 623.5 mm(2016 年),最小年降水量为 887.4 mm(1963 年)。

根据计算确定设计流量、枯水期导流流量等。

表 2-2-1 番禺气象站 10 m 高各风向年最大 10 min 平均风速计算成果 单位:m/s

序号	风向	重现期		
		50 年	100 年	200 年
1	N—NNE	25.3	28.5	31.7
2	NE—ENE	24.5	27.8	31.0
3	E—ESE	25.1	28.4	31.7
4	SE—SSE	27.1	30.6	34.1
5	S—SSW	22.3	25.4	28.5
6	SW—WSW	21.5	24.6	27.8
7	W—WNW	22.3	25.3	28.4
8	NW—NNW	24.7	27.9	31.0

2.2.2.4 水资源特征

南沙区水资源的主要特点是本地水资源较少,过境水资源比较丰富。本地径流量 4.82 亿 m³,多年平均过境径流量 1 377 亿 m³,其中虎门水道 603 亿 m³,蕉门水道 565 亿 m³,洪奇沥水道 209 亿 m³。

2.2.3 潮汐特征

南沙区地处珠江三角洲中部,珠江河口属弱潮型河口,潮汐属不规则半日潮,即在一个太阴日(约 24 h 50 min)里,出现两次高潮、两次低潮,日潮不等现象显著,月内有朔、望大潮和上、下弦小潮,约 15 d 一周期。受径流影响,各站年最高潮位多出现在汛期,尤其是夏季受热带气旋的影响引发的风暴潮,常使口门站出现历史最高潮位,而年最低潮位则出现在枯水期。

2.2.3.1　潮差

珠江河口潮差不大。潮差的年际变化不大,年内变化相对较大。汛期潮差略大于枯水期潮差。

根据南沙站1963—2019年统计资料分析,南沙站多年平均涨潮潮差为1.33 m,最大涨潮潮差为3.70 m(2017年8月23日);平均落潮潮差为1.33 m,最大落潮潮差为3.76 m(2017年8月23日)。

2.2.3.2　潮历时

潮位过程线的形态呈不对称正弦曲线,涨潮历时短,落潮历时长,而且落潮历时是汛期长于枯水期,涨潮历时则相反。

南沙站多年平均涨潮历时为5小时18分钟,最大涨潮历时为17小时15分钟(1989年10月9日),平均落潮历时为7小时12分钟,最大落潮历时为12小时40分钟(1998年1月22日)(见表2-2-2)。

表2-2-2　南沙站潮汐特征值统计

特征值		南沙站
涨潮潮差	多年平均/m	1.33
	历年最大/m	3.70
	出现日期(年-月-日)	2017-08-23
落潮潮差	多年平均/m	1.33
	历年最大/m	3.76
	出现日期(年-月-日)	2017-08-23
涨潮历时	多年平均	5小时18分钟
	历年最大	17小时15分钟
	出现日期(年-月-日)	1989-10-09
落潮历时	多年平均	7小时12分钟
	历年最大	12小时40分钟
	出现日期(年-月-日)	1998-01-22
高潮潮位	多年平均高潮位/m	5.68
	多年平均最高潮位/m	6.99
	历年最高/m	8.19
	出现日期(年-月-日)	2018-09-16
低潮潮位	多年平均低潮位/m	4.35
	多年平均最低潮位/m	3.69
	历年最低/m	3.42
	出现日期(年-月-日)	1971-03-23

2.2.3.3 潮位

根据南沙站 1963—2019 年统计资料分析,多年平均潮位为 5.02 m;平均高潮位为 5.68 m,最高潮位为 8.19 m(受 2018 年第 22 号台风"山竹"影响),是自 20 世纪以来的最高暴潮水位;平均低潮位为 4.35 m,最低潮位为 3.42 m(1971 年 3 月 23 日)。

2.2.4 近年典型洪潮(风暴潮)

2017 年第 13 号台风"天鸽"于 8 月 23 日 12 时 50 分前后在广东珠海南部沿海登陆,给南沙区带来较明显的风、雨、潮影响,风暴潮增水极其明显,破历史记录。受台风外围影响,南沙区南沙站出现超 100 年一遇的高潮位,南沙站出现 8.13 m 的历史高潮位,比 1993 年的历史极值高 0.4 m,超历史最高值;台风影响期间南沙区测得最大风速 29.9 m/s(11 级),出现在万顷沙镇边防哨所;测得最大雨量 52.8 mm,出现在万顷沙镇新安村。

2018 年第 22 号台风"山竹"于 2018 年 9 月 16 日 17 时在广东台山海宴镇登陆,受"山竹"影响,广东台山至饶平一带沿海出现 1.07~3.23 m 的风暴增水,12 个潮位站点超历史实测最高潮位,13 个潮位站点达到或超过百年一遇。工程区域附近的南沙站最高水位达 8.19 m,超警戒 1.29 m,再次创历史记录。最大阵风 13 级(37 m/s),出现在南沙街蒲州广场站;最大累积降雨 103.8 mm,出现在万顷沙十涌西水闸站。受风暴潮增水影响,海水倒灌,南沙区出现大范围、多处水浸,堤围决口 5 处(长度约 620 m)、漫堤(闸)13 处、堤围管涌 2 处,水利设施直接经济损失 19 万元;0.606 5 万亩农作物受灾。此次台风给南沙区水产养殖、农作物、树木、房屋、道路造成破坏,带来较大经济损失。

2.2.5 测绘及地质资料

2.2.5.1 测绘资料

实测地形图,初步设计平面图测量比例尺 1:1 000;新建堤防每 100~200 m 测一个断面,加固堤防及护岸每 50~100 m 测一个断面;横断面图竖向比例尺 1:100,横向比例尺 1:(100~1 000);纵断面图竖向比例尺 1:(100~200),横向比例尺 1:(100~10 000)。见表 2-2-3、表 2-2-4。

表 2-2-3 地形图测图比例尺的选用

阶段	测区	测图比例尺	说明
规划	河流、海域	1:2 000~1:10 000	
可行性研究	引调水工程	1:1 000~1:2 000	
	河道治理工程	1:1 000~1:2 000	
初步设计	引调水工程	1:500~1:1 000	
	河道治理工程	1:500~1:1 000	

注:引调水工程包括渠道、运河、管线;河道治理工程包括河堤、海堤。

表 2-2-4　纵、横断面测量与制图比例尺选用

类别	阶段	图别	水平比例尺	竖直比例尺
固定断面		纵断面	1:50 000~1:200 000	1:100~1:1 000
		横断面	1:500~1:5 000	1:100~1:200
勘测设计断面	规划、可行性研究	纵断面	1:25 000~1:200 000	1:100~1:1 000
		横断面	1:200~1:2 000	1:100~1:200
	初步设计	纵断面	1:10 000~1:100 000	1:100~1:500
		横断面	1:200~1:2 000	1:100~1:200
专项研究断面		纵断面	1:10 000~1:100 000	1:100~1:500
		横断面	1:200~1:2 000	1:100~1:200

注:纵断面图水平比例尺,以 $1/M$(比例尺分母)×横断面间距≈图上 1 cm 为宜。

应明确坐标系和高程系,如 2000 国家大地坐标系(或广州 2000 坐标系)、珠江基面高程系(或 85 高程系)。

2.2.5.2　地质资料

根据工程地质钻孔揭露,明确各土层物理力学指标建议值选取及地基处理建议方案。

2.3　河湖水系

2.3.1　南沙区现状河湖水系

根据南沙区水系特征,将河道分为外部水系、内部水系两大类。南沙区现状水系分布见彩插图 3。

2.3.1.1　外部水系

外部水系指各联围以外自然形成的珠江河道,主要包括沙湾水道、虎门水道、蕉门水道、洪奇沥水道(含西沥)、凫洲水道、上横沥水道、下横沥水道、小虎沥水道、沙仔沥水道、李家沙水道、榄核河(榄核水道)、西樵水道、高沙河、骝岗水道和浅海涌 15 条。这些河道是珠江水系重要的入海口门和通航河道[指通航等级 100 t 级(含 100 t 级)以上的河道],也是重要的行洪排涝通道,对整个南沙新区乃至珠江流域的防洪排涝安全格局、生态安全格局和交通功能有极为重要的影响。

南沙区主要外部水系特征见表 2-3-1,外部水系总面积约 235.91 km²,占南沙区总面积的 29.4%。

表 2-3-1 南沙区主要外部水系特征

序号	水道名称	起讫地点	河长/km	平均水面宽/m	平均水深/m
1	沙湾水道	东新高速,虎门水道汇入口	28.27	378	6.1
2	虎门水道	沙湾水道交汇处,凫洲水道交汇处	15.36	3 360	10.2
3	蕉门水道	南沙大道,龙穴大道南	39.22	1 350	6.42
4	洪奇沥水道	李家沙水道,万顷沙十七涌	34.63	806	5.38
	西沥	洗船沙,洪奇门	12.12	180	
5	凫洲水道	水运涌,鸡抱沙东二围外江	5.35	2 630	4.10
6	上横沥水道	上横沥桥庙南界,义联围上下横沥水道界	9.74	400	6.84
7	下横沥水道	下横沥水道宝善水闸,安益路	9.61	381	9.98
8	小虎沥水道	东涌堤界,小虎岛南端	9.13	160	
9	沙仔沥水道	沙仔岛北端,小虎岛南端	5.92	330	
10	李家沙水道	张松村,东新高速公路	8.12	180	
11	榄核河（榄核水道）	利永街,922乡道	14.30	50	
12	西樵水道	西樵头,骝岗水道交汇	9.62	190	
13	高沙河	高新沙围北端,高新沙围南端	8.98	140	
14	骝岗水道	沙湾水道交汇,大塘村围仔	17.02	200	
15	浅海涌	人绿路,绿村路	8.52	90	
	合计		235.91		

2.3.1.2 内部水系

内河涌是指各联围内部的河涌、湖泊、水库、鱼塘等组成的水系统,多为社会历史原因形成,如围垦、填海、灌溉等,对农业生产、调蓄泄洪有重要意义。

南沙区目前共有 13 个联围(见彩插图 4),根据围内河道现状、规划规模统计,共计约 310 条河涌,总长度约 636 km,另有边沟边渠 55 条,河涌水域面积约 20.88 km²;联围内鱼塘总面积约 76.7 km²,水库矿坑水域面积约 4.5 km²。具体见《广州南沙新区水系总体规划及骨干河湖管理控制线规划(2017—2035)》。

2.3.2 水面率

南沙区总面积为 803.2 km²,水域面积约为 255.6 km²,其中外部水域面积 235.91 km²,内外水总水面率为 31.82%(不含鱼塘矿坑等)。围内面积 569.4 km²,围内河涌水域面积 21.65 km²,围内河涌水面率为 3.80%。围内鱼塘总面积约 80.57 km²,水库(矿坑)水域面积约 1.45 km²,围内总水面率为 18.19%。各联围水面率见表 2-3-2。

表 2-3-2　现状各围水面率统计

序号	联围	总面积/km²	围内面积/km²	河涌数量/条	河涌长度/km	河涌面积/km²	围内河涌水面率/%	鱼塘面积/km²	水库（矿坑）面积/km²	总水面率/%
1	蕉东联围	177.3	132.9	78	130.7	4.17	3.14	2.68	1.16	6.03
2	万顷沙围	203.3	139.5	34	143.9	7.65	5.48	33.6	0	29.57
3	番顺联围	123.2	104.3	89	165.4	3.74	3.59	19.51	0.29	22.57
4	义沙围	22.5	17.5	12	20.59	0.69	3.92	1.04	0	9.83
5	鱼窝头围	55.5	50.0	45	69.6	1.47	2.94	7.62	0	18.18
6	高新沙围	14.8	11.3	9	15.0	0.25	2.21	2.2	0	21.68
7	四六村围	15.3	14.5	16	26.1	0.37	2.55	2.94	0	22.83
8	大坳围	24.4	21.1	16	28.6	0.34	1.61	3.6	0	18.67
9	沥心沙围	17.4	12.6	9	12.6	0.47	3.73	1.93	0	19.05
10	缸瓦沙围	2.4	2.2	2	1.5	0.07	3.18	0.54	0	27.73
11	龙穴岛围	123.2	50.3	11	23.3	2.23	4.43	4.91	0	14.19
12	小虎岛围	15.7	9.9	3	3.2	0.18	1.82	0	0	1.82
13	沙仔岛围	8.2	3.2	1	0.4	0.02	0.63	0	0	0.63
合计	—	803.2	569.4	325	640.89	21.65	3.80	80.57	1.45	18.19

2.4　河涌分类

为落实《广州市全面推行河长制实施方案》的要求，南沙区全面推行河长制，对区内317条内河涌制定了河长名单。河涌生态治理分类基于河长名单，根据河涌是否位于自贸区、周边现状是否有城镇、是否位于2025年建成区内、属于平原河道还是山地河道四个属性分为8种类型：

(1) 1型：自贸区内、城镇、平原河道。

(2) 2型：自贸区内、城镇、山地河道。

(3) 3型：自贸区内，规划建成区内，乡村、平原河道。

(4) 4型：非自贸区内、城镇、山地河道。

(5) 5型：非自贸区内、城镇、平原河道。

(6) 6型：非自贸区内，规划建成区内，乡村、平原河道。

（7）7型：非自贸区内，规划建成区内，乡村、山地河道。

（8）8型：非自贸区内，非规划建成区内，乡村、平原河道。

按照河涌规模及其在区域经济社会发展中的功能定位，参考《广州市中心城区河涌水系规划（2006）》的分类标准，分为三类。

（1）一类河涌：处于城市中心区或规划重点开发区的主要河涌，是城市的窗口，城市生态网络的骨架，集防洪、排涝、生态、景观等综合功能。

（2）二类河涌：是城建区排水汇集的主渠道，流经主要城镇或规划城建区的河涌，以排涝功能为主，兼顾生态与景观功能。

（3）三类河涌：一、二类河涌以外的其他河涌，功能一般比较单一，以排涝、灌溉为主。
广州市南沙区河涌名录具体见附表1，广州市南沙区沟渠名录具体见附表2。

2.5　防洪排涝现状

南沙区地处珠江三角洲下游河网地区，地势低洼，受上游流域洪水、外海潮位、内部暴雨及台风侵袭，特别是当风、暴、潮、洪中若干现象同时发生时，极易引发严重的洪涝灾害。针对灾害成因，根据地形、水系特点，因势利导，南沙逐渐形成了13个以外江水道为界，分片防洪排涝的独立联围，构建了外水行洪纳潮、筑堤挡洪（潮）、涝水蓄排、自排与抽排相结合、内外协同的防洪排涝工程体系，包括以外江水道、堤防、水闸为主的防洪工程体系，以及以山前水道、内河涌、二级堤围、排涝泵闸为主的排涝工程体系。

2.5.1　防洪工程现状

2.5.1.1　堤防

经过多年建设，南沙区防洪（潮）设施现由堤防和水闸组成，以主干水系划分为多个联围，外江堤防总长414.74 km，水闸244座。

现状堤防，蕉东联围、沙仔岛围和小虎岛围的堤防已基本按200年一遇标准进行建设和加固，仅部分堤段建设标准为50年一遇；万顷沙围、番顺联围、义沙围、大坳围、四六村围、鱼窝头围、高新沙围堤防现状标准多数为50年一遇，部分堤段未达到50年一遇标准，局部堤段正在按200年一遇标准建设加固；沥心沙围、缸瓦沙围和龙穴围堤防标准为20年一遇。

区内现有堤防为土石混合堤，迎水侧为浆砌石挡墙，迎水面边坡介于直立到1:0.3，完成达标加固的堤防普遍采用堤路结合形式，堤顶设有防浪墙，堤顶宽5~7 m，堤身为砂质黏土，背水面边坡在1:3左右，有草皮护坡。未达标加固的堤防、堤顶高程较低，堤顶窄，堤身单薄，防御风浪能力较低。

2.5.1.2　水闸

现状水闸244座，这些水闸目前承担挡潮和排涝功能，闸底板高程−4~−2 m，除新建水闸运行良好外，多数水闸均使用年限较久，设备老化，存在安全隐患。

2.5.2　排涝工程现状

南沙区以外江水系划分为多个联围,各联围形成独立的排涝单元。联围内地势大多低洼,地面高程低于多年平均高潮位的比例较大,排涝模式以蓄排、蓄排结合抽排为主,局部邻近外江高地可实现自排。目前,以蓄排方式为主的排涝区主要集中在农业区,城市建设区由于水面率低、排涝模数大,较多采用蓄排结合抽排的排涝方式。地势低洼区还普遍存在二级抽排的现象,即通过分布于内河涌沿线的小泵站将洼地涝水抽排至内河涌,排入内河涌的涝水经片区水面调蓄后或蓄排或抽排入外江。正常排涝时,围内涝水优先利用外江两次低潮进行自排,出现外江高水位顶托时,以调蓄伺机自排或调蓄强排相结合的方式排涝。

南沙区现有水闸 244 座,除了磨碟头水闸、蕉东水闸、蕉西水闸、南顺北闸、南顺南闸、万州水闸为中型水闸,其余均为小型水闸。南沙区现有一级抽排泵站(已建或在建)53座,多数为近年新建,但泵排流量较小,与排涝需求还不能完全适应。

2.6　河湖水环境现状

2.6.1　主要水道地表水环境质量

南沙区现有 10 个水质常规监测断面均布设在区内各主要水道上,分别为洪奇沥水道的沥心沙大桥断面、洪奇沥断面、张松断面、白石围断面,蕉门水道的亭角大桥断面、蕉门断面,小虎沥水道的小虎断面,凫洲水道的南横断面,沙湾水道的东涌水厂断面、官坦断面。

2017 年综合全年数据判断,洪奇沥水道沥心沙大桥断面水质属Ⅱ类,水质优;洪奇沥断面水质属Ⅱ类,水质优;张松断面水质属Ⅲ类,水质良好;白石围断面水质属Ⅲ类,水质良好;蕉门水道亭角大桥断面水质属Ⅱ类,水质优;蕉门断面水质属Ⅱ类,水质优;小虎沥水道小虎断面水质属Ⅱ类,水质优;凫洲水道南横断面水质属Ⅱ类,水质优;沙湾水道东涌水厂断面水质属Ⅲ类,水质良好;官坦断面水质属Ⅱ类,水质优。

近年来南沙区各主要水道水质呈不断改善趋势。2011 年、2012 年大部分监测断面出现石油类超标的现象,到 2015 年,南沙区各水道水质监测断面水质均达到优良水平,已无超标指标;但在 2016 年、2017 年出现了一定程度反弹,高锰酸盐指数、总磷含量有所升高,溶解氧下降,白石围、张松、蕉门等监测断面水质出现了从Ⅱ类下降到Ⅲ类的情况。

南沙区外部主要水道水质基本达到水功能区要求,总体呈现向好趋势,但也存在一定的反弹风险。

2.6.2　围内河涌水环境质量

南沙区共有 13 个围区,各个围区的发展历程不一样,水环境质量存在差异。万顷沙围、沥心沙围等目前仍以农业区为主,其河涌水质一般都在Ⅲ类左右;其他区域在目前人口密集程度不大、工业废水和生活污水排放较少的情况下，多数河涌水质可以达到Ⅳ类以上；少数流经南沙街、黄阁镇等人口密度较大或工业废水排放量较大的河涌，局地局时水质劣于Ⅴ类。

2.7 经济社会发展对水系布局的要求

随着南沙区经济社会快速发展，对水系布局提出了新要求，根据《广州南沙新区城市总体规划（2012—2025）》《广州南沙新区土地利用总体规划（2011—2030）》等相关规划成果和文件精神，对南沙区的水系布局提出了相关要求，主要包括：

（1）建设生态宜居环境，打造"钻石水乡"。

促进自然景观和历史人文相结合，构建青山、碧水、田园、湿地、港湾等特色生态的岭南水乡格局。构建多功能水系格局、高效的水上交通，促进滨水区功能的多样化，营造高品质、独特、精致的"钻石水乡"风貌。

（2）彰显岭南人文特色，建设岭南水乡之都。

以水作为岭南特色的文化载体；深入挖掘岭南文化、水乡文化和海洋文化，打造传统文化与现代文明相得益彰的滨海城市文化；坚持地域性、文化性、时代性相结合，构建景观特色分区，形成一批富有岭南文化气息和水乡特色的风貌区。在滨水标志性建筑设计中反映中国风格，突出城市品位与特色。

（3）优化水上交通出行，开发滨海休闲旅游。

优化水上货运交通，提升洪奇沥水道通航能力，将凫洲、蕉门、上横沥、下横沥水道的过境货运转由洪奇沥水道承担；建设区内四通八达的水上交通网络。积极开发滨海休闲旅游、生态旅游、水乡旅游，培育邮轮、游艇等航海休闲旅游，探索实现港澳台和外籍游艇在南沙区航行和停泊的便利化，为港澳台特色旅游资源开辟"一程多站"的旅游线路。

（4）加强生态建设，注重环境保护。

重点加强河海交汇湾区地貌及生态湿地、森林公园等生态敏感地带保护；加强水源保护和水污染治理，保护河涌水质；探索开展中水和雨水的综合利用；确保河口地区泄洪纳潮前提下，科学有序开发滩涂资源。

3　勘察设计工作管理

3.1　管理总则

（1）为加强南沙建设项目工程勘察设计管理工作，提高勘察设计成果质量，督促勘察设计单位又好又快地完成合同约定的各项任务，根据国家、省、市、区有关法律法规和管理规定，结合项目管理实际情况编制本书。

（2）本书所称勘察工作，是指根据工程的要求，查明、分析、评价建设场地的地质地理环境特征和岩土工程条件，编制工程勘察文件的工作。

本书所称设计工作，是指根据工程的要求，对工程所需的技术、经济、资源、环境等条件进行综合分析、论证，编制工程设计文件的工作。

（3）南沙区水利建设项目的勘察设计必须与南沙区经济发展目标相适应，做到经济效益、社会效益和环境资源效益相统一，高度重视资源节约和投资控制。勘察设计文件必须满足项目批准文件、工程建设强制性标准。

（4）勘察设计单位必须认真做好勘察设计准备工作，熟知项目可研报告等前期材料，掌握勘察设计任务书及合同，收集有关工程建设标准等相关资料。

（5）根据项目工期特点，勘察设计单位要合理划分设计阶段，认真编制勘察设计工作进度计划，必须确保设计图纸满足报批报建、招标和施工需要。

（6）勘察设计单位需配合施工，根据要求安排专业工程师驻场，为施工提供技术支持和指导，参加工程竣工验收。

3.2　勘察设计管理

工程设计工作，可分为初步设计和施工图设计两个阶段，其中，在初步设计和施工图设计时分别对 EPC（engineering procurement construction）建设模式（设计-采购-建设模式）和传统模式有关部门工作进行说明。

3.2.1　参建单位职责

3.2.1.1　业主

（1）统筹水利工程项目的前期工作；负责设计阶段专项报批报建工作；负责组织概算、预算编制工作；为项目立项、规划、土地使用等前期工作提供技术支持；负责组织设计方案的专家论证、评审；负责组织项目设计交底和变更设计方案技术性审核；参与施工质量验收及评比工作。

（2）负责按照工程总控计划推进水利工程项目施工阶段的工作；负责项目的质量安全、工期进度、环保节能等工作；负责项目施工阶段报建报监工作；负责项目实施阶段的现场协调、变更、管理、支付等工作;办理项目排水、供电、管线迁改、占道开挖等手续;负责 EPC 项目概算、预算编审过程中对总承包单位提供的相关工程资料的真实性、合法性、完整性进行核实,协调总承包单位完成评审配合工作;负责开展项目竣工验收、移交和结算编制工作。

3.2.1.2　建设管理单位

建设管理单位包括但不限于协助业主推进项目初步设计、施工图设计、概(预)算评审、施工招标、报建报批、成果审查、工程档案管理等工作,严格履行代建合同规定的职责,做好与上阶段成果衔接工作,审核设计阶段勘察、设计工作大纲,统筹协调勘察、设计工作,督促、协助设计单位做好现场摸查工作,对业主提出的意见、要求予以落实,对各阶段的勘察、设计成果严格把关,督促勘察、设计单位按期提交成果。指派专人跟踪项目推进工作,及时反映项目推进工作遇到的问题,全力协助业主解决问题。

3.2.1.3　设计咨询、施工图审查单位

对项目范围内建设过程中全部工程的各个阶段的勘察设计成果文件进行复核、审查,纠正偏差错误,提出优化建议,出具咨询报告,提供全过程的设计咨询及施工图审查服务,全面配合发包人进行设计管理工作,对施工过程中所遇技术问题提供专业意见。

3.2.1.4　勘察单位

勘察单位负责项目勘察工作,严格履行勘察合同约定的职责和工期要求,按照勘察行业技术和业主要求落实勘察工作,根据勘察规范制订勘察工作大纲,提交成果须符合规范规程及业主的要求,确保勘察工作经济合理可行。

3.2.1.5　设计单位

编制和完善初步设计和概算、施工图设计和预算,协助报建报批工作,进行必要的专项研究及深化设计,提供现场指导及专人驻场服务等,所提交成果须符合规范规程、使用需求、项目实际情况要求。

3.2.1.6　造价咨询单位

负责编制工程量清单、招标控制价,设计施工总承包最高投标限价;审核设计单位提交的初步设计概算、施工图预算,提出专业化、合理化的建议;负责开展预算评审工作,出具预算评审报告。

3.2.2　初步设计管理

3.2.2.1　阶段目标

初步设计是根据批准的可行性研究报告和必要而准确的设计资料,对设计对象进行全面研究,阐明拟建工程在技术上的可行性和经济上的合理性,规定项目的各项基本技术参数和限额设计经济指标,编制项目的初步设计文件和总概算。初步设计文件内容及深度须满足编制规程的要求,并取得初步设计批复。

3.2.2.2　流程图

初步设计管理流程见图 3-2-1。

3.2.2.3　管理内容

1.EPC 模式管理重点

(1)编制勘察设计任务书,在勘察设计单位招标前,注意由业主根据项目需求、项目

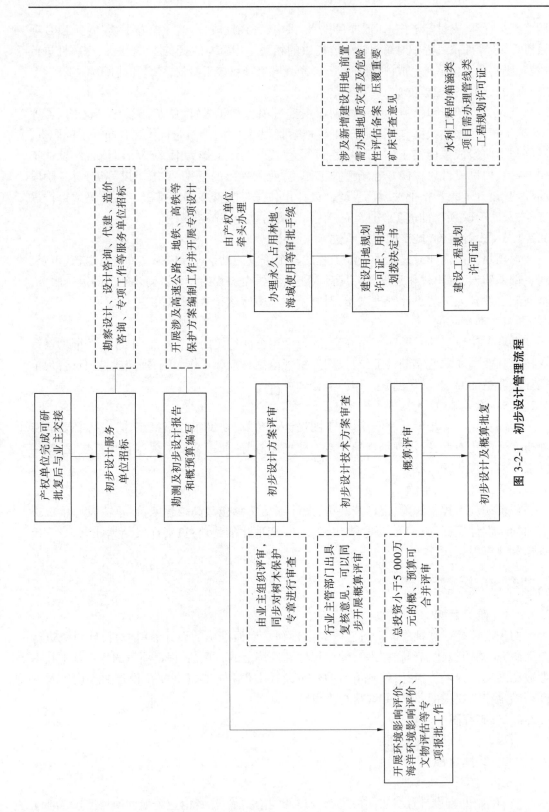

图 3-2-1 初步设计管理流程

特点及重难点编制勘察设计任务书,明确工程勘察设计工作原则、工作要求、工作内容及工作任务等,相关成果文件应作为招标文件的组成部分。

(2)严格初步文件和概算编制的质量管理,对于可研批复后进行 EPC 招标的项目,EPC 单位应根据建设单位的工作要求:一是在初步设计阶段根据可行性研究报告、使用需求及其他设计资料,明确各项技术参数;根据可研估算中的经济指标,明确各部位或各专业经济参数,做到总额可控、总体平衡。如水工结构部分投资增加,景观及机电等其他专业投资在限额设计的原则下要进行相应调减。二是按勘察设计任务书的要求进行地质勘察,同时结合现场的实际情况进行合理设计,根据周边市政、电力、给排水等情况明确工作界面;初步设计应按照施工图深度,结合现场管线、树木、既有建构筑物等进行全面考虑,杜绝少算、漏算、错算及漏项。

(3)引入全过程设计咨询及造价咨询单位,根据《关于印发〈南沙新区统筹投资设计施工总承包工作指引〉的通知》(穗南开建交〔2017〕249 号),结合设计施工总承包模式的特点,委托全过程设计咨询和全过程造价咨询单位,加强设计审核和投资控制工作,同时注意相关费用在概算中予以列明。

2.传统模式管理重点

(1)根据地质勘察报告细化设计方案,查明主要建筑物的工程地质条件,评价存在的工程地质问题,基本明确地基处理方案及基础结构,确定建筑物的结构形式和布置、控制高程、主要尺寸和数量。

(2)结合工程所在地的洪潮水文资料、工程特点及类似工程经验,确定施工围堰及施工导流的设计标准、结构形式。因挂网招标时间、征地拆迁、管线迁改等影响项目建设的因素具有不可预见性,为确保防洪度汛安全,围堰应按汛期围堰标准进行设计与施工。根据《海堤工程设计规范》(GB/T 51015—2014)在已建堤防上破口新建穿堤建筑物时,需跨汛期运用的围堰,不得降低所在堤防的防洪标准。设计单位应对所有水闸、泵站按全年期围堰标准对围堰标高进行明确,确保围堰的设计标高不得低于两岸堤防路面标高。

(3)初步设计阶段应要求勘察设计单位对项目红线范围内开展物探勘察,并提交物探报告避免后续因为地下管线而产生的变更。组织各参建单位对稳定后的总平面图结合物探报告开展讨论,在避免迁改的前提下,提出可优化及可避免管线迁改的设计方案。

(4)项目涉及电力、石油、高速、铁路等设施保护范围的,初步设计单位应根据业主的要求,将初步设计方案征询相关部门或权属单位意见。涉及土地利用规划不符合要求及用地报批的,应协调产权单位根据项目用地情况开展土地利用规划调整及建设用地规划许可办理。

(5)确定料场、建筑物结构设计及布置、主要建筑物施工方案及施工总工期,确定各项环境保护措施方案及水土保持工程设计方案。

3.2.2.4　专项报批

1.建设用地规划许可证与用地划拨决定书

建设项目取得规划部门的用地预审意见,且建设用地经土地管理委员会审议同意后,由产权单位牵头,即可申请办理建设用地规划许可证与用地划拨决定书。原址项目已取得国有土地使用证并且不改变项目性质的改建工程,不需要重新申请建设用地规划许可证与用地划拨决定书。

项目用地红线明确后,将建设用地申请资料提交广州市规划和自然资源局,并准备相关汇报材料,由广州市规划和自然资源局上报土地管理委员会审议。经土地管理委员会审议同意后可办理建设用地规划许可证与用地划拨决定书。

2. 建设工程规划许可证

取得可行性研究报告批复后,可组织设计单位开展下一步工程初步设计工作,在完成初步设计图纸并选择具有相应资质和资格的城市,测量单位到项目现场放线后,由产权单位申请核发建设工程规划许可证。

3. 环境影响评价报告审批

在取得可行性研究报告批复后,即可根据《建设项目环境影响评价分类管理名录(2021 年版)》要求,组织开展环境影响评价报告书(表)编制工作。编制完成后将环境影响评价申请材料送至广州市生态环境局南沙分局窗口办理审批手续,取得环评批复。

4. 海洋工程建设项目环境影响评价报告

如项目涉及海域,且海洋行政主管部门要求进行海洋环境影响评价的,应当对海洋环境进行科学调查,编制海洋环境影响报告书(表),并在建设项目开工前,报广州市生态环境局南沙分局审批。

5. 海域使用审批

建设项目取得海洋工程建设项目环境影响评价报告批复及用海预审意见后,征得海域相关管理部门意见后,可以向规划和自然资源局申请海域使用权审批。

在海域范围内修建透水构筑物的项目用海审批由广州市规划和自然资源局南沙分局审批,非透水构筑物、填海 50 hm² 以下、围海 100 hm² 以下和关系重大公共利益的项目用海审批权需报送广州市规划与自然资源局审批。

海域使用需要缴纳海域使用金,公益项目可依法申请减免海域使用金,按照财政部、国家海洋局联合公布的《海域使用金减免管理办法》(财综〔2006〕24 号)的规定执行。

6. 永久占用林地

若建设项目需要占用或者征用林地(包括在林地上建造永久性的建筑物、构筑物),以及其他改变林地用途的,用地单位应当向县级以上人民政府林业主管部门(自然资源和规划局)提出用地申请,经审核同意后,按照国家规定的标准预交森林、植被恢复费,领取使用林地审核同意书。用地单位凭使用林地审核同意书依法办理建设用地审批手续。

公共绿地和以景观效果为主的河涌附属绿地绿化工程施工前,应当将绿化工程初步设计报送绿化行政主管部门审批。

7. 文物保护设计方案审核

建设项目位于国家级、省级、市级文物保护单位和国家级、省级、市级文物保护单位建设控制地带内的建设工程,需办理文物保护单位建设控制地带内的建设工程设计方案审核,业主委托文物保护评估单位编制文物保护评估报告,并由第三方咨询评估机构或 3 位以上文物保护专家出具评审意见,最终报文物保护主管部门审批。

8.地铁、高铁、高速公路等相关权属单位保护方案

建设项目红线范围内穿越或邻近地铁、高铁、高速公路、石油管道等设施的,根据相关管理办法,入侵控制保护区的,需开展专项保护方案研究工作(咨询),并书面征求相关权属单位意见。

3.2.3　施工图设计管理

3.2.3.1　阶段目标

施工图设计阶段的主要工作是按初步设计或技术设计所确定的设计原则、结构方案和控制尺寸,完成对各建筑物进行结构和细部构造设计;其后确定地基处理方案,进行处理措施设计;确定施工总体布置及施工方法;编制施工图预算;提出整个工程分部分项的施工、制造、安装详图等。施工图设计文件内容及深度须满足编制规程的要求,并能用于现场施工。

3.2.3.2　流程图

施工图设计管理流程见图3-2-2。

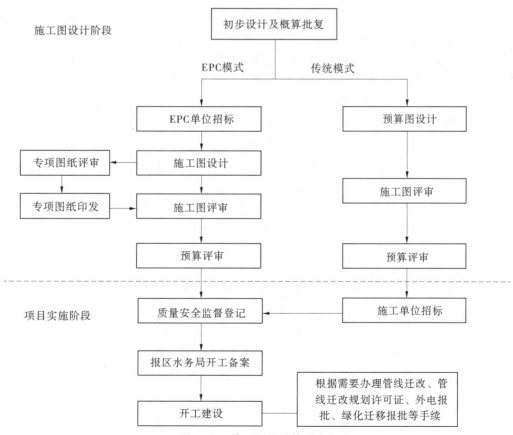

图 3-2-2　施工图设计管理流程

3.2.3.3　管理内容

1. EPC 模式管理重点

以紧扣初步设计和概算为原则,从项目实施角度要求前期服务单位落实以下重点工作:

(1)明确项目功能需求、各项技术指标,避免后期出现设计方案与功能需求不符、设计漏项等造成少算、漏算情况。

(2)对于造价影响重大部位开展专项设计,确保方案符合功能需求,清单计价不漏项。

(3)施工图预算编制要分阶段落实造价一级总控目标、二级总控目标,以总—分—总的原则,确保分专业、分部位、分区域都明确造价控制目标。

(4)全面对接使用需求,确保需求稳定、界面清晰。施工图各专业设计要严格落实使用需求,EPC 单位不得仅靠自身经验自行决定设计方案,对不明确方案的专项设计应充分考虑后期深化需求,预留足够的费用。

2. 传统模式管理重点

(1)根据初步设计及详勘报告,最后确定地基处理方案,进行处理措施设计。跟进相关电力、石油、高速公路、铁路等部门、权属单位意见落实到图纸情况。

(2)待施工图稳定后,组织参建单位开展涉电力、供水、燃气、石油构造物安全讨论会。对相关设施附近构造物距离进行进一步确认,核查是否违反《电力设施保护条例》《关于印发公共供水设施安全保护范围划定办法的通知》《中华人民共和国石油天然气管道保护法》《石油天然气管道保护条例》等相关设施保护文件规定,若侵入保护范围,应在避免迁改的前提下,要求设计单位修改图纸。

(3)做好开工策划、总体实施计划,组织好人员架构,各项管理文件交底到位。

(4)中标单位全面梳理施工图纸及工程量清单,做好量差编制工作。

(5)施工图设计阶段业主可根据类似工程经验,提出对施工图的技术建议。根据工程等级及设计标准,选择合理的技术处理方案,如堤防基本断面形式、堤身设计、护岸(含护脚)结构、地基处理、堤身排水、水闸泵站结构选型、连接堤堤防形式等。如水闸泵站等建筑物一般采用了刚性桩的地基处理方案,桩体的压缩特性与淤泥土的压缩特性不同,存在桩基上部的结构沉降与周边地基淤泥土固结沉降不一致的可能,将会使闸室底板与周边地基土体出现脱空现象,形成沿结构下轮廓的渗漏通道,应采取一定防渗措施;水闸泵站连接堤岸段应考虑延长渗径的防渗措施以适应侧边绕渗。

(6)施工图中要充分考虑水利工程施工和使用过程安全。一是对部分设计过程中常遗漏的临边防护设计问题进行提醒,如水闸上人屋面女儿墙高度过低;二是在水利设施中,带设备运作构筑物,主要有水闸、泵站等,对带设备运行的建筑物开展建筑外观设计时,应充分考虑设备运行过程中所产生振动对构筑物带来的影响,如需经常进行闸门启闭的建筑物,外墙装饰应尽量避免采用贴砖、湿挂、干挂装饰面板等设计,避免在后期运行过程中,建筑物外墙装饰物存在高空坠落的风险;三是外观耐久度主要可从构筑物外观材料、材质等方面进行考虑,如栏杆种类(仿木栏杆、石材栏杆、不锈钢栏杆等)、建筑物外观工艺(喷漆、贴砖、幕墙等)、外观材料选择等方面。

(7)对于重点水利项目,施工图要充分体现水利精品工程的特色。外观设计应突出打造高品质城市风貌。根据《广州南沙深化面向世界的粤港澳全面合作总体方案》中"坚持尊重自然、顺应自然、保护自然的生态文明理念,加强文明传承、文化延续,抓好历史文化保护传承"的要求,在水利设施建筑外观设计过程中,应做到水利建筑物外观与周边环境相融合,与历史文化相传承。但考虑到水利行业设计单位在建筑外观方面技术性较弱,应加强与专业性较高的建筑外观设计院开展合作,共同对水利设施的建筑外观开展初步方案的设计(如水闸、泵站永久外立面外观设计)。

3.3　对勘察设计成果的管理要求

(1)除有特殊规定外,原则上应包含项目红线内需要的所有勘察设计内容。

(2)建设项目勘察设计全过程原则上包括勘察测量(初勘、详勘)、初步设计、施工图设计(专项设计)三个阶段以及项目实施期间的后续服务工作。

(3)勘察设计单位需按照合同文件要求做好各阶段勘察设计工作,及时提交质量、深度满足要求的各阶段勘察设计成果,接受勘察设计审查单位(包括设计咨询、造价咨询、施工图审查单位等)和建设管理单位的审核。

(4)设计单位开展的各项设计须符合国家及地方性法规、工程建设各强制性标准和要求,并符合住房和城乡建设部《建筑工程设计文件编制深度规定》、相关行业标准及主管部门的相关规定。

(5)勘察设计成果含各阶段勘察成果、设计成果、设计汇报文件,以及报批报建、验收、移交、结算等各项工作中与勘察设计相关的技术性文件等。

(6)勘察设计单位需做好与勘察设计有关的全部建设项目的工程文件、资料的梳理及归档工作。

(7)设计方案必须满足招标所附的《设计任务书》的要求、符合有关前期策划、概念设计和方案主题的要求。

(8)在初步设计、施工图设计正式文件出版前,勘察设计审查单位和建设管理单位应按合同文件规定对勘察设计成果进行中间检查及最终成果审核,并督促勘察设计单位及时修改完善。勘察设计审查单位和建设管理单位审核通过后,才能报送正式勘察设计文件至相关部门审批。

(9)原则上,业主只对施工图进行一次用印,保证图纸的唯一性。施工图经业主确认并盖图纸专用章后,即为正式施工图用于施工,设计单位必须保证正式施工图与施工招标图一致。

(10)一个建设项目勘察设计由联合体承接的,应明确主办单位和成员单位。主办单位负责本项目勘察设计各单位的协调、工作计划的制订、设计技术标准和设计风格的统一、设计界面的划分等,全面审查勘察设计文件的完整性、统一性、协调性,承担整个项目各阶段勘察设计文件、资料的汇总及整理。主办单位和成员单位签订联合体协议时,应将本条内容纳入其中。

（11）各勘察设计单位应注重贯彻资源节约理念，更加合理地利用土地、节约造价，在勘察设计过程中认真执行广州市和南沙区行政管理规定与技术指南、指引等，注重多方案的比选，选择最优设计方案。

（12）勘察设计单位提交的各阶段勘察设计文件及造价文件应通过行政审批部门的审查，如有必要需组织专家进行专题论证，下一阶段勘察设计文件必须认真落实上一阶段勘察设计成果批复文件、专项审查意见和专题评估报告等文件的有关要求。

（13）勘察设计审查单位须严格审核勘察设计成果，坚持技术与经济相统一，保证勘察设计成果符合质量及限额控制要求，并保证勘察设计成果满足质量品质化及精细化要求。

（14）勘察单位应负责做好场地摸查工作，对场地内部管线、征拆、土地性质，以及外部交通、水电气配套等内容进行摸查并形成报告。

（15）勘察单位开展各阶段外业勘察前需报送勘察大纲至设计单位确认、建设管理单位审批后，方能开展外业勘察工作。勘察单位应按照勘察大纲要求开展各阶段项目勘察工作，初勘、详勘的成果应确保不漏项、不多报、不虚报，并满足相关规范和设计要求。

（16）根据工程建设需要，如要求补充勘察，勘察单位应无条件接受。

（17）设计单位应当严格执行限额设计，做好各专业工程投资额度划分调控，按相关的要求落实投资控制目标，原则上不允许超限额设计，确因客观原因需对项目总投资或各专业工程投资额度调整须报主管部门同意后设计，否则以违约责任处理。

（18）勘察设计单位应当完善内审质量保证体系，积极推广标准化设计。在设计过程中应采用经济合理的指标参数，避免设计过于保守或激进。

（19）设计文件中应强化细部方案比选和各专业细部设计，注重设计文件的可实施性，选用的材料、配件和设备，应当注明性能和技术标准，其质量要求必须符合国家和行业规定的标准。

（20）设计单位严禁在设计文件中明示或暗示生产厂家、供应商和产品品牌或限定材料的来源渠道等，不得指定机电设备产品。

（21）采用新技术、新材料、新工艺等非常规设计的，须符合国家、省、市颁布的相关技术指标、规范及检测标准要求，并经符合规定的试验、论证或有关主管部门组织的专家审定后，方可使用。设计单位对此类设计应在设计文件中有专门的重点说明。

（22）因工艺特别复杂、没有具体设备厂家提供资料无法完成设计的，由设计单位提前申请并完成相关审定程序后，方可在图纸中注明"需要施工单位或设备厂家完善设计"。设计单位应统筹各专项设计的接入条件及技术参数指标，并预留相应的结构、管道条件，该部分作为单一的开项在概算中列明，并留出足够的工程费用，否则以设计失误追究责任。施工企业投标时应按招标文件要求考虑该项费用，施工时自行补充大样，并提交设计单位统筹审核，经批准后实施。

（23）由施工单位编制的竣工图，设计单位需审核确认盖章。设计单位进行设计变更时，应对变更的原因、合理性、可行性进行详细分析论证，提出设计变更方案比选，进行技术性、经济性分析，并提交设计变更的预算。

3.4　对勘察设计单位的管理要求

（1）勘察设计单位需按投标的架构组建项目组，明确一名项目负责人，并配有一名 B 角的项目负责人，项目负责人应组织统筹各专业勘察设计工作，严格按照合同约定的工期计划推进各项工作，及时落实勘察设计工作中的相关问题。项目负责人自合同生效起履行职责，至项目竣工验收为止。

（2）勘察设计单位应根据工程进展情况，派出各专业主要负责人员进行设计交底、处理有关勘察设计问题、配合报批报建工作、解决工程中涉及的问题、参加工程测绘和与勘察设计有关的专题会及竣工验收。勘察设计单位提供的现场服务，至工程竣工验收合格为止。

（3）勘察设计单位应在勘察设计工作开始前制订一份详细的勘察设计工作计划。勘察设计工作计划应包括勘察设计工作总控计划以及细分计划，内容应包括：勘察设计工作顺序和各个阶段的预期时间安排、成果提交计划、报批报建计划。

（4）勘察设计单位需及时将未来可能对工作造成不利影响、延误工期的事件或情况报告建设管理单位。在开展勘察设计工作的过程中，勘察设计单位应将需办理的报批报建手续及时报告建设管理单位，以免延误或遗漏有关手续而影响工程建设。

3.5　设计交底与图纸会审

3.5.1　设计交底

施工图设计交底是指由设计单位向施工单位、监理单位、设计咨询单位、建设管理单位等工程建设的相关方阐明设计意图、理念，明确设计内容及设计技术，指出设计重点、控制节点、难点及技术关键点，并对涉及施工质量及安全的重点部位和重点环节提出指导意见，使其符合设计要求的履职服务行为，包括但不限于以下内容：

（1）项目概况、自然条件。

（2）项目的外部条件，与外部的协作关系。

（3）设计依据，设计遵循的原则，设计执行的技术标准与技术规范。

（4）设计的范围，设计界面的划分及职责分工，各专业之间相互关系。

（5）主要生产工艺系统的布置及流程。

（6）项目实施中尚待解决的技术问题。

（7）各专业设计工艺系统的布置方案：包括主要设备选定原则、工艺要求、结构设计特点、施工技术措施和有关注意事项，相应各主要卷册施工图与其关系的说明。

（8）各专业设计中主要的计算原则、手段、计算简图、确定方法，重点介绍设计中的关键点、关键部位，提请有关方面充分重视。

（9）设计中应用的新技术、新设备、新结构、新材料，应介绍其主要技术、经济参数、指标，加工、安装、制造中的工序流程、施工方法、顺序及生产运行中的注意事项。

（10）施工图设计中对初步设计评审及审查过程中提出的问题和建议的落实情况、调整内容对比分析情况。

（11）介绍并说明限额设计的执行情况，项目的主要技术、经济指标与初步设计提出的主要技术、经济指标的比较，对存在差异的分析，对限额设计中的差异进行调整、完善的具体内容。

（12）结合工程的实际情况，介绍本工程与以往施工工程的区别、施工的要求及施工注意事项等。

（13）介绍项目各专业在施工中需要与其他专业或生产厂家配合的事宜。

（14）对施工图审查过程中提出的重点问题的处理方案。

3.5.2　图纸会审

图纸会审是施工单位、监理单位、设计单位、设计咨询单位、建设管理单位和业主等工程建设的参与方，对经审核、交底后的施工图的设计意图、设计内容、设计标准、设计参数、施工组织等进行集中会审，并达成一致意见的行为，包括但不限于以下内容：

（1）设计是否符合国家有关的技术政策、标准、规范，是否经济合理。

（2）设计是否已按程序完成初步设计、施工图设计审查、技术交底。

（3）设计文件提供的工程地质、水文地质情况与现场是否存在重大差异，软基等处理方法是否合理等。

（4）设计图纸的平面、立面、标高、结构尺寸等图纸相互间有无矛盾，图纸情况是否与工程所在的地形、地貌相适应。

（5）设计是否符合通常的施工技术装备条件，对需要采取特殊技术措施的设计，审查其技术操作可行性，以确保施工安全和工程质量。

（6）审查设计采用的新结构、新工艺、新材料的特点、性能及施工注意事项：有无特殊材料要求，其品种、规格、数量的市场供应能否满足需要；应逐一核对所需的生产设备和运行设备的名称、规格、型号、技术参数等，是否采用非标或过时淘汰的产品，市场供应能否满足需要等事项。

（7）结构与设备安装之间有无重大矛盾。

（8）核实设计提出的施工方案是否切合实际，是否具有可操作性。

（9）设计的界面划分是否清晰，接口设计是否合理，各类附属配套设计是否齐全。

（10）结构计算的工况是否与实际相符，是否可操作；结构计算的图示及选用的计算软件是否符合现行技术标准。

（11）图纸及说明是否齐全、清楚、明确，图纸尺寸、坐标、标高及管线、道路交叉连接点是否相符。

（12）查清设计文件中的错、漏、碰、缺之处。

3.5.3　施工图设计交底工作流程

施工图设计交底工作流程见图 3-5-1。

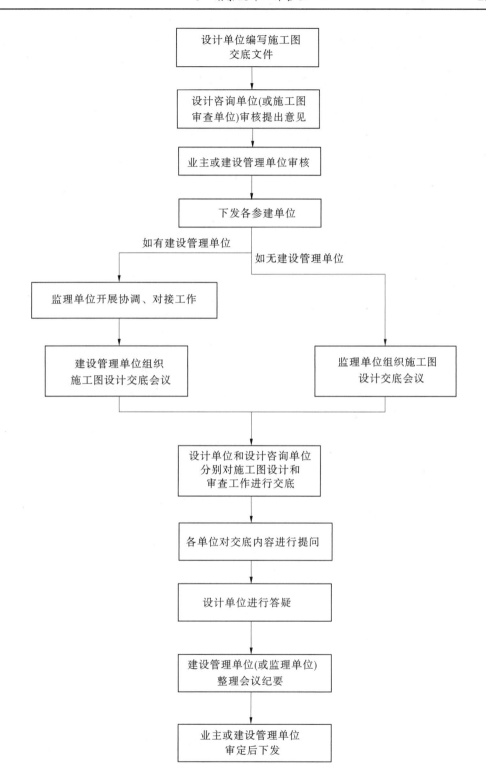

图 3-5-1 施工图设计交底工作流程

3.5.4　施工图会审工作流程

施工图会审工作流程见图 3-5-2。

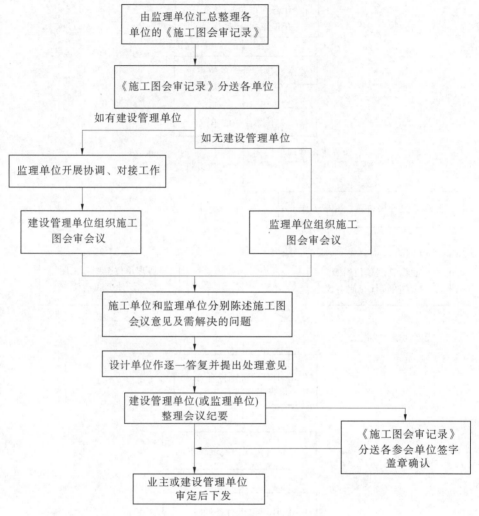

图 3-5-2　施工图会审工作流程

3.6　设计巡场管理

3.6.1　人员组织

设计巡场人员由各项工程的建设管理单位牵头组织(如无建设管理单位,则由设计咨询单位或施工图审查单位负责),组成单位包括设计单位、咨询单位、施工单位、监理单位、建设管理单位(如有),其中专项咨询单位依据每期巡场内容适时参加,巡场人员要求为各单位项目设计负责人(或技术负责人、项目总工程师)及相关专业的专业负责人。

3.6.2 巡场内容

水利工程的重点检查专项内容包括但不限于：堤顶结构、沟体结构、水闸工程、机电及金属结构工程、园林景观工程等。

此外，设计巡场内容可根据现场需要而增加，着重解决工程实施的相关问题。

3.6.3 时间安排

巡场频率视工程特点、工程实施阶段及工期安排而定，原则上每月一次，具体时间以巡场通知为准。

根据工程各重点专项的现场施工推进情况，每次巡场前4个日历日，由建设管理单位（如无建设管理单位，则由设计咨询单位或施工图审查单位）拟定并发布巡场通知，具体包括巡场事项、巡场单位及专业、巡场路线及具体时间安排等。

3.6.4 巡场成果

由建设管理单位牵头、设计咨询单位（或施工图审查单位）配合，于巡场后1个日历日内，将巡场中发现的问题汇总形成设计巡场报告，分送设计单位、专项咨询单位、施工单位、监理单位签收。

按巡场所发现问题的归口责任主体，由设计单位、施工单位各自负责，按相关要求（包括时间、质量要求等）进行整改，由监理单位根据巡场报告对现场整改落实情况审核确认，并向业主及建设管理单位书面报告，各单位于下一次巡场时进行复查。

4　河涌整治

4.1　涉及的主要相关依据

4.1.1　上位规划

（1）《粤港澳大湾区发展规划纲要》。

（2）《广东万里碧道总体规划（2020—2035）》。

（3）《珠江三角洲地区改革发展规划纲要（2008—2020）》。

（4）《广州市城市总体发展战略规划》（广州市城市规划局，2008年）。

（5）《珠江流域综合规划（2012—2030）》（水利部珠江水利委员会，2013年）。

（6）《珠江河口综合治理规划》（水利部珠江水利委员会，2010年）。

（7）《广东省珠江三角洲流域综合规划修编报告（报批稿）》（广东省水利电力勘测设计研究院，2012年）。

（8）《广州市流域综合规划（2010—2030）（报批稿）》（广州市水务局、广州市水务规划勘测设计研究院，2011年）。

（9）《广州市防洪（潮）排涝规划（2010—2020）（征求意见稿）》（广州市水务规划勘测设计研究院，2013年）。

（10）《广州市碧道建设实施方案（2020—2025年）》。

（11）《广州南沙新区总体概念规划》。

（12）《广州市南沙新区的定位与战略研究》。

（13）《广州南沙新区发展战略研究报告》。

（14）《广州南沙新区发展规划》。

（15）《广州南沙新区城市总体规划（2012—2025）》。

（16）《广州市南沙万顷沙分区市政基础设施控制性规划》。

（17）《南沙新区产业发展规划》。

（18）《南沙新区土地利用规划》。

（19）《广州南沙新区水系总体规划及骨干河湖管理控制线规划》（广州市南沙区水务局、上海勘测设计研究院有限公司，2021年8月）。

（20）《广州南沙新区防洪（潮）排涝规划报告》（上海勘测设计研究院有限公司，2021年8月）。

（21）《南沙区碧道建设规划（2020—2025）》。

4.1.2 法律、法规、规程、规范、标准

(1)《中华人民共和国水法》。

(2)《中华人民共和国防洪法》。

(3)《中华人民共和国水土保持法》。

(4)《中华人民共和国城市规划法》。

(5)《中华人民共和国水污染防治法》。

(6)《中华人民共和国环境保护法》。

(7)《中华人民共和国河道管理条例》。

(8)《防洪标准》(GB 50201—2014)。

(9)《水利水电工程等级划分及洪水标准》(SL 252—2017)。

(10)《城市防洪工程设计规范》(GB/T 50805—2012)。

(11)《中国地震动参数区划图》(GB 18306—2015)。

(12)《水利水电工程初步设计报告编制规程》(SL/T 619—2021)。

(13)《水利水电工程合理使用年限及耐久性设计规范》(SL 654—2014)。

(14)《堤防工程设计规范》(GB 50286—2013)。

(15)《海堤工程设计规范》(GB/T 51015—2014)。

(16)《海堤工程设计规范》(SL 435—2008)。

(17)《广东省海堤工程设计导则(试行)》(DB 44/T 182—2004)。

(18)《河道整治设计规范》(GB 50707—2011)。

(19)《水工混凝土结构设计规范》(SL 191—2008)。

(20)《水工挡土墙设计规范》(SL 379—2007)。

(21)《水工建筑物荷载标准》(GB/T 51394—2020)。

(22)《水工建筑物抗震设计标准》(GB 51247—2018)。

(23)《水工建筑物地基处理设计规范》(SL/T 792—2020)。

(24)《建筑地基处理技术规范》(JGJ 79—2012)。

(25)《建筑基坑支护技术规程》(JGJ 120—2012)。

(26)《建筑桩基技术规范》(JGJ 94—2008)。

(27)《建筑地基基础设计规范》(GB 50007—2011)。

(28)《工程测量通用规范》(GB 55018—2021)。

(29)《工程结构通用规范》(GB 55001—2021)。

(30)《工程勘察通用规范》(GB 55017—2021)。

(31)《混凝土结构通用规范》(GB 55008—2021)。

(32)《公园设计规范》(GB 51192—2016)。

(33)《城市绿地设计规范(2016 年版)》(GB 50420—2007)。

(34)《无障碍设计规范》(GB 50763—2012)。

(35)《堤防工程管理设计规范》(SL/T 171—2020)。

(36)《水利水电工程设计工程量计算规定》(SL 328—2005)。

(37)其他有关规程、规范、标准、规定或地区性规定。

4.2 整治愿景与目标

4.2.1 河涌整治愿景

南沙区是粤港澳全面合作的示范区,是未来粤港澳大湾区的中心区域,具有大陆、港澳等多方资源的优势,根据国家发展战略,拟将南沙区打造成世界级大都会。

南沙区位于珠江水系河口区范围内,水网密布,水资源丰富。从水安全、水生态、水空间、水交通、水管理、水经济6方面对水务体系进行优化梳理,借鉴国际成功经验,结合地方特色,做好南沙区"水"的文章,实现"以水兴城"的创新发展新模式,实现"岭南水乡、钻石水城、国际水都、理想湾区"蓝图。

4.2.2 河涌整治目标

河涌整治标准根据河涌位置、规划定位、近期整治计划等划分为示范性整治类河涌、重点整治类河涌、一般整治类河涌及清疏整治类河涌四类整治标准,各类河涌的整治思路、标准、内容及资金投入应有所区分。

4.2.2.1 示范性整治类河涌

示范性整治类河涌由各镇(街)根据实际情况选取1~2条河涌进行重点改造,结合城市规划、河涌沿岸现状、土地出让情况,将原适应于农业生产需要的河涌水网改造为与城镇功能定位相适应的河道水系,通过截污治污、清淤扩岸、连通水系等手段,统筹防洪排涝、雨洪调蓄、水景观创造、水生态构建、水上交通、滨水生产、土地开发等水体综合功能需要,配合名镇名村建设、美丽乡村建设实施河涌重点整治,打造特色水城和风情水街。

4.2.2.2 重点整治类河涌

重点整治类河涌以河涌综合整治为要求,以实现一河两岸为目标,整治内容包括:河涌清淤、两岸垃圾清理及违法搭建物拆除,提高河涌排涝能力;在河涌重点位置和居住密集区域装设监控探头,加大河涌日常保洁监管力度;对河涌沿线实施截污治污,避免污水直排河涌;有条件的堤岸升级改造、水景观提升以及实施调水补水等,打造一河两岸的水环境。

4.2.2.3 一般整治类河涌

一般整治类河涌较重点整治类项目标准低,主要整治内容包括:河涌清淤、两岸垃圾清理及违法搭建物拆除、有条件地截污治污、堤岸加固以及简单的水环境改造等,使河涌水质稳定达标、水环境生态自然、水景观美观怡人,改变脏乱差的形象(见图4-2-1)。

4.2.2.4 清疏整治类河涌

清疏整治类河涌属于最基本的整治标准,主要以河涌清淤为重点,兼顾两岸垃圾清理及违法搭建物拆除,保障河道最起码的排涝能力以及河涌两岸干净整洁(见图4-2-2)。

图 4-2-1 一般整治类河涌效果示意

图 4-2-2 清疏整治类河涌示意

4.3 整治任务与标准

4.3.1 整治任务

整治任务以解决防洪（潮）、排涝的水安全为重点，兼顾水空间、水交通、水管理、水经济、水生态、水景观等方面，打造系统科学、岭南特色、城水和谐、示范门户的钻石水网，为南沙区经济社会发展提供基础保障。

4.3.2 整治标准

根据上位规划、《防洪标准》（GB 50201—2014）、《水利水电工程等级划分及洪水标准》（SL 252—2017）等，确定工程防洪标准、排涝标准。永久性主要建筑物级别、永久性次要建筑物级别、临时建筑物级别等见表4-3-1。

表 4-3-1 堤防工程的级别

防洪标准（重现期/年）	≥100	< 100 且≥50	< 50 且≥30	< 30 且≥20	< 20 且≥10
堤防工程的级别	1	2	3	4	5

注：《堤防工程设计规范》（GB 50286—2013）。

根据《中国地震动参数区划图》(GB 18306—2015),区内场地类型、基本地震动峰值加速度、基本地震动反应谱特征周期,确定本地区的地震烈度(Ⅶ度)。根据相关规范要求,确定各建(构)筑物的抗震设计类别。

根据《水利水电工程合理使用年限及耐久性设计规范》(SL 654—2014),按表4-3-2确定工程的合理使用年限。

表4-3-2 水利水电工程合理使用年限   单位:年

工程等别	工程类别					
	水库	防洪	治涝	灌溉	供水	发电
Ⅰ	150	100	50	50	100	100
Ⅱ	100	50	50	50	100	100
Ⅲ	50	50	50	50	50	50
Ⅳ	50	30	30	30	30	30
Ⅴ	50	30	30	30	—	30

注:工程类别中水库、防洪、治涝、灌溉、供水、发电分别表示按水库库容、保护目标重要性和保护农田面积、治涝面积、灌溉面积、供水对象重要性、发电装机容量来确定工程等别。

水利水电工程各类永久性水工建筑物的合理使用年限,应根据其所在工程的建筑物类别和级别按表4-3-3的规定确定,且不应超过工程的合理使用年限。当永久性水工建筑物级别提高或降低时,其合理使用年限应不变。

表4-3-3 水利水电工程各类永久性水工建筑物的合理使用年限   单位:年

建筑物	建筑物级别				
	1	2	3	4	5
水库壅水建筑物	150	100	50	50	50
水库泄洪建筑物	150	100	50	50	50
调(输)水建筑物	100	100	50	30	30
发电建筑物	100	100	50	30	30
防洪(潮)、供水水闸	100	100	50	30	30
供水泵站	100	100	50	30	30
堤防	100	50	50	30	20
灌排建筑物	50	50	50	30	20
灌溉渠道	50	50	50	30	20

注:水库壅水建筑物不包括定向爆破坝、橡胶坝。

1级、2级永久性水工建筑物中,闸门的合理使用年限应为50年,其他级别的永久性水工建筑物中,闸门的合理使用年限应为30年。

4.4 整治内容

根据规划及工程总布置,确定工程主要建设内容:河道清淤疏浚长度、新建堤防长度、加固堤防长度、岸坡整治工程长度、堤顶路长度、排水沟长度、亲水设施、上下堤设施、穿堤建筑物座数、污水管线治理长度及安全监测等。

不同的河涌类型,其整治内容有所不同,河涌整治内容见表4-4-1。

表4-4-1　河涌类型及主要整治内容一览表

河道类型	河道描述	治理重点	堤岸工程	截污工程	清淤清障工程		生态修复工程		水质提升辅助工程					景观工程
					清障	清淤	生境条件营造	生物群落构建	生态浮床	人工增氧	生物膜	浮动湿地	人工湿地	
1	自贸区、城镇、平原河道	安全、水质、断面、景观、亲水	●	●	○	●	●	●	◎	◎	○	○	×	◎
2	自贸区、城镇、山地河道	安全、水质、断面、生态	●	●	◎	◎	●	◎	×	×	○	○	×	◎
3	自贸区、乡村、规划建成区内河道	安全、水质、断面、生态、亲水、景观	●	●	○	●	●	●	◎	◎	○	×	○	◎
4	非自贸区、城镇、山地河道	安全、水质、生态	●	●	○	○	●	◎	×	×	×	○	○	○
5	非自贸区、城镇、平原河道	安全、水质、断面、生态	●	●	○	◎	●	◎	○	○	○	○	○	○
6	非自贸区、乡村、规划建成区内河道	安全、水质、断面、景观、生态	●	●	○	○	●	○	○	○	○	○	○	○
7	非自贸区、乡村、山地规划建成区内河道	安全、水质、断面、景观、亲水	●	●	○	○	●	○	×	×	×	×	○	○
8	非自贸区、乡村、平原、非规划建成区内河道	安全、水质	●	●	○	○	◎	○	×	×	×	×	×	×

注：●代表必选内容，各类治理均需实施；○代表推选内容，可考虑加以实施；◎代表自选内容，各类河道根据实际情况实施；×代表不需要或不涉及。

4.5 堤线布置

4.5.1 堤线布置原则

堤线布置应根据保护区的范围,考虑地形、地质条件,河势发展、洪水流向、潮汐规律,结合施工、建筑材料条件,以及已有工程现状,考虑防汛抢险、征地拆迁、堤岸维护管理等因素,通过技术经济比较后确定。

堤线布置的原则如下:

(1)堤线布置与围区建设发展规划相协调,堤线布置与该处河道及岸线利用发展规划相协调。

(2)遵循上、下游兼顾左、右岸协调的原则,考虑河势的演变情况,堤线布置与水道水流流向相适应,与主流大致平行。堤线应力求平滑顺直,各堤段平缓连接,不应采用折线或急转。

(3)堤线布置应尽量减少占用农田、房屋拆迁,并宜避开文物遗址,同时有利于防汛抢险和工程管理。

(4)充分利用现有防洪设施,在满足流域防洪及堤围总体规划的前提下,尽量利用老堤线,避免对河道行洪产生影响,并注重与周围建筑物协调。

(5)理应尽量维持河流天然形态,充分体现自然、生态的河道治理理念,宜弯则弯,宜滩则滩,避免裁弯取直、围河占滩、渠化河道,对局部不合理的河段可根据实际情况进行局部调整。

(6)在河道弯道内侧,若用地不受限制,可将弯道内侧的堤线后退(见图4-5-1),缩短堤线长度,并使新堤线与天然堤线之间形成人造滩地,有利于河湖空间形态多样性的塑造。

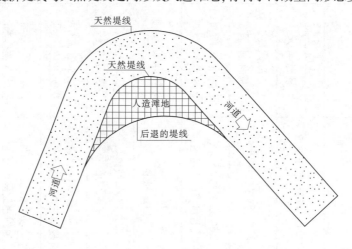

图 4-5-1 弯道内侧缩短堤线示意图

(7)当有滨水空间利用功能的需求或滨水带生态保护功能需求时,需要布置亲水空间或生态缓冲带,而采用沿天然堤线布置方式,难以形成较大尺寸的亲水空间或生态缓冲带时,可适当将堤线后退,后退后新堤线与天然堤线之间也形成了类似人造滩地的带状区域,可用于布置各类亲水设施或生态缓冲带植物,但应注意设施本身和植物配置的防洪安全(见图4-5-2)。

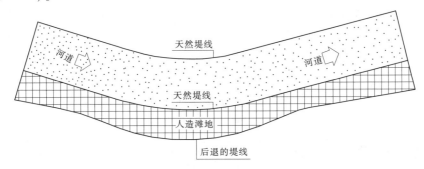

图4-5-2 滨水空间利用功能需求下的堤线后退示意图

(8)当沿河为农田保护区等非建设用地且距河岸一定距离(建议小于300 m)有适合布置堤线的区域时,可将堤线后退建设,或将堤防结合村庄道路等设施建设。采用此方式将堤线后退后,位于堤线外的农田将得不到堤防的保护,在种植品种的选择上应考虑此问题(见图4-5-3)。

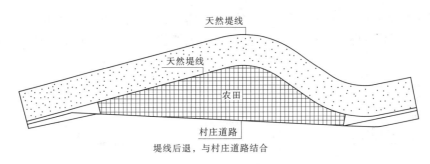

图4-5-3 沿河用地受限堤线后退示意图

(9)河涌两岸均应布置贯通的巡河路,以满足日常巡查维护及抢险救灾的通行要求,巡河路要求如下:

①巡河路宽度宜不小于3.5 m(单车道),且全线贯通并与市政道路连接。

②巡河路可兼作单车道、跑步道、休闲步道等通道,但其路面及路基结构应可满足防汛车辆的通行要求。

③巡河路应设置在不受洪水淹没的部位,宜设置在堤顶。

④当沿岸50 m范围内存在市政道路,且道路与河岸之间无隔阻(例如围墙等)时,可利用市政道路代替巡河路。

4.5.2 堤距确定

(1)新建或改建河堤的堤距应根据流域防洪规划分河段确定,上下游、左右岸应统筹兼顾。

（2）河堤堤距应根据河道地形、地质条件，水文泥沙特性，河床演变特点，冲淤变化规律，经济社会长远发展、生态环境保护要求和不同堤距的技术经济指标，并综合权衡有关自然因素和社会因素分析确定。

（3）受山嘴、矶头或其他建筑物、构筑物等影响，排洪能力明显小于上、下游的窄河段，应采取清除障碍或扩宽堤距的措施。

4.6 堤防工程

4.6.1 堤（岸）断面设计原则

堤（岸）断面形式的选择应充分考虑河涌分类、功能、用地条件、堤（岸）高度、水位变化、流量及流速等因素，满足过流能力、堤（岸）安全、生境多样性、滨水景观、亲水性等要求，经技术经济比较后确定。

河涌各段堤（岸）断面形式应因地制宜地进行设计，允许河涌两岸、不同分段堤（岸）断面形式的差异化，设计丰富多样的断面形式，但应做好不同断面形式之间衔接的细节处理。

岸坡断面形式应结合河道底部的天然状态，营造坡、岸、滩、槽、洲、潭等多样化的自然或仿自然生境，避免将河道底部、岸滩等平整化，天然状态的河道断面示意如图4-6-1。

图 4-6-1　天然状态的河道断面示意

岸坡断面宜斜则斜，宜优先采用坡式、混合式等自然形式的生态岸坡，尽量结合亲水性，绿化美化堤（岸），营造生态化的滨水景观环境；条件允许时，可采取地形重塑等方式建设浅丘岸坡，形成自然界面，浅丘岸坡断面示意如图4-6-2所示；在用地受限的情况下方能使用直立式断面形式。

除与其他建筑物必要的衔接段外，不应将河道天然坡式岸坡改造成墙式护岸，其断面示意如图4-6-3所示。

4.6.2 堤（岸）断面形式

（1）堤（岸）断面形式按照断面分级情况分为单级堤（岸）、两级堤（岸）及多级堤（岸），各分级示意如图4-6-4所示，各级断面形式特点如下：

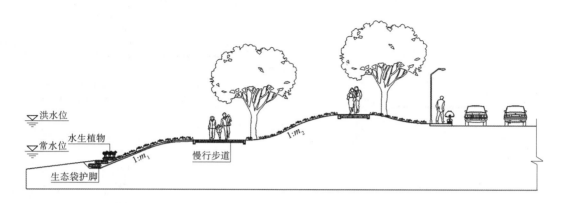

图 4-6-2　浅丘岸坡断面示意

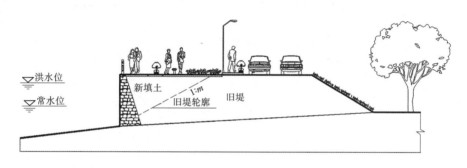

图 4-6-3　不应采用的"斜"改"直"断面示意

①单级堤(岸)。堤(岸)顶与河床采用单级护岸的防护形式,形式简单,占地、造价较小,但亲水性较差,生态性单一,景观单调,不利于滨水空间利用,一般适用于堤(岸)高度不大的河段中。

②两级堤(岸)。堤(岸)顶与河床采用两级护岸的防护形式,形式多样,上下两级可根据要求采用不同的护岸类型,形式多样,占地、造价适中,生态性、亲水性较好,景观较有层次,与景观、休闲等多功能要求具有一定融合度,适用范围较广。

③多级堤(岸)。堤(岸)顶与河床采用多于两级护岸防护形式,在两级护岸的基础上增加一级斜坡护岸与堤(岸)顶衔接,形式多样,占地、造价较大,抗冲刷性好,亲水性、生态性好,与景观、休闲等多功能要求的融合度高,有利于滨水空间利用。

(2)按照堤(岸)断面外立面斜、陡、直的情况可分为斜坡式堤(岸)、陡坡式堤(岸)及直立式堤(岸),如图 4-6-5 所示。

4.6.3　典型断面

根据堤(岸)断面形式及堤(岸)结构类型,组合丰富多样、适用多种条件的典型堤(岸)断面。在具体实践运用各典型堤(岸)设计断面时,应因地制宜,结合项目情况进行适配性调整,见图 4-6-6~图 4-6-12。

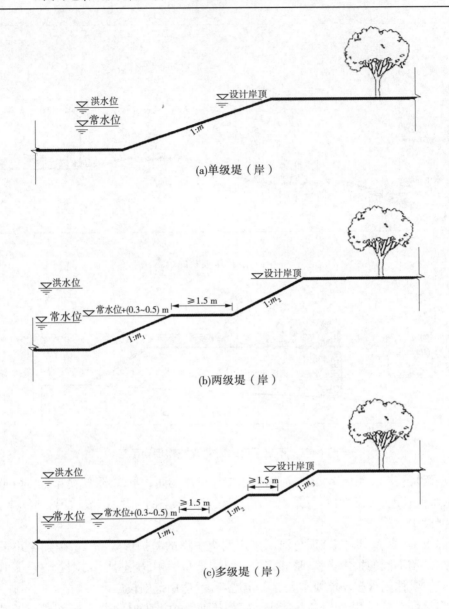

图 4-6-4　堤(岸)断面分级示意

4.6.3.1　断面特征高程确定

断面特征高程一般包括河涌底高程、堤(岸)岸脚平台高程、亲水平台高程、护坡结构顶高程、堤顶高程等,各部位特征高程如图 4-6-13 所示。

1. 河涌底高程

各断面的河涌底高程由河涌河床纵坡及该断面所处的位置确定。河床纵坡应结合现状河床地貌特征、河涌两端与其他河涌或拦河建筑物的衔接情况、行洪排涝流量、通航水深、水力条件、河床淤积情况与清淤深度等因素分段确定,不宜全河段采用同一坡降,也不宜在行洪排涝流向采用逆坡。

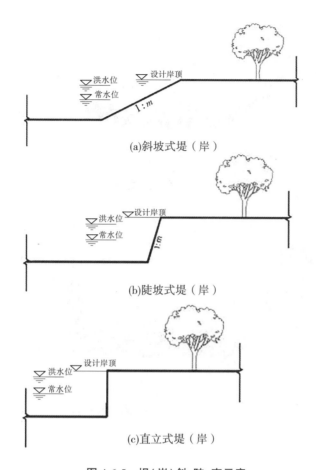

图 4-6-5　堤（岸）斜、陡、直示意

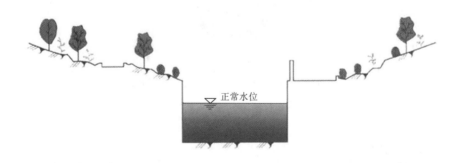

图 4-6-6　直斜复合式断面示意

2. 堤（岸）岸脚平台高程

　　存在常水位的河涌，堤（岸）岸脚平台高程可选取略低于常水位；有条件时，可按照从高到低依次形成挺水植物生长平台，低于常水位 0.3~0.5 m；浮叶植物生长平台，低于常水位 0.5~0.8 m；沉水植物生长平台，低于常水位 0.8~1.2 m。

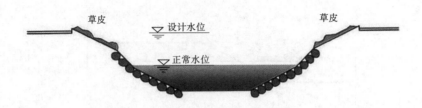

图 4-6-7　梯形断面示意(缓坡式断面)

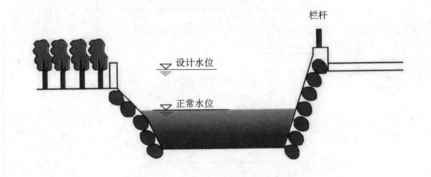

图 4-6-8　梯形断面示意(陡坡式断面)

图 4-6-9　复合式断面示意(上缓下陡式断面)

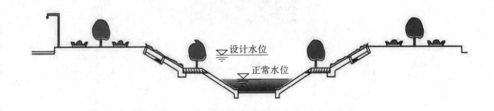

图 4-6-10　复合式断面示意(上缓下缓式断面)

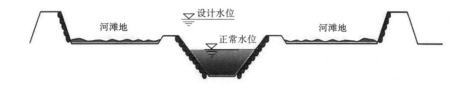

图 4-6-11 复合式断面示意(上陡下缓式断面)

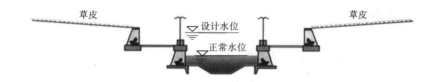

图 4-6-12 直斜复合式断面示意(上陡下陡式断面)

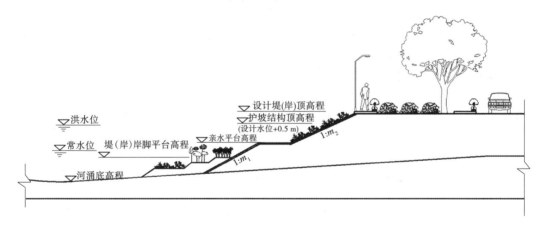

图 4-6-13 堤(岸)各部位特征高程示意

无常水位的河涌,堤(岸)岸脚平台高程可选取略高于河道枯水期水位 0.5 m,并将岸脚平台作为湿生植物生长平台。

3. 亲水平台高程

对于平原网河区存在常水位的河涌,亲水平台高程可根据风浪情况,选取略高于常水位 0.3~0.5 m。对于山丘区无常水位的河涌,亲水平台高程可选取 1~2 年一遇的洪水位。

当因防止水流冲刷或者波浪侵蚀采取坡面防护结构时,坡面防护结构顶高程,按以下原则拟定:

(1)山丘区河涌坡面防护结构顶高程宜取设计洪水位加 0.3~0.5 m 的超高。

(2)平原网河区河涌坡面防护结构顶高程宜取设计洪水位加波浪爬高。

(3)在航道河涌,尚应考虑船行波的影响。

4. 堤顶高程

堤顶高程应按设计水位或设计潮位加堤顶超高确定(堤顶设计高程=设计水位+设计波浪爬高+设计风壅水面高度+安全加高)。当土堤临水侧设有防浪墙时,防浪墙顶高程应与计算堤顶高程相同,但土堤顶面高程应高出设计水位 0.5 m 以上。当堤后保护区地面高程高于设计洪水位时,安全加高值可采用允许越浪的堤防值,但应做好堤顶及堤后方的防越浪冲刷及排水设施。堤防工程安全加高值见表 4-6-1。

表 4-6-1　堤防工程安全加高值

堤防工程级别		1	2	3	4	5
安全 加高值/m	不允许越浪堤防	1.0	0.8	0.7	0.6	0.5
	允许越浪堤防	0.5	0.4	0.4	0.3	0.3

4.6.3.2　堤(岸)工程主要控制指标

(1)土堤边坡抗滑稳定采用瑞典圆弧法或简化毕肖普法计算时,安全系数不应小于表 4-6-2 的规定。

表 4-6-2　土堤边坡抗滑稳定安全系数

堤防级别			1	2	2	4	5
安全 系数	瑞典圆弧法	正常运用条件	1.30	1.25	1.20	1.15	1.10
		非常运用条件 I	1.20	1.15	1.10	1.05	1.05
		非常运用条件 II	1.10	1.05	1.05	1.00	1.00
	简化毕肖普法	正常运用条件	1.50	1.35	1.30	1.25	1.20
		非常运用条件 I	1.30	1.25	1.20	1.15	1.10
		非常运用条件 II	1.20	1.15	1.15	1.10	1.05

(2)堤(岸)挡土墙为堤(岸)的一部分,建筑级别与堤(岸)相同,抗滑稳定安全系数、抗倾稳定安全系数及地基应力最大值与最小值之比的允许值见表 4-6-3~表 4-6-5。

表 4-6-3　挡土墙抗滑稳定安全系数的允许值

荷载组合		土质地基				岩质地基			
		挡土墙级别				挡土墙级别			
		1	2	3	4	1	2	3	4
基本组合		1.35	1.30	1.25	1.20	1.10	1.08	1.08	1.05
特殊 组合	I	1.20	1.15	1.10	1.05	1.05	1.03	1.03	1.00
	II	1.10	1.05	1.05	1.00	1.00			

注:特殊组合 I 适用于施工情况及校核洪水情况。

表 4-6-4　土质地基挡土墙抗倾稳定安全系数的允许值

荷载组合	挡土墙级别			
	1	2	3	4
基本组合	1.60	1.50	1.50	1.40
特殊组合	1.50	1.40	1.40	1.30

表 4-6-5　挡土墙地基应力最大值与最小值之比的允许值

地基土质	基本组合	特殊组合
松软	1.50	2.00
中等坚实	2.00	2.50
坚实	2.50	3.00

（3）黏性土土堤的填筑标准应按压实度确定。压实度值应符合下列规定：

①1 级堤防不应小于 0.95。

②2 级堤防和堤身高度不低于 6 m 的 3 级堤防不应小于 0.93。

③堤身高度低于 6 m 的 3 级及 3 级以下堤防不应小于 0.91。

（4）无黏性土土堤的填筑标准应按相对密度确定，1 级、2 级和堤身高度不低于 6 m 的 3 级堤防不应小于 0.65，堤身高度低于 6 m 的 3 级及 3 级以下堤防不应小于 0.60。有抗震要求的堤防应按现行行业标准《水工建筑物抗震设计标准》（GB 51247—2018）的有关规定执行。

（5）土堤应预留沉降量。沉降量可根据堤基地质、堤身土质及填筑密度等因素分析确定，宜取堤高的 3%~5%。

（6）堤顶宽度应根据防汛、管理、施工、构造及其他要求确定。堤顶宽度：1 级堤防不宜小于 8 m，2 级堤防不宜小于 6 m，3 级及以下堤防不宜小于 3 m。

（7）堤防防浪墙可采用浆砌石、混凝土等结构形式。防浪墙净高不宜超过 1.2 m，埋置深度应满足稳定和抗冻要求。风浪大的海堤、湖堤的防浪墙临水侧可做成反弧曲面。防浪墙应设置变形缝，并应进行强度和稳定性核算。

（8）堤坡应根据堤防级别、堤身结构、堤基、筑堤土质、风浪情况、护坡形式、堤高、施工及运用条件，经稳定计算确定。1 级、2 级土堤的堤坡不宜陡于 1:3。堤顶应向一侧或两侧倾斜，坡度宜采用 2%~3%。

4.7　防护工程

生态护岸按结构形式主要可分为坡式护岸、墙式护岸、混合式护岸及坝式护岸；按照材料属性，可分为植物式护岸、柔式护岸、块体式护岸、组合式护岸、整体式护岸。

4.7.1 防护工程设计原则

（1）堤（岸）结构设计应根据所在的城市区域、重要程度、用地条件、地质条件、水流条件、风浪特征、生态状况、景观需求、施工条件等因素，经过技术经济比较后，综合考虑确定。

堤（岸）结构应具有良好的生态性、环保性、景观性；应采用与周围自然景观协调的堤（岸）结构形式，在满足工程安全的前提下，营造生态和景观的多样性，因地制宜地选择堤（岸）结构；宜采用经过科学论证的环境友好型新技术、新工艺、新材料、新设备。

堤（岸）结构的选择应结合堤（岸）布置的空间形态和工程界面，形成富于变化的滨岸带生境。

不应采用"三面光"的结构形式将天然河涌及规划新增河涌渠化；对于设计流速不大于 5 m/s 的重要沟渠也不应采用"三面光"的结构形式。

（2）堤（岸）结构类型。

从所用材料来说，传统护岸（坡）工程主要采取抛石、砌石、混凝土块、现浇混凝土等，生态型护岸（坡）一般采用草皮护坡、灌草护坡、土工网（三维土工网）植草护坡、抗冲植草垫护坡、土工格室植草护坡、蜂巢植草护坡、植生袋植草护坡、自然抛石护坡、干砌块石护坡、多孔植草砖护坡、瓶孔砖护坡、连锁式多孔植草砖护坡、格宾石笼护坡、雷诺护坡、生态混凝土护坡、无砂混凝土护坡、格宾石笼护岸、加筋生态框（槽）护岸、加筋鱼巢箱护岸、加筋生态砌块护岸、生态板桩护岸等。具体见附表3河涌堤（岸）结构类型。

应特别注意的是，护坡底部应根据护坡形式做好反滤措施，多采用级配碎石粗砂反滤层或反滤土工布。不透水护岸（坡）材料尚需在水位变动区及地下水出逸区应设置排水管。

4.7.2 防护工程

防护工程一般可分为坡式、墙式、桩式和植物式等。

4.7.2.1 坡式防护

防护工程通常包括水上护坡和水下护脚两部分（见图4-7-1），水上与水下之分均指枯水施工期，护岸工程的施工原则是先护脚后护坡。

坡式护岸顺岸坡及坡脚一定范围内覆盖抗冲材料，抵抗河道水流的冲刷，这种护岸形式对河床边界条件的改变和对近岸水流条件的影响均较小，是一种较常采用的形式（见图4-7-2和图4-7-3）。

下部护脚为护岸工程的根基，其稳固与否，决定着护岸工程的成败。护脚工程要求能抵御水流的冲刷及推移质的磨损；具有较好的整体性并能适应河床的变形；较好的水下防腐性能；便于水下施工并易于补充修复。常采用的形式有抛石护脚、抛枕护脚、抛石笼护脚、沉排护脚等。

上部护坡工程除受水流冲刷作用外，还要承受波浪的冲击及地下水外渗的侵蚀。此外，因处于河道水位变动区，时干时湿，要求建筑材料坚硬、密实、能长期耐风化。常见护坡亦应尽量选取干砌石、浆砌石、生态格网等强度和稳定性较好的材料，确保岸坡稳定安全。

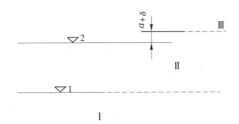

1—枯水位;2—洪水位;Ⅰ—下层;Ⅱ—中层;Ⅲ—上层;a—安全超高;δ—波浪爬高。

图 4-7-1 护坡、护脚工程划分示意

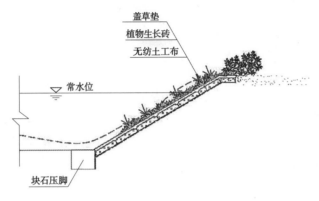

图 4-7-2 缓坡式护岸

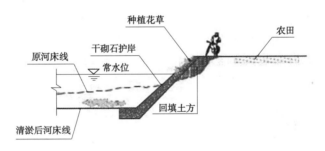

图 4-7-3 陡坡式护岸

4.7.2.2 墙式护岸

墙式护岸是指顺堤岸修筑竖直陡坡式挡土墙,这种形式多用于城镇河流或人口密集区域。在河道狭窄、堤外无滩且易受水冲刷、受地形条件或已建建筑物限制的重要堤段或河段,常采用墙式护岸。

1. 传统墙式护岸

传统墙式护岸分为重力式挡土墙、扶壁式挡土墙、悬臂式挡土墙等形式。墙式护岸一般临水侧采用直立式,在满足稳定性要求的前提下,断面应尽量减小,以减少工程量和少占地为原则,墙体材料可采用钢筋混凝土、混凝土和浆砌石等。

对山区河流,根据河床材料情况,此类护岸挡土墙宜选用埋石混凝土材料,可直接利用河床砂卵石浇筑。另外,对原直立岸坡和新建岸坡均可根据需要采取垂直绿化或表面贴砌卵石等处理措施(见图4-7-4)。对于传统材料混凝土,浆砌石护岸墙整体性好,强度高,抗冲流速大,但无法生长植被,也不利于水生生物的生存。因此,不宜大规模、大范围使用,只在迎流顶冲段或局部用地受限的位置使用,以免对河流生态、景观产生大的影响。护岸高度较小的位置可适当采用干砌石,有利于河岸水体交换,生态性较好。

对于传统墙式护岸的使用应慎重,避免造成生态的不利影响,如需使用,应充分论证其合理性,并对其与生态型墙式护岸进行技术、经济、施工、生态等多方面比选,充分考虑其优、缺点后方可使用,且不提倡大规模、千篇一律的墙式护坡,以免影响景观效果。

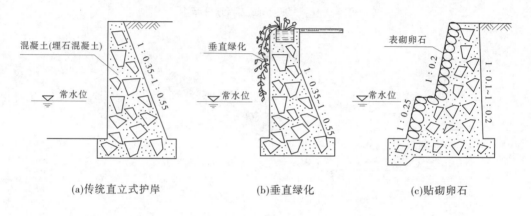

(a)传统直立式护岸　　　　(b)垂直绿化　　　　(c)贴砌卵石

图4-7-4　传统墙式护岸

2. 生态型墙式护岸

植草砌块和铅丝石笼是较好的生态型墙式护岸形式(见图4-7-5),应用较为广泛。这两种形式护岸整体性及抗冲性能均较好,可生长植被,有利于河流生态保护,在有可能的条件下应优先选择。

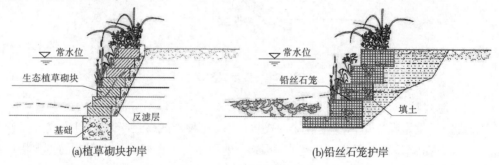

(a)植草砌块护岸　　　　(b)铅丝石笼护岸

图4-7-5　生态型墙式护岸

4.7.2.3　桩式护岸

桩式护岸主要利用建筑材料形成垂直岸墙(见图4-7-6),这种形式多用于城镇河流或人口密集区域或受地形条件或已建建筑物限制的重要堤段或河段。主要作用为维护陡岸的稳定、保护坡脚不受强烈水流的淘刷、促淤保堤。

桩式护岸的材料可采用木桩、钢桩、预制钢筋混凝土桩、大孔径钢筋混凝土桩等。木桩或仿木桩生态护岸主要在水位波动区采用木桩或仿木桩亲水台阶,以下散状种植亲水植物,以上间植灌木、乔木。此类河岸亲水性和景观性较好,经济性较高,建议在流速不大的河段使用。

图 4-7-6　板桩墙式护岸

　　钢桩、钢筋混凝土桩等主要应用于河道两岸房屋密集、征地拆迁难度大的城镇段,受建筑物限制时所采取的护岸措施。由于钢桩、钢筋混凝土桩的造价相对较高,造成投资较大,必须经过充分论证后使用,建议慎重选用。

4.7.2.4　植物式防护

　　有条件的河岸可设置防浪林台、防浪林带、草皮护坡等(见图4-7-7)。

图 4-7-7　植物式防护

4.8　控导工程

　　控导工程指为约束主流摆动范围、护滩保堤,引导主流沿设计导线下泄,在凹岸一侧的滩岸上按设计的工程位置线修建的丁坝、垛、护岸工程。其中,护岸工程常指丁坝、顺坝等。

为保证清淤及疏浚工程的实施效果、稳定河势和堤（岸）安全,必要时应实施辅助性的控导工程措施(见图 4-8-1、图 4-8-2)。

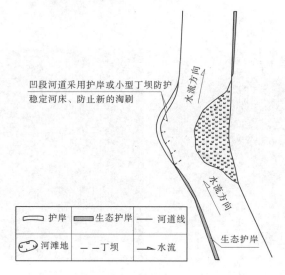

图 4-8-1　控导工程示意图

图 4-8-2　坝式防护工程

4.9　疏挖工程

4.9.1　疏挖原则

(1)按照蓝线规划,对两岸控制线范围以内、设计洪水位以下,凡占用河滩地的违法建筑、阻水建筑予以清除;对河道中心的小型阻水沙洲进行挖除,河道中心及岸边阻水植被适当清除。

(2)对河道内为满足主要功能要求而修建的各类交叉建筑物(如闸、桥、涵等),根据存在的问题归类分析,对失去功能的建筑物进行拆除,对严重阻水的建筑物提出拆除重建或加固处理措施。

(3)描述采取清障工程(包括河流、桩号)、范围、断面形式、工程量、堆放地等,对需进行加固或拆除重建的大型交叉建筑物进行单独设计。

(4)水面保洁设计和施工应按《广州市河涌保洁作业质量标准》《南沙区河涌保洁工作实施方案》相关规定要求,明确保洁质量要求、计费标准、安全文明施工作业规范等内容。

4.9.2　疏挖方式

4.9.2.1　绞吸式挖泥船清淤

绞吸式挖泥船是利用绞刀绞松河底土壤,与水混合成泥浆,经过吸泥管吸入泵体并经过排泥管送至排泥区(见图4-9-1)。绞吸式挖泥船施工时,挖泥、输泥和卸泥都是一体化,依靠自身完成,生产效率较高。适用于风浪小、流速低的内河湖区和沿海港口的疏浚,以开挖沙、沙壤土、底泥等土质比较适宜,采用有齿的绞刀后可挖黏土,但是工效较低。

目前国内河道与湖泊清淤多选用装有绞刀的绞吸式挖泥船。

图4-9-1　绞吸式挖泥船

4.9.2.2　耙吸式挖泥船清淤

耙吸式挖泥船(见图4-9-2)是一种装备有耙头挖掘机具和水力吸泥装置的大型自航、装仓式挖泥船。挖泥时,将耙吸管放至河底,利用泥泵的真空作用,通过耙头和吸泥管自河底吸收泥浆进入挖泥船的泥仓中,泥仓满后,起耙航行至抛泥区开启泥门卸泥,或直接将挖起的泥土排至船外。有的挖泥船还可以将卸载于泥仓的泥土自行吸出进行吹填。它具有良好的航行性能,可以自航、自载、自卸,并且在工作中处于航行状态,不需要定位装置。它适用于无掩护、狭长的沿海进港航道的开挖和维护,以开挖底泥时效率最高。

图 4-9-2　耙吸式挖泥船

4.9.2.3　抓斗式挖泥船清淤

抓斗式挖泥船有自航和非自航两种。自航式的一般带泥舱,泥舱装满后自航至排泥区卸泥;非自航式的则利用泥驳装泥和卸泥:挖泥时运用钢缆上的抓斗,依靠其重力作用,放入水中一定的深度,通过插入泥层和闭合抓斗来挖掘和抓取泥沙,然后通过操纵船上的起重机械提升抓斗出水面,回旋到预定位置将泥沙卸入泥舱或泥驳中,如此反复进行。抓斗式挖泥船一般用于航道、港池及水下基础工程的挖泥工作(见图 4-9-3),它适合挖掘底泥、砾石、卵石和黏性土等,但是不适合挖掘细沙和粉沙土。

图 4-9-3　抓斗式挖泥船

4.9.2.4　水上挖掘机清淤

水上挖掘机是由传统挖掘机改造而来的,其凭借底盘浮箱的强大浮力,可悬浮在浮泥或水上并自由行走,被广泛用于水利工程、城镇建设中的河道清淤和水域治理,湿地沼泽及江、河、湖、海、滩涂的资源开发,盐碱矿的治理开发,鱼塘、虾池改造,洪灾抢险,环境整治等复杂的工程中(见图 4-9-4)。

新一代水上挖掘机能在水深 5 m 的狭窄区域内进行清淤作业,但其缺点也较为明显:不能输送底泥,清淤效率较低。

4.9.2.5　水陆两用搅吸泵清淤

水陆两用搅吸泵是在水上挖掘机的基础上改造而来的,其与水上挖掘机原理基本一致,但又在水上挖掘机的基础上有所改进,将挖斗改装为搅吸泵,集搅、吸、送于一体,效率大大提高。大功率85/160型搅稀泵的设计流量为750 m^3/h,效率较水上挖掘机大大提高(见图4-9-5)。

图 4-9-4　水上挖掘机

图 4-9-5　水陆两用搅吸泵

4.9.2.6　人工清淤+移动式吸泥泵

移动式吸泥泵可悬浮于底泥上,配合高压水枪施工,可在狭窄的空间内施工作业,操作方便,但施工效率相对较低。可用于城镇污水处理厂、企业污水处理厂、硬底河道、养鱼池、人工景观湖、喷泉池底、游泳池底等。人工清淤+移动式吸泥泵见图4-9-6。

4.9.3　运输方式

河道清淤疏浚,往往会因为两岸道路交通压力较大,不可能实现淤泥全部陆上运输,由于绞吸式挖泥船清除的淤泥含水量较高,为了避免陆上运输过程中产生二次污染,绞吸式挖泥船清淤的部分采用水上运输的方式;抓斗式挖泥船清除的淤泥含水量较低,也可以采用水上运输的方式,根据清淤方案有以下可行的运输方案。

4.9.3.1　绞吸式挖泥船配备全封闭远距离泥浆管道输送

该运输方案全程利用管道输送泥浆,当绞吸式挖泥船单泵输送能力不能满足要求时,可在中途串接压力泵加压,将淤泥输送到附近选定的淤泥填埋场。全封闭管道由水上浮管、水下潜管和陆上岸管三部分组成(见图4-9-7、图4-9-8)。泥浆输送管道较长时,每

1.5~2.5 km 必须加一台加压泵组。

图 4-9-6　人工清淤+移动式吸泥泵

　　　　图 4-9-7　水上浮管　　　　　　　　　　　图 4-9-8　陆上岸管

4.9.3.2　绞吸式挖泥船配备备驳船运输

　　绞吸式挖泥船直接将淤泥输送至驳船上,由驳船送至填埋场附近的河道,再用吹泥船输送到选定的淤泥填埋场。对于跨河桥梁通航高度较小的河道,只能用小型驳船运输,效率非常低,不宜采用绞吸式挖泥船配备驳船运输方式。

4.9.3.3　抓斗式挖泥船配备吹泥船和运泥船转运

　　该运输方案是抓斗式挖泥船将淤泥抓挖到运输船上,用船运输到指定填埋场附近,再用 150 m³/h 型吹泥船吹到指定位置堆放,1 台 1 m³ 型抓斗式挖泥船清淤可配 2 艘运泥船运送至填埋场,以平均运距 2 km 为宜。

4.9.3.4　反铲挖掘机配备自卸汽车

　　该运输方案是用反铲挖掘机清除淤泥,用密闭式自卸汽车运输至淤泥堆埋场。

4.10　生物工程

4.10.1　生态保护措施

4.10.1.1　水域岸线管理保护

　　项目建设河段应划定河道岸线和河岸生态保护蓝线等水生态空间管控范围,明确管理区域,恢复和保护水域生态功能;通过划界保护,维护河道自然形态,为生物多样性营造生境,保护天然砂石、水草、江心洲(岛)、沙滩等湿地;保护饮用水水源地、鱼类三场一道(产卵场、索饵场、越冬场和洄游通道)、水产种质资源、珍稀保护物种、水利风景区等生态敏感区。

4.10.1.2　水文化保护

项目建设河段应保护其河流及沿岸古陂、古渡口、古码头、古桥、古堤、古树名木等,设立保护标识、完善配套设施,保持原有文脉特征,传承水文化。

4.10.1.3　重要水生生物栖息地与生物多样性保护

(1)重要水生生物栖息地与生物多样性保护的主要措施应包括:产卵场、索饵场、越冬场保护与修复,洄游通道保护与恢复,增殖放流、替代生境、水温影响减缓、下泄饱和气体影响减缓等,其设计应符合《河湖生态系统保护与修复工程技术导则》(SL/T 800—2020)、《水利水电工程鱼道设计导则》(SL 609—2013)、《水电工程鱼类增殖放流站设计规范》(NB/T 35037—2014)、《水电站分层取水进水口设计规范》(NB/T 35053—2015)、《水利工程生态设计导则》(DB44/T 2283—2021)等的规定。

(2)河流、湖泊、海岸等生态护岸工程隔断自然陆地连接或分隔生态单元时,应预留动物通道。跨越水域护岸的桥梁选址及结构形式宜结合动物通道统筹考虑。位于珍稀濒危陆生野生动物重要的栖息地和迁移扩散路线上的生态护岸,应按《陆生野生动物廊道设计技术规程》(LY/T 2016—2012)的规定设置野生动物通道。

4.10.2　生态修复措施

4.10.2.1　恢复生态流量

针对存在脱水段的河流,结合其他水利专项项目,通过电站机组生态改造、老旧小水电站退出、流域梯级水库电站生态调度等提出保障最小下泄流量措施,让河道有常流水,保护水生动植物的生存栖息环境。

4.10.2.2　改善河道水质

为避免污水进入河道,应分析提出截污控源、人工湿地(见图4-10-1)、生物塘、水下森林、污水处理等措施,以达到改善河道水质的目标。

图 4-10-1　人工湿地实景

4.10.2.3 营造生物生境

因地制宜地建设生态缓冲带、生态滤沟(见图4-10-2)、湿地、鱼巢,增强面源污染的拦截、净化功能,构建适宜的水生动植物群落,恢复生物多样性,营造水清岸绿的自然美景。

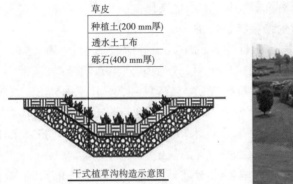

草皮

种植土(200 mm厚)

透水土工布

砾石(400 mm厚)

干式植草沟构造示意图

图 4-10-2 生态滤沟实景

4.10.2.4 人工生物浮岛

内源污染较为严重且流速较缓慢的河道或者水域,在不影响行洪的前提下可构建人工生物浮岛设施。人工生物浮岛设计中应根据不同水体、不同季节选择不同的植物,控制生物浮岛的面积覆盖率一般不超过30%,单体面积一般为2~5 m²。浮岛设计主要包括浮岛载体、浮岛固定装置、浮岛植物和填料四部分。生物浮岛实景见图4-10-3。

图 4-10-3 生物浮岛实景

4.10.2.5 跌水复氧

对于溶解氧较低的受污河道,可根据河道断面形态改造或增设跌水曝气断面或设施,向河道水体曝气复氧,增加水体自净能力。

跌水复氧效果主要受跌水流态和跌水高度影响,跌水流态应保持水幕状,复氧效果随着跌水高度的增加而增加,最佳跌水高度可根据水质、水量和处理要求等因素综合考虑,但一般不超过2.5 m。

跌水复氧工程可根据河道地形条件进行改造和工程措施布置,适宜在具有一定坡度的地带建造,利用自然地势落差营造跌水条件,或者通过人工增加水头落差的方式实现。

常用的跌水复氧工程有橡胶坝、混凝土滚水堰等水工构筑物,也可结合水陂等构筑物设计参数实现,主要设计参数可参照相应的水工构筑物设计规范。跌水复氧实景见图4-10-4。

图 4-10-4 跌水复氧实景

在污染较为严重的城市河段,除采用跌水复氧的方式外,还可以增加曝气机(见图 4-10-5)、曝气船等人工复氧装置,增加水体溶解氧的含量,增强水体自净能力。

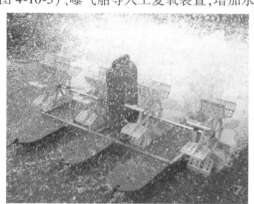

图 4-10-5 曝气机实景

4.10.2.6 微生物修复

针对清淤难度大、污染严重的黑臭河道,经论证后可向河道临时性补充高效、清洁的降解微生物或微生物促生液等生物制剂,但生物制剂投加不宜作为常用措施。

微生物修复技术主要包括土著微生物培养法和接种微生物法。根据工程实施方法又可以分为原位修复技术和异位修复技术。

原位修复技术主要依赖于土著微生物的降解能力处理污染水体,通过向水体中投加营养物质、促生液、电子受体或共代谢基质或增加水体中的溶解氧来激活水体环境中本身就具有降解污染物能力的土著微生物,充分发挥土著微生物对污染物的降解能力,从而达到水体修复的目的。

异位修复技术是通过投加外源的微生物(如光合细菌 PSB、有效微生物群 EM、东江菌、集中式生物系统 CBS、固定化细菌等)来治理污水,引入菌种的主要来源包括从污染水体中富集的土著微生物、从其他自然生态环境中分离的微生物或基因工程菌。微生物制剂的使用量应根据水体污染物初始浓度和治理目标以及制剂类型进行试验后确定。

4.10.2.7　增进水系连通

针对河道拦河设施较多、河道断流、河道断头等问题,可根据河流水系的自然状况、水资源条件及功能定位,通过引水、调水、闸坝调度等生态补水方式,增强河道水流的水力联系,把水引进来、连起来,让水动起来,改善水的连通性。

4.10.3　生态水利措施

4.10.3.1　建设安全生态河岸

依据河道的自然形态,对已建直立式硬质防洪堤,通过软化、绿化等生态化改造措施加以提升;对顶冲河道,宜采用硬质的护岸或挡土墙结构形式,且可在岸顶配置藤本植物、垂挂植物等柔化措施。凸岸、山地、高地、无人居住区等没有防洪要求的河道,应按防冲不防淹原则,顺应有凸有凹、有高有低、有弯有直、错落有致的自然形态河道建设安全河岸。

有条件的河道,可考虑堤岸后靠,进行退堤还河、还滩改造,还原行洪空间。

4.10.3.2　建设生态型护岸

护岸建设宜采用复合式、宽浅式、斜坡式等断面形式,选用生态护岸材料,既要有利于岸滩稳定,又要有利于岸滩地生物多样性恢复。生态护岸工程实例见图4-10-6。

图 4-10-6　生态护岸工程实例

4.10.3.3　重塑河流形态

对已硬化、平整化河床进行适当整治,因势利导,尽量重塑自然的弯曲河岸线、深潭浅滩,营造水深水浅、水动水静、水急水缓的自然河流形态,恢复水生动植物栖息环境(见图4-10-7)。

4.10.3.4　改造拦河设施

在平原河网、城镇河道,可采取过流堰、翻板坝、过鱼设施等措施,解决河道水面小、闸坝下游断流、底泥淤积、鱼类洄游受阻等问题,营造既有水面又有流动,既不淤积又能贯通,既生态又有景观的河流形态,保持河道水体连通,见图4-10-8。

4.10.4　生态护岸植物配置原则

(1)生态护岸植物配置应结合岸坡稳定、生态修复、生长环境和自然景观要求等因素综合考虑。

(2)植物配置宜按照护岸类型及环境特征,构建护岸植物缓冲区,发挥改善生境作

图 4-10-7　重塑河流形态工程实例

图 4-10-8　翻板闸工程实例

用,植物拦截、过滤、净化面源污染作用,固土作用以及景观作用。

(3)植物配置应以乡土植物为主,选择不招蚁害、鼠害的品种;应满足植物的多样性,地被、低矮灌丛与高大树木的搭配组合应尽量符合滨水自然植被群落的结构。

(4)岸边陆生环境的植物应选用耐贫瘠品种,干湿交替环境的植物应选用可适应干、湿环境的品种,常水位附近及以下环境的植物应选用水生品种,海水、感潮环境的植物应选用耐盐碱、抗风品种。

(5)植物景观风貌宜综合考虑护岸所处区域社会发展情况、植物养护成本、本土植物特点等因素营造:

①位于城郊、乡野的护岸宜体现自然乡土,不宜配置名贵树种、大草坪等;

②位于都市、城镇的护岸宜体现自然野趣,同时兼顾绿化景观品质。

(6)植物措施要在充分调查分析行洪影响、洪水冲刷浸没情况等基础上合理配置,不得影响行洪安全和护岸稳定安全。当在河道护岸上布置树木时,应符合有关法律法规和技术规范的规定,同时尚应考虑台风等恶劣气候将树木刮倒后可能造成阻碍河道行洪的不利影响,设置安全距离。

(7)生态护岸工程植物种植土应符合《水利工程生态护岸设计规程》(T/GDHES 001—2022)的相关要求。

4.10.5 生态护岸常用植物

（1）生态护岸所处河道水体咸淡情况，可分为咸水环境、咸淡交替环境、淡水环境，各类水体环境生态护岸常用植物见表 4-10-1。

表 4-10-1 各类水体环境生态护岸常用植物

植物类型	植物名	水体环境
水生植物	水葱、芦竹、睡莲、菱角、芡实、美人蕉*、梭鱼草*、狼尾草、蒲草（水烛）、水菜花、海菜花、金鱼藻、水车前、黑藻、浮萍、紫背浮萍等	淡水
水生植物	无瓣海桑林*、马樱丹、老鼠簕	咸淡水
水生植物	红海树、葡萄藻、羽毛藻	咸水

注：标示"＊"的植物为非本土的栽培适生植物。

（2）生态护岸所处河道水环境情况，可分为自然乡野、城镇段的河道水环境，各类河道水环境生态护岸常用植物见表 4-10-2、表 4-10-3。

表 4-10-2 自然乡野河道常用植物

植物类型	植物名
大乔木	美丽异木棉*、凤凰木、蓝花楹、宫粉紫荆、黄花风铃木、腊肠树、火焰木、假苹婆、香樟、非洲桃花心木、大王椰、尖叶杜英、黄葛榕等
小乔木/大灌木	鸡爪槭、红枫、紫叶李、红叶李、桂花、垂丝海棠、贴梗海棠、山茶、大叶紫薇、黄瑾、银合欢、木芙蓉等
小灌木	海桐、桃金娘、野牡丹、黄蝉、黄栀子、梅叶冬青、米仔兰*、小叶紫薇、红花檵木、龙船花等
草本植物	酢浆草、银边麦冬、黑麦草、狗牙根、葱兰、沿阶草、含羞草、马齿苋、石竹、红茅草、红毛草等
挺水植物	千屈菜、水蓼、茨菇、慈菇、菖蒲、石菖蒲、水芋、水蜡烛、灯心草、风车草、水莎草、芦苇、鸢尾等
浮叶植物	睡莲、王莲、荇菜、芡实、菱等
沉水植物	苦草、金鱼藻、轮叶黑藻等

注：标示"＊"的植物为非本土的栽培适生植物。

表 4-10-3 城镇段河道常用植物

植物类型	植物名
常绿乔木	蒲葵、红千层、樟树、女贞
落叶乔木	橡胶树、苦楝、水翁
常绿灌木	海桐、马缨丹
落叶灌木	木槿
陆生草本	肾蕨、竹节草、千屈菜、薏苡、灯心草
水生草本	蕹菜、水芹、水烛、香蒲、窄叶泽泻、慈姑、芦苇、菰、菖蒲、黄菖蒲、荇菜、金鱼藻、黑藻、苦草、密刺苦草、刺苦草、菹草

4.10.6　广东省外来入侵植物

广东省的主要外来入侵植物可参见表4-10-4。

表4-10-4　广东省的主要外来入侵植物

科	习性	植物名
苋科	草本	美洲虾钳菜、星星虾钳菜、空心莲子草、凹头苋、刺苋、皱果苋、青箱、银花苋
伞形科	草本	野胡萝卜、刺芫荽
天南星科	草本	大藻
菊科	草本	藿香蓟、熊耳草、钻形紫菀、鬼针草、香丝草、小蓬草、苏门白酒草、野茼蒿、菊芹、一年蓬、假臭草、飞机草、牛膝菊、薇甘菊、银胶菊、裸柱菊、苦苣菜、金腰箭、肿柄菊、羽芒菊、三裂蟛蜞菊
落葵科	草质藤本	心叶落葵薯
十字花科	草本	臭荠、北美独行菜
仙人掌科	灌木	仙人掌
藜科	草本	灰条菜、土荆芥
旋花科	草质藤本	五爪金龙、牵牛、圆叶牵牛、金钟藤
大戟科	草本	飞扬草、蓖麻
豆科	小乔木/草本/灌木	金合欢、含羞草决明、合欢草、南美山蚂蝗、银合欢、紫花大翼豆、筋仔树、巴西含羞草、无刺含羞草、含羞草、望江南、决明、田菁
唇形科	草本	山香
锦葵科	草本	赛葵
紫茉莉科	草本	紫茉莉
酢浆草科	草本	红花酢浆草
西番莲科	草质藤本	龙珠果
商陆科	草本	美洲商陆
胡椒科	草本	草胡椒
禾本科	草本	地毯草、巴拉草、蒺藜草、大黍、铺地黍、两耳草、多穗德尾草、象草、红毛草、莠狗尾草、棕叶狗尾草、假高粱、互花米草、大米草、香根草
雨久花科	草本	凤眼莲
茜草科	草本	阔叶丰花草、墨首蓿、盖裂果
玄参科	草本	野甘草
茄科	亚灌木/灌木	晏陀罗、癫茄、水茄、假烟叶树
海桑科	乔木	无瓣海桑
梧桐科	亚灌木	蛇婆子
荨麻科	草本	小叶冷水花
马鞭草科	草本/灌木	马缨丹、假马鞭草

注：表中数据来源为：王芳等，广东外来入侵植物现状和防治策略，生态学杂志，2009，28（10）。

4.11 景观工程

4.11.1 总体要求

河道水景观设计的内容包括:岸线形状、护岸形式、护岸材料样式、亲水活动空间、河岸植物带景观等。水景观设计既要考虑防洪排涝安全及工程结构安全性的要求,又要考虑生态的要求。

河道水景观建设应尽量采用自然景观,与沿河的自然环境、历史文化、生态环境相协调。城市(镇)河段的河道景观设计,应注重对沿河历史文化、生态环境和景观特色的调查,应结合相关规划和市政园林等建设,将河道堤防、护岸等工程融入城市景观和市民休闲场所中,美化河道及其周边环境。乡村河道应尽量保持原有的自然景观。对于已遭受破坏,但仍有一定历史人文价值的河道自然景观,应采取有效的保护措施,逐步加以恢复。

4.11.2 建设要点

4.11.2.1 水景观与水文化结合

(1)水景观规划设计前,应对河段进行充分的调研,把握地区的历史文化风貌和自然景观特色,使人造环境与自然环境相协调。充分挖掘当地的自然水景观;充分挖掘和清查水文化遗产,如民俗文化、历史遗迹、治水文化、人文文化等,在水景观设计中充分体现当地的水文化特色。

(2)景观营造、雕塑题材的选择要符合当地的风土人情,桥堤景观的设计要顺应南北地域的差异,体现岭南特色;主题广场的建设要充分体现当地的民俗风土人情和具有代表性的历史事件等。

(3)在水文化活动、民俗盛行的地方,要为居民从事水文化活动保留足够的场所。

(4)水景观与水文化设计要注意与相关规划的衔接,与城市建设和美丽新农村建设相结合。

4.11.2.2 岸线景观

(1)河道应尽量保持其自然的曲折形态,保留凹岸、凸岸、浅滩、沙洲等地貌单元;自然水景观应尽可能得到保留,同时,可以在保留原有的溪流、沙洲、滩地、湿地、岸坡、林木等的基础上,适当进行人工修饰,如增加木质栈道、加固沙洲、打木桩护岸、恢复受损植被等。

(2)河道形态的设计宜采用复式断面或者双层河道断面,在满足汛期排洪功能的前提下,可以营造枯水期水景观。

(3)在有条件的河岸可以设计开敞式休闲空间,如利用河岸周边空间设计沿河公园、亲水平台、亲水广场及鉴景平台(如观水走廊、视觉回廊等)等。

(4)城市河段水景观设计可以考虑设置河堤沿岸、水面的景观照明,以及音乐喷泉、水幕等先进科技,增强夜晚的立体动态的艺术效果。

(5)水景观设计要充分考虑到观赏者可能到达的角度和位置,注意营造各具特色的"流轴景""对岸景""水上景""俯瞰景"。此外,水景观设计应当考虑到整体景观的和谐、景观的个性化、景观的透视效果、景观的耐看和居民的接受程度。

（6）城市（镇）河段或经过村庄的乡村河段,可在河道适当的部位设置固定坝或活动坝,拦蓄枯季水流,形成一定水面,以满足景观休闲、生态环境等功能要求。固定坝或活动坝的设计除满足功能要求外,还应与环境景观协调。固定坝宜采用低矮的宽顶堰,应以当地建筑材料为主。活动坝设计时应考虑放水时下游的安全,固定坝或活动坝的设置应防止在较长的河段内形成梯段,降低河道水体自净能力,破坏鱼类洄游。

4.11.2.3 岸线植物选择

（1）河岸植物景观带应以当地特色植物物种为基本植物造景,通过水生、湿生、林地植物群落的组合设计,乔、灌、草结合的方式,形成多层次、交叉镶嵌、物种丰富的生态景观带及复层结构植物群落。

（2）景观植物的配置及要求。据生长条件的不同,河道植物分为常水位以下的水生植物、河坡植物、河滩植物和洪水位以上的植物,对河堤有良好的生态环保效果;根据水位和作用的不同,选择适宜该水位生长的植物,达到一定的水利设施功能。

①主河槽植物配置。主河槽应选择耐涝型植物,在常水位线以下且水流平缓的地方,应多种植生态美观的水生植物,其功能主要是净化水质,为水生动物提供栖食和活动场所,美化水面,根据河道特点选择合适的沉水植物、浮叶植物、挺水植物,并按其生态习性科学地配置,实行混合种植和块状种植相结合。常水位至洪水位的区域是河道水土保持的重点,植物的功能有固堤、保土和美化河岸的作用。人工污染较严重的河段或者郊区无污水管网的河段,要选择环保效果好,能有效地消除氮磷、油污、有毒化学物质的植物种类,以中和水中的污染物,达到生态治河的目的,比如伊乐藻、苦草、狐尾藻、金鱼藻、芦苇、芦竹、美人蕉等。有关研究表明,沉水植物比浮水、挺水植物更能有效去除污染物。有种植槽或湿地的地方,可以根据水生植物适应水深的情况,配置多种水生植物,重构水生植物、鱼类、鸟类、两栖类、昆虫类动物的良好栖息场所。

②行洪滩地植物配置。行洪滩地部分以湿生植物为主,选择能耐短时间水淹的植物,河道植物的配置应考虑群落化,物种间应生态位互补,上下有层次,左右相连接,根系深浅相错落,以多年生草本和灌木为主体,在不影响行洪排涝的前提下,可种植少量乔木树种。洪水位以上是河道水土保持植物绿化的亮点,是河道景观营造的主要区段,群落的构建应选择以当地能自然形成片林景观的树种为主,物种应丰富多彩、类型多样,可适当增加常绿植物比例,以弥补洪水位以下植物群落景观在冬季萧条的缺陷。这样,水生植物与河边的灌、乔木呼应配合,就形成了有层次的植物生态景观。在植物种类的选择上,要尽量选择适宜本地区气候环境的物种,同时不造成外来物种入侵,植物生长后构成的景观层要分明。水际边缘地带要选择抗逆性好、管理粗放、植物根系发达、固土能力强的植物,比如香根草、百喜草等。

③堤防及岸坡植物配置。堤防生态景观带是视觉最为直观的景观区域,特别是城市河道段,植被的选择较为多样,应根据本地区的区域气候特点,结合景观规划选择观赏性较强的植物。堤防两侧岸坡一般呈蜿蜒型平面,需要较长的绿化期,在植被设计时宜采用原有乔、灌木保留或培育的方法,配置由植草护坡向乔、灌树群过渡的植物群,增强岸坡植被的层次感、立体感和视觉冲击力,岸坡可采用一些固土及存水措施(例如三维立体草

毯、生态护坡格栅等),为植被提供良好的生长环境。堤顶路是景观观赏的主要视点和途径,要有开放性,特别是城市景观河段,植物选择应结合道路的节点栏杆、河岸的景观灯、滨水步道、亲水平台、休闲小品等园林化建设进行综合设计,可选择颜色艳丽、生命力顽强的灌木丛和花卉进行装饰和衬托,堤顶路两侧可种植乔木,形成堤顶林荫道。

4.12 地基处理

4.12.1 一般要求

(1)在软土地基上修筑堤(岸)时,应进行稳定验算与沉降计算。应确保施工期间和竣工后使用期间的稳定性;应控制规定使用年限内的工后沉降;沉降量宜取堤高的 3% ~ 5%。根据《水闸设计规范》(SL 265—2016),选取水闸地基最大沉降值不宜超过 15 cm,相邻部位的最大沉降差不宜超过 5 cm。根据《泵站设计标准》(GB 50265—2022)及《地下工程防水技术规范》(GB 50108—2008),泵站上部厂房结构高度小于 100 m,地基土为中压缩性土时,允许沉降量为 20 cm;地基土为高压缩性土时,允许沉降量为 40 cm;相邻沉降变形缝的最大允许沉降差不应大于 3 cm。

(2)选用软基处理方法要力求做到安全适用、确保质量、经济合理、技术可靠,同时要注意节约能源和环境保护。应优先考虑浅层换填、排水固结、水泥搅拌桩、素混凝土桩、预应力管桩等南沙地区运用广泛且工艺成熟的方法,其他方法应进行试验可行后再应用。

(3)软基处理必须进行施工监测,且监测设计应作为施工设计图的组成内容。

(4)当软土地基比较复杂,或工程规模很大、工后沉降要求较高时,应考虑正式施工前,在现场修筑试验路,并对其稳定和沉降情况进行观测,以便根据观测结果选择适当的处理措施,或对原来的处理方案进行必要的修正。

(5)软土地基堤(岸)设计宜采用动态设计方法。注意发现、收集软基试验或工程施工过程中影响设计的各种因素的变化,动态调整堤(岸)填筑速率、卸载时机等,必要时应补充勘探、试验并调整原设计。

(6)水泥搅拌桩、素混凝土桩、预应力管桩和高压旋喷桩等地基处理施工前必须试桩。

(7)堆载场地软弱或堆载土方较高时,可通过反压护道防止堆载土方失稳。反压护道填料应与路基填料相同,压实度不小于 0.91(具体根据堤防级别确定),坡率不大于1:1.5,砂垫层应贯穿整个反压护道。反压护道应设置两道排水沟,分别收集路面、坡面水和预压排除水。

4.12.2 换填法

4.12.2.1 适用条件

(1)换填深度宜小于 3 m,泥炭土、高有机质土地基或山区谷地换填深度可适当增大。

(2)深厚软土地基浅层非常软弱或有机质含量较高时,宜换填法与排水固结法联合使用。

(3)低填堤(岸)地基浅部软弱时,宜部分换填。

4.12.2.2 工艺要求

(1)换填底宽不宜小于堤(岸)底宽。

(2)换填材料选择:应贯彻因地制宜原则,宜选用中粗砂、碎石、片石等透水性材料。

(3)换填基坑边坡和换填后路基应满足稳定要求。

(4)回填分层厚度应按照堤(岸)填筑要求确定。不能分层时,应采取振冲或强夯等措施。

4.12.3 排水固结法

4.12.3.1 适用条件

(1)采用该方法,一般工期较长,故需要项目建设工期满足排水固结预压期的要求。

(2)堆载预压法一般适用于堤(岸)高度小于 6 m 的软土地基(见图 4-12-1)。真空联合堆载预压法一般适用于堤(岸)高度小于 8 m 的软土地基,堤身附近有建筑物或构筑物时,应慎用真空联合堆载预压法、堆载预压法,或采取必要措施后选用,如图 4-12-2 所示。

(3)排水垫层堆载预压法适用于软土位于地表且厚度小于 3 m 的路段。对于远离结构物、堤(岸)高度小或软土层下面为透水层的路段,适用的软土厚度可适当增大。

(4)一般路段软土深度宜小于 25 m,邻近结构物附近软土深度宜小于 20 m。

图 4-12-1 堆载预压施工案例

图 4-12-2 真空联合堆载预压施工案例

4.12.3.2 水平排水系统

(1)排水垫层宜采用中粗砂、碎石,渗透系数宜大于 $5×10^{-3}$ cm/s,含泥量应小于 5%。排水垫层厚度宜为 0.5~0.6 m,底面宽度应每侧宽出路基底宽(包含沉降加宽值)1 m 以上,排水垫层底面高程应高出现状地表或水塘水面线 50 cm 以上。

(2)对于堆载预压工程,为减少水平排水路径、减少路基中线附近水头,排水垫层宽度大于 60 m 时,可考虑采用集水井排水。集水井设置在主、次盲沟的交叉点,主盲沟沿路基中部通长布置,次盲沟沿堤身横断面布置,间距 50 m,盲沟采用透水土工布包裹碎砾石形式,内设直径 15 cm 软式透水管。集水井采用直径 1 m 的水泥管,底部设置 50 cm 厚碎砾石滤水层,沿主盲沟方向间隔 100 m 布置,由自动控制式潜水泵排至外侧明沟。

(3)对于真空联合堆载预压工程,路基底宽不大于 60 m 时,抽真空管网宜采用单侧布主管的梳状方式;路基底宽大于 60 m 时,抽真空管网采用堤身中央设置主管的羽状布置方式。主管宜采用直径 50~90 mm 的硬 PVC 管,支管宜采用直径 50~75 mm 的硬 PVC 管,主管、支管环刚度应不低于 4 kN/m²。支管间距宜在 6 m 左右,支管上每 5 cm 钻一直径 8~10 mm 的小孔,支管外包不小于 200 g/m² 透水土工布,见图 4-12-3。

图 4-12-3　真空管道施工案例

4.12.3.3　真空预压区的隔离与密封系统

(1)对既有堤身、建筑物的影响较大时,应调整处理方案或设置隔离墙。

(2)密封膜宜采用 2~3 层 0.12~0.14 mm 厚的压延型聚氯乙烯薄膜。密封沟应进入不透水层 0.5 m 以上且底宽大于 0.5 m。密封膜上铺 1 层不小于 200 g/m² 的土工布(见图 4-12-4)。

(3)地基处理深度范围内强透水层深度大于 2 m 且开挖密封沟易坍塌时,应采取泥浆搅拌墙等措施进行深层密封。加固区底部存在强透水层时,竖向排水体应与强透水层隔离。设置泥浆搅拌桩密封墙时,应合理确定密封墙渗透系数和有效厚度,并通过试验确定掺泥量。设置密封墙时,密封沟宜设置在密封墙顶部,如图 4-12-5 所示。

图 4-12-4　密封膜施工案例　　　　　图 4-12-5　泥浆搅拌墙施工案例

4.12.3.4 竖向排水体

（1）竖向排水体应采用塑料排水板，塑料排水板应由原生材料制作，类型应结合打设深度参照表 4-12-1 进行选用。在风力大和打设深度大的地区，复合体的抗拉强度宜大于 2.5 kN/（10 cm）。如图 4-12-6 和图 4-12-7 所示。

表 4-12-1　塑料排水板类型及适用打设深度

类型	适用打设深度/m	类型	适用打设深度/m
A	10	B_0	25
A_0	15	C	35
B	20		

注：表中塑料排水板类型和相应技术指标要求按《公路工程土工合成材料排水材料》（JT/T 665—2006）执行。

图 4-12-6　塑料排水板

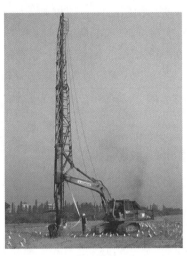

图 4-12-7　塑料排水板施工案例

（2）加固宽度应不小于堤（岸）底宽。

（3）竖向排水体宜采用正三角形方式布置，间距宜为 1.0~1.5 m，并应根据稳定分析和工后沉降计算确定。

（4）竖向排水体处理深度应根据稳定分析和工后沉降计算确定，软土深度小于 25 m时宜穿透软土层。

4.12.3.5 预压荷载与预压时间

（1）根据预压期和营运期作用在地基上荷载的大小，预压分为欠载预压、等载预压和超载预压。若预压荷载等于堤基荷载与堤面等效荷载之和，称为等载预压；若预压荷载大于堤基荷载与堤面等效荷载之和，称为超载预压；若预压荷载小于堤基荷载与堤面等效荷载之和，称为欠载预压。

（2）桥头、涵洞、通道附近的路段，宜超载预压。为减小交通荷载的影响，低堤（岸）宜超载预压。

（3）等载预压法的堆载面控制标高（达到满载要求的堤基顶面标高）应不低于：H_1（堤床顶面标高）+H_2（堤面结构等效换算土方高度）。超载预压法的堆载面控制标高（达到满载要求的堤基顶面标高）应不低于：H_1（堤床顶面标高）+H_2（堤面结构等效换算土方高度）+H_3（超载土方高度）。在预压期间，如果堆载面标高低于此标准，应及时补填至控制标高。

（4）预压加载的方法宜采用薄层轮加法，每层填筑厚度约 30 cm，充分利用每次填土后地基强度的增长，根据沉降、位移观测得到的数据，通过计算来确定填土速率和间歇时间。堤基预压期内应保持堤基高程和堤基宽度的稳定，并及时追加沉降土方。

（5）超载厚度、预压时间宜使软土层相对等载的固结度大于 1，超载厚度宜为 1~2 m，超载后的堤（岸）稳定安全系数仍应满足规范要求。每个超载堤段长度宜大于 50 m（预压时间不宜小于 6 个月）。

（6）实际预压时间应根据施工监测成果确定，卸载前结构物附近堤基应同时满足沉降速率、工后沉降、工后差异沉降率要求，其他堤段应满足沉降速率和工后沉降标准。堤身软基处理的沉降控制指标可参考表 4-12-2 执行。

表 4-12-2　城市道路软基处理的沉降控制指标

指标名称	桥台与堤（岸）相邻处	涵洞及加宽路基处	一般路段
工后沉降	≤10 cm	≤20 cm	≤0 cm
卸载前沉降速率	连续 10 d 实测沉降速率 ≤1.0 mm/d	连续 10 d 实测沉降速率 ≤1.0 mm/d	连续 10 d 实测沉降速率≤2.0 mm/d
工后差异沉降率	≤0.5%	≤0.5%	—

（7）真空联合堆载预压膜下真空度设计值不应小于 80 kPa，每台 7.5 kW 的射流真空泵承担面积宜为 800~1 200 m²，真空度要求高时取小值。真空与堆载联合预压时间宜大于 3 个月，宜在卸除真空不少于 2 个月后施工路面。

4.12.3.6　沉降土方计算

参考《公路设计手册　路基》，地基表面的沉降曲线形状，可近似地按抛物线考虑，如图 4-12-8 所示。

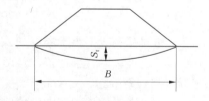

图 4-12-8　地基表面沉降曲线示意图

在施工图设计阶段，每延米堤（岸）在施工期间因基底沉降而增加的填土数量 ΔV 可按下式进行估算：

$$\Delta V = aS_t B \qquad (4\text{-}12\text{-}1)$$

式中　a——经验系数，可取 0.7~0.9；

　　　S_t——路中沉降量；

　　　B——路基底宽。

施工结算时，可根据路基横断面上的多点沉降实测数据进行拟合，并据此推算沉降土方数量。

4.12.4 水泥搅拌桩复合地基法

4.12.4.1 适用条件

(1)水泥搅拌桩复合地基一般适用于填筑高度小于 7 m 的堤段,软土含水率大于 70%时适用高度应降低。搅拌桩处理深度宜不大于 15 m。

(2)工期要求紧的路段。

(3)水泥搅拌桩复合地基不适用于处理有机质土和塑性指数 I_p 大于 25 的黏土。软土含水率大于 80%或地下水流动时,应通过现场试验确定其适用性。地基土或地下水对素混凝土具有中等以上侵蚀时,不宜采用水泥搅拌桩。泥炭土地基不得采用水泥搅拌桩,大粒径块石含量多的地基不宜采用水泥搅拌桩。

4.12.4.2 工艺要求

(1)搅拌桩桩径宜采用 0.5 m,水泥掺量宜为 15%~25%,含水率高时取大值。含水率高于 70%时应通过配合比试验确定水泥掺量。水泥搅拌桩宜采用湿法施工,水泥浆水灰比宜采用 0.5~0.7。

(2)搅拌桩宜采用正三角形布桩,应根据地质资料和试桩结果,结合钻进电流确定搅拌桩长度。

(3)桩顶应铺设 30~50 cm 的碎石垫层,宜设置加筋材料。

(4)水泥搅拌桩试桩应注意以下要点:

①确定每根搅拌桩水泥用量。

②确定搅拌下沉、提升速度和重复搅拌下沉、提升速度。

③根据不同配合比确定技术参数。

④检验施工设备及选定的施工工艺。

⑤校核单桩、复合地基承载力。

⑥根据单桩承载力试验确定施工配合比,取得可靠的、符合设计要求的工艺控制数据,以便指导水泥搅拌桩大面积施工。

4.12.5 高压旋喷桩复合地基法

4.12.5.1 适用条件

(1)当软土地基处理的施工空间受到限制时(如高压线等构筑物下方),或当软土层上方存在较厚硬土层时,可采用高压旋喷桩复合地基。高压旋喷桩也可用作拓宽、支挡等工程中的隔离墙。

(2)地基中有机质含量丰富或地下水流动时,应通过现场试验验证其适用性。地基土或地下水对素混凝土具有中等以上侵蚀时,不宜采用高压旋喷桩。

(3)高压旋喷桩施工时可能引起周围土体破坏和地面开裂,在软土地基处理方案选择和设计时应收集邻近既有建筑物、地下埋设物等资料,并应考虑高压旋喷桩施工扰动的影响程度。邻近现状桥梁基础的位置应慎用高压旋喷桩。

(4)高压旋喷桩处理深度宜小于 25 m。

4.12.5.2　工艺要求

（1）宜采用单重管高压旋喷桩，桩径宜采用 40～50 cm，必要时可通过现场试验确定桩径。

（2）单管旋喷桩水泥掺量宜为 150～200 kg/m，喷射压力不宜小于 20 MPa，软土中旋喷桩 28 d 芯样无侧限抗压强度应大于 1.5 MPa。

（3）水灰比宜为 0.8～1.5，必要时可掺一定比例的早强剂、速凝剂和减水剂等外加剂。

4.12.6　刚性桩复合地基法

4.12.6.1　适用条件

（1）软土深度大于 20 m 或堤（岸）高度大于 7 m 的路段。

（2）工期要求紧的路段。

（3）泥炭土或含水率大于 60% 的软黏土地基等路段。

（4）旧路沉降基本结束的拓宽工程。

（5）桩持力的基岩面倾斜严重且基岩上硬土层较薄时应慎用。

（6）沉管灌注桩、长螺旋钻孔灌注桩处理深度宜小于 25 m，在含水率大于 65% 或夹有较高承压水时的软土地基应通过试桩确定适用性。

4.12.6.2　工艺要求

（1）灌注桩直径宜为 400 mm，混凝土抗压强度宜为 C15～C25，长螺旋钻孔管内泵压法施工时不得小于 C20，沉管灌注桩顶部宜插设 3～4 根长度为 4～6 m 的直径为 16～22 mm 的钢筋。预制管桩直径宜采用 400～500 mm。

（2）加固范围不宜小于堤（岸）底宽，宜正方形布置。刚性桩应穿透软土层进入硬土层不少于 3 m。

（3）堤（岸）下刚性桩复合地基应设桩帽，桩帽直径一般为 1.1～1.5 m，桩帽厚度应不小于 35 cm，桩帽覆盖率（桩帽面积与软基处理面积的比值）宜大于 25%。

（4）桩帽混凝土强度等级不宜低于 C25，宜根据受力分析配置钢筋网，钢筋直径不宜小于 10 mm。桩帽上边缘宜设不小于 2 cm 的 45° 倒角，见图 4-12-9。

图 4-12-9　刚性桩桩帽施工案例

（5）桩顶进入桩帽应不少于 5 cm，桩和桩帽之间宜采用钢筋连接，锚固长度不得小于

35 倍钢筋直径,桩帽之间宜设置系梁并配筋。

（6）桩帽顶应设置水平加筋材料,加筋材料应覆盖所有桩帽。

（7）加筋材料设计荷载对应的延伸率宜小于 6%,蠕变延伸率应小于 2%,累计延伸率应小于极限抗拉强度对应延伸率的 70%。

（8）加筋材料宜采用一层。若采用两层,第二层加筋材料的作用应折减,宜取第一层的 40%。第一层加筋与桩帽之间的间距宜为 0.2~0.3 m,两层以上时宜间隔 0.1~0.3 m。

4.12.7　土工合成材料加筋法

4.12.7.1　适用条件

土工合成材料宜与其他地基处理方法联合应用,主要用于提高堤(岸)稳定性和协调变形,常用材料有土工格栅等,见图 4-12-10 和图 4-12-11。

图 4-12-10　单向土工格栅

图 4-12-11　双向土工格栅

4.12.7.2　工艺要求

（1）采用土工合成材料时,应对其工作环境进行评价。应调查确定土工合成材料附近的填料种类,并通过拉拔试验或剪切试验确定土工合成材料与填料界面的摩擦角。

（2）堤(岸)填筑高度大、地基浅层软土性质较差或采用常规排水固结法时,宜采用单向土工合成材料。复合地基顶部、反开挖涵洞两侧路段、局部分布或厚度变化大的软土路段,宜采用双向土工合成材料。

（3）刚性桩复合地基顶面土工合成材料极限抗拉强度对应的延伸率宜大于 10%,其他复合地基、排水固结堤(岸)土工合成材料极限抗拉强度对应的延伸率宜小于 10%。同一路段各层土工合成材料延伸率应相同。

（4）土工合成材料宜铺在堤(岸)底部,且全幅铺设。主要受力方向连接强度应大于土工合成材料极限抗拉强度。

（5）土工合成材料每层上下各 0.2~0.3 m 范围内宜采用中粗砂等粗粒材料。相邻两层土工合成材料间距宜为 0.1~0.3 m,土工合成材料两端宜反包 2 m 以上。土工合成材料最外侧应距离坡面至少 1.0 m,基底不得留拱。

4.12.8　穿堤建筑物段地基处理

（1）穿堤建筑物段软土地基处理应实现穿堤建筑物与相邻路段平顺过渡。

（2）软土地基路段的穿堤建筑物宜采用钢筋混凝土圆管涵或箱涵,采用盖板涵时宜采用整体式基础。穿堤建筑物应尽可能与路线正交,必须斜交时,斜交角度不宜超过20°。对于斜交角度大的穿堤建筑物,洞口宜设置八字翼墙。明涵两侧应设置长度不小于6 m的搭板。

（3）当工期许可且堤（岸）高度小于6 m时,软土地基处理宜采用排水固结法,穿堤建筑物宜采用反开挖施工。采用排水固结法时,应加密穿堤建筑物处的竖向排水体,并宜进行超载预压。穿堤建筑物端部地基处理宜采取小型混凝土预制桩、木桩、换填等措施予以加强。

（4）当受工期、排灌、交通等限制无法采用反开挖施工时,软土地基处理应采用复合地基。涵洞下软土很软弱时,涵洞与复合地基桩体之间不宜设置褥垫层,穿堤建筑物两侧应设置过渡段。涵洞沿堤身纵向的地基处理宽度宜不小于5B（B为涵洞结构总宽度）。

4.12.9　软土地基监测

4.12.9.1　监测设计

（1）软土地基监测设计包括监测断面、监测项目、监测频率、监测时间和监测标准等,见表4-12-3。

表 4-12-3　常用软土地基处理监测项目一览表

监测项目		监测设备仪器	监测目的
沉降	地表沉降	沉降板、水准仪	1. 观测地表沉降,控制加载速率; 2. 预测沉降趋势,确定预压卸载时间; 3. 提供施工期间沉降土方量的计算依据
	地基分层沉降	导管、磁环、分层沉降仪	观测地基不同层位的沉降,确定有效压缩层的厚度
水平位移	地表水平位移	水平位移桩、测距仪、经纬仪、钢尺	观测地表水平位移兼地表隆起情况,用于堤（岸）施工过程中的稳定性控制
	地基深层水平位移	测斜管、测斜仪	1. 观测地基深层土体水平位移,判定土体剪切破坏的位置,掌握潜在滑动面发展变化,评价地基稳定性; 2. 用于堤（岸）施工过程中的稳定性控制
压力	孔隙水压力	孔隙水压力计	测定地基中孔隙水压力,分析地基土层的排水固结特性及其对地基变形、强度变化和地基稳定性的影响
	土压力	土压力盒	1. 用于测定堤（岸）底部和地基中的土压力,根据压力分布情况评价复合地基处理效果; 2. 用于研究土拱效应
其他	真空度	真空度测头及压力表	观测真空预压膜下真空度
	地下水位	地下水位管	1. 观测地下水位变化,测定稳定水位,配合其他观测项目综合判定堤（岸）施工过程中的稳定性; 2. 用于超静孔隙水压力计算
	出水量	单孔出水量观测井	观测单个竖向排水体的排水量,了解其排水性能,分析地基排水固结效果

（2）监测断面的确定宜与地质资料和填筑高度、路段特征相结合进行，以便合理确定监测断面位置。

（3）一般路段监测断面间距宜小于 100 m，结构物附近应设置 1~3 个监测断面，应根据堤（岸）稳定性分析和周边环境等因素确定监测断面位置。为预测工后差异沉降，应分别在距离涵闸搭板末端约 0 m、20 m、40 m 处设置沉降观测断面，在复合地基与排水固结交界面及其两侧各 20 m 左右处也应设置沉降观测断面。

（4）监测断面通常应垂直于堤线方向布设，山间谷地处应与软土地基主要分布方向一致，斜交构筑物及其附近断面应与构筑物平行。

（5）堤（岸）稳定性较好的堤段应主要监测表面沉降，堤（岸）稳定性差的堤段还应监测侧向位移和孔隙水压力等项目，存在软土下卧层的堤段宜监测深层沉降，堤（岸）下混凝土桩复合地基应在桩顶和桩间土分别设置表面沉降板，必要时可进行土压力测试。真空联合堆载预压区还应监测膜下真空度。地下水位受周围环境影响较大时，应设地下水位观测孔。换填施工后堤（岸）两侧仍然存在软土地基时，应进行侧向位移监测。堤（岸）高度较大时预压期宜监测堤（岸）压缩量。常用软土地基处理方法采用的监测项目见表 4-12-4。

表 4-12-4　常用软土地基处理方法采用的监测项目一览表

监测项目	处理方法				
	堆载预压	真空预压	水泥搅拌桩复合地基	高压旋喷桩复合地基	刚性桩复合地基
地表沉降	√	√	√	√	√
地基分层沉降	▲	▲			
地表水平位移	■	■	■	■	■
地基深层水平位移	●	●	●	●	●
孔隙水压力	●	√			
土压力			▲	▲	▲
真空度		√			
地下水位	▲	√	▲		
出水量	▲				

注：1. "√" 为必做项目；"■" 为路基稳定性较差的路段选做的项目；"●" 为路基稳定性极差或邻近结构物的路段选做的项目；"▲" 为试验研究工程选做的项目。

　　2. 对于邻近的结构物，还应视软基处理对其影响的严重程度，考虑对结构物的变形进行观测。

（6）表面沉降监测点应设置在堤中线和堤顶路肩附近，堤（岸）顶宽较小时，可只设置在路肩附近。分层沉降和孔压监测点宜设置在路中线附近，测斜管、地下水位观测孔宜设置在坡脚，且测斜管应设置在堤（岸）稳定性较差的一侧。

（7）施工期监控时间宜从软土地基处理开始至卸载，应根据填筑速率选取合适的观测频率。每填一层土应至少观测 2 次，预压期 7~15 d 应观测 1 次，并应根据填筑、监控指标变化和环境变化等情况，动态调整监控频率，确保堤（岸）稳定。试验工程观测频率应适当加密。

（8）软土地基堤段工后监测宜以表面沉降为主。宜在距离涵洞搭板末端 0 m、5 m、10 m 处分别设置监测断面，每个断面不宜少于 2 个表面沉降观测点。存在软土下卧层的路段，宜布设分层或深层测点，必要时应监测侧向位移和孔压。

4.12.9.2 监测实施

（1）除施工单位进行施工监控外，可由经验丰富的专业队伍进行第三方监测，第三方监测断面的数量应大于总断面数量的 30%。

（2）应成立软土地基监控小组，负责制定软土地基监控培训、数据报送流程、预警流程、预警处理、填筑审批和仪器保护等制度，并负责落实。

（3）宜在软基处理前埋设仪器，地质条件变化时应调整断面位置。

（4）应选择合适的仪器并正确埋设，加强对监测仪器的保护。

①表面沉降板宜在软土地基处理前埋设，真空联合堆载预压路段监测表面沉降的沉降板宜设置在密封膜上侧，沉降板与密封膜之间应采取措施保护密封膜。

②分层沉降下限应满足最大沉降量要求，分层沉降管与堤（岸）之间应设隔离管，分层沉降管应具有足够的抗压强度。深层沉降标测杆外侧应设套管。

③真空联合堆载预压路段分层沉降管与密封膜密封连接时应预留分层沉降管与土体之间沉降差需要的密封膜，并将其放在膜上侧分层沉降管外套的混凝土管内。

④测斜管应进入地基处理深度以下的硬土层不少于 1 m，并使 1 对滑槽处于垂直堤（岸）方向。

⑤最大孔压应为孔压传感器量程的 50%~70%，每个钻孔仅可埋设一支孔压传感器。

⑥土压力传感器量程选择应考虑桩体应力集中、施工荷载等因素的影响。土压力传感器埋设时应避免破坏加筋材料，一旦破坏应及时修复，使其强度达到原强度。

⑦膜下真空计应设置在相邻两滤管之间，并在整个场地内均匀布置。真空表应进行标定。

⑧真空联合堆载预压地下水位观测宜采用磁环浮标式水位计。

（5）软土地基施工监测应重视对堤（岸）及其两侧裂缝或隆起情况、排水垫层排水情况、填筑情况等因素的观察和记录，详细记录监测断面附近地基处理施工、堤（岸）填筑和周边环境变化等情况。

（6）应结合堤（岸）和软土地基状况，综合分析监测资料，利用表观法、检测指标法及拐点法等综合分析判断路基的稳定状况。

（7）沉降推算宜采用预压后期的监测数据。宜采用双曲线法推算最终沉降。路基填筑过程中宜采用沉降差法预测总沉降，据以指导总的填筑厚度。前期沉降数据缺失或非等载预压越级预测沉降时，可假设瞬时沉降和固结沉降与荷载成正比。

（8）应核对预压荷载是否满足设计要求，预测工后沉降时应考虑超载和欠载的影响，宜考虑堤（岸）工后压缩量和工后次固结沉降。存在软土下卧层时，应利用分层沉降数据分层推算工后沉降。

4.12.9.3 软土地基处理检测

软土地基处理施工过程中及完工后，应对加固效果进行质量检测，检测合格后方可进行下一道工序施工。各种软土地基处理方法的监测项目及要求可参照表 4-12-5 执行。

表 4-12-5　软土地基处理方法的检测项目及要求一览表

处理方法	检测项目	指标要求	检测频率
换填法	压实度	按设计图纸要求,图纸无要求时,应≥90%	每1 000 m²、每压实层抽检1组(3点)
堆载预压、真空预压	排水垫层压实度	按设计图纸要求,图纸无要求时,应≥90%	每1 000 m²、每压实层抽检1组(3点)
	原位十字板剪切试验或静力触探	与加固前的土体指标进行对比,分析土体的改善情况	每300~500 m路基抽检1处,且不少于3处
	地质钻探及室内土工试验		
水泥搅拌桩、高压旋喷桩复合地基	钻孔取芯	桩长及桩身强度不小于设计值	总桩数的0.5%,且不少于3处
	单桩承载力和复合地基承载力	不小于设计值	总桩数的1%,且不少于3处
刚性桩复合地基	低应变	桩身完整性好	总桩数的10%,且不少于3处
	复合地基承载力	不小于设计值	总桩数的1%,且不少于3处

4.13　截污工程

河涌沿线的入河排污口应按现行国家标准《入河排污口管理技术导则》(SL 532—2011),以及《广州市环保工作领导小组办公室关于做好入河排污口和水功能区划整合工作的通知》《广州市环保工作领导小组办公室转发关于做好过渡期入河排污口设置管理工作的通知》的相关规定,对河涌的入河排污口进行规范化管理。对于水质达不到水环境功能区划水质目标要求的河涌,应对上下游及河涌整治范围内的入河排污口采取整治措施,对已达标排放但排出水体仍未达到所在河段水质目标的入河排污口,可在排污口附近采取人工湿地、跌水复氧、净水塘坑等生态型的污水深度处理措施,降低入河污染负荷,改善水体水质。

4.14　安全监测工程

4.14.1　安全监测项目

根据《堤防工程设计规范》(GB 50286—2013)、《堤防工程管理设计规范》(SL/T 171—2020)的规定,堤防工程设计应根据堤防工程的级别、水文气象、地形地质条件及工程运用要求设置必要的安全监测设施。安全监测设施的设置应符合有效、可靠、牢固、方便及经济合理的原则。应选择技术先进、实用方便的监测仪器和设备。

对于河涌整治工程,可设置一般性安全监测项目:堤身垂直位移,水平位移,水位,渗流,表面破坏(包括裂缝、滑坡、坍塌、隆起、渗透变形及表面侵蚀破坏等)。

4.14.2 安全监测布置

安全监测布置应符合下列要求:

(1)监测点的布设应能够反映工程运行的主要工作状况。

(2)监测的断面和部位应选择有代表性的堤段。

(3)在特殊堤段或地形地质条件复杂的堤段,可根据需要适当增加监测断面。

(4)监测点应具有良好的交通、照明等条件,且应有安全保护措施。

结合工程项目经验,监测点宜布置在沿线镇、村人群聚居的河段,以及沿线桥梁上下游、水闸等建筑物附近,并经综合分析后沿河涌均匀布置。

4.14.3 安全监测方法

4.14.3.1 变形监测

(1)水平位移监测。在每个断面各布设 1 个测点,水平位移与垂直位移共用 1 个观测墩。在堤外稳固且通视的地方布设工作基点和校核基点,采用极坐标法和三角网法结合,并利用全站仪进行监测,见图 4-14-1 和图 4-14-2。

图 4-14-1　位移观测墩

图 4-14-2　观测基准点

(2)垂直位移监测。在每个断面各布设 3 个测点,利用精密水准仪并采用水准法进行监测。在岸坡稳固、方便引测的地方布置起测量基准点,与大地水准基点进行联测。

(3)内部水平位移监测:在每个断面各布设 1 根测斜管,利用活动测斜仪进行观测,测斜管及测斜仪见图 4-14-3。

4.14.3.2 渗流监测

(1)堤防岸坡渗流监测。在每个断面

图 4-14-3　测斜管及测斜仪

各布设 3 根测压管进行监测,每根测压管内放置 1 支渗压计。渗压计及无线数据采集仪见图 4-14-4。

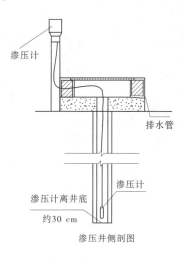

渗压计

排水管

渗压计

渗压计离井底

约30 cm

渗压井侧剖图

图 4-14-4 渗压计及无线数据采集仪

(2)渗水水质监测。根据需要人工采集水样进行水质分析。

4.14.3.3 巡视检查

人工巡视检查是安全监测的重要环节,应制定规章制度定期检查。在正常运用期宜每月检查 1 次,遇大雨及特殊情况,必须每天进行巡视检查,密切关注堤防的各种异常情况,确保防洪大堤的安全。其主要检查项目包括:大堤堤顶及背水坡有无裂缝、滑动、隆起、塌坑等肉眼可见的异常变形情况;大堤外侧迎水护坡有无破损、开裂、塌陷、滑动、冲坑等异常变形情况;大堤背水护坡有无冒水、流土、散浸、管涌等异常渗水情况;大堤背水侧草皮护坡植被是否完好,有无兽穴、蚁穴等隐患;大堤上的各种水闸有无滑动、错位和渗漏等现象;建筑物混凝土有无破损、开裂、溶蚀、空蚀或水流侵蚀等现象;建筑物周边有无冒水、管涌等集中绕渗现象;建筑物与周边土体的结合情况等。

现场检查的方法主要依靠目视、耳听、手摸、鼻嗅等直观方法,可辅以锤、钎、量尺、放大镜、望远镜、照相机、摄像机等工具进行;如有必要,可采用坑(槽)探挖、钻孔取样或孔内电视、注水或抽水试验、化学试剂、水下检查或水下电视摄像、超声波探测及锈蚀检测、材质化验或强度检测等特殊方法进行检查。

4.14.3.4 水位、雨量、图像监测

为采集水位、雨量、图像等信息,可在每个断面设置一个水位、雨量、图像三要素监测站点。该站点不仅可以收集水位、雨量、渗压等数据,还可对特殊河段进行重点监控。水雨情图像三要素自动监测站设备基本配置见图 4-14-5,定时图像三要素监测站安装效果图见图 4-14-6。

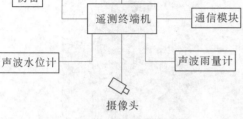

图 4-14-5　水雨情图像三要素
自动监测站设备基本配置

图 4-14-6　定时图像三要素监测站安装效果

4.14.4　安全监测数据及接口

人工监测数据的资料整理在每次观测结束后进行,以便及时对观测资料进行计算、校核、审查;资料整编每年进行一次。

对于渗压监测数据,采用无线数据采集仪,通过低功耗 lora 模块发送至堤顶三要素站点。定时图像三要素测站点可同时采集水位、雨量、图像等信息,并通过 4G 传输模块将实时信息由互联网传输到信息机房的服务器进行存储管理。

为了使建成的信息化三要素监测数据信息与当地的监管平台及广东省已建水利工程动态监管系统软件平台衔接,并在该平台进行完整的展示,提供一站双发的模式,将水雨情等数据发送到省水利工程动态监管系统软件平台,并在省服务器部署多线程数据接收处理软件,接收监测站发回的数据并将其存入广东省已建水利工程动态监管系统数据库。

另外,考虑到以后信息化的发展,提供输入输出标准协议接口供第三方调用,可以无缝对接其他信息化工程。

4.15　品质项目

4.15.1　南沙蕉门河滨水两岸绿道及绿化提升工程

4.15.1.1　项目概况

蕉门河位于广州市南沙新城区,是规划建设中南沙新城区的中轴线。蕉门河自南向北贯穿蕉东围,南通过蕉西闸与蕉门水道相连,北通过蕉东闸接小虎沥,水道长约 6.26 km,现状水面宽 50~130 m,集水面积约 46.49 km^2。

蕉门河于 2018 年实施滨水两岸绿道及绿化提升工程,蕉门河堤防工程等级为 2 级,主要设计内容包括:蕉门河河道改造,建造亲水平台及景观栈桥,同时对护岸进行景观改造。

4.15.1.2　设计理念

1. 生态堤岸建设

项目新建生态堤岸采用松木桩护岸或生态缓坡入水,保持河岸的公共性,控制自然驳岸与人工驳岸的比例,尽量减少单一的人工硬质驳岸,维持河岸原有生态,结合用地功能与性质采用相应的处理形式,满足交通、景观、游憩、水上娱乐活动等多样化的要求,典型堤岸断面见图 4-15-1。

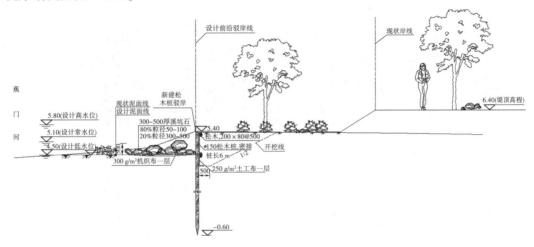

图 4-15-1　蕉门河生态堤岸典型断面　(单位:mm;高程单位:m)

2. 堤岸与空间、功能多维衔接

蕉门河生态堤岸在建设中结合各河段特点分类设计,对水面较宽的河段,在水岸建筑与水岸之间设置连续的水岸步道,连通两岸的步行桥与亲水平台主要分布在建筑群重要通道节点位置,为人们提供便捷的交通及多元化的亲水方式;对经过旧村落的河道,保留现状格局,两岸布置小桥码头与亲水平台,将岸边池塘与公共空间进行组合;在两岸开阔地段,为展现丰富多彩的自然生态水岸,在自然驳岸上设置连续的水岸栈道。

蕉门河积极利用公共节点进行综合功能的集约开发与连接,并开发公共设施与滨水开放空间系统,形成了有机关联、特色鲜明、灵活有趣的公共服务与开放空间系统,结合各设施及场地特点,分别制定适宜的亲水平台、步道、栈道、绿地及广场标高,有机结合塑造出不同空间形态、多种功能类型、多样景观元素的滨水绿地空间。这些连接将提升河滨的价值,在更广阔的区域建立起更鲜明的滨水形象,同时使市民快速到达娱乐、交通及居住空间。通过公共开放空间与用地功能布局相结合,高品质的开放空间提升地块价值,同时展示其滨水特色与个性,蕉门河生态堤岸典型设计见图 4-15-2。

4.15.2　龙穴岛联围防洪(潮)安全系统提升工程

该工程结合堤防加固配套滨海景观园林设施,根据景观布局,分为休闲水岸段及港湾新风段。

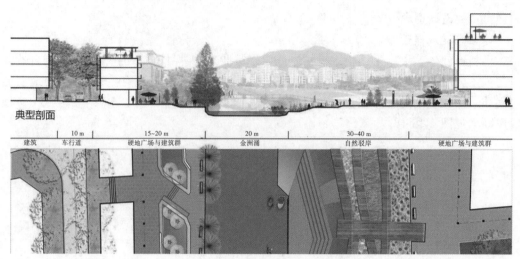

图 4-15-2　蕉门河生态堤岸典型设计

4.15.2.1　休闲水岸段

1. 典型断面一

桩号 LXD52+370~LXD53+244、LXD00+000~LXD02+000,该段为休闲水岸段,结合景观总体布局,主要考虑防洪潮安全兼顾堤前生态营造,对于现状岸墙进行加固,营造堤脚生境,局部设置亲水平台,堤顶加宽设置绿化景观,与堤后的城市区域自然衔接(见图 4-15-3)。

图 4-15-3　休闲水岸段典型断面一　(单位:m)

2. 典型断面二

桩号 LXD51+680~LXD52+370,该段为休闲水岸段,旧堤前存在滩涂,应给予保护和修复,形成水生植物区,可起到消浪的效果,并为鸟类、鱼类、爬行动物等生物提供栖息地。当滩涂范围较大时,也可在其中布设架空栈道,为市民提供更丰富多样的游憩体验。典型断面见图4-15-4。

图4-15-4　休闲水岸段典型断面二

3.典型断面三

桩号 LXD49+100~LXD51+650,该段为休闲亲水段,可利用腹地空间大,利用旧堤堤脚形成亲水平台,堤顶线后移,亲水平台与后移后的第一道防浪结构形成迎水坡;迎水坡可视用地条件采用缓坡或者台阶状;第一道防浪结构与第二道防浪结构之间形成蓄浪平台,可布置景观设施、堤顶通道(也可为慢行系统)。第二道防浪结构后方通过自然缓坡与现状地面或道路过渡衔接。

4.15.2.2　港湾新风段

龙穴岛——港湾新风段见图4-15-5。

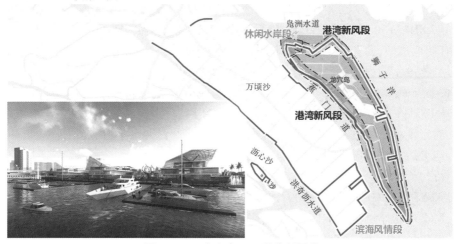

图4-15-5　龙穴岛——港湾新风段

1.典型断面一

桩号 LXD02+000~LXD06+500,该段为港湾新风段(见图 4-15-6),结合景观总体布局,主要考虑防洪潮安全兼顾堤前生态营造,对于现状岸墙进行加固,营造堤脚生境,堤顶加宽设置绿化景观,与堤后的城市区域自然衔接。

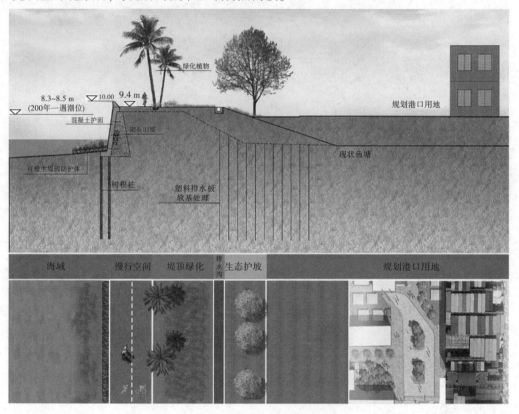

图 4-15-6　港湾新风段典型断面一

2.典型断面二

桩号 LXD47+300~LXD49+000,该段为港湾新风段,现状堤围与子堤之间为鱼塘,可利用现有场地条件,营造为具有湿地特色的滨水岸线,提供多样化的滨水空间,为鸟类、鱼类、爬行动物等生物提供栖息地,也可起到消浪的效果(见图 4-15-7)。

3.典型断面三

桩号 LXD38+800~LXD47+200,该段为港湾新风段,主要考虑防洪潮安全兼顾堤前生态营造,对于现状岸墙进行加固,营造堤脚生境,局部设置亲水平台,堤顶加宽加高设置绿化景观,与堤后的城市区域自然衔接(岸坡设计见图 4-15-8)。

4.典型断面四

桩号 LXD36+300~LXD37+100,该段为港湾新风段,主要考虑防洪潮安全兼顾堤前生态营造,对于现状岸墙进行加固,营造堤脚生境,局部设置亲水平台,堤顶加宽加高设置绿化景观,与堤后的城市区域自然衔接(见图 4-15-9)。

图 4-15-7　港湾新风段典型断面二

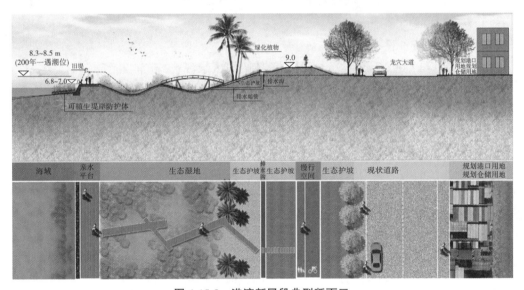

图 4-15-8　港湾新风段典型断面三

4.15.3　金洲涌西段(环市大道至进港大道)滨水岸线景观建设工程

4.15.3.1　工程概况

　　金洲涌位于南沙蕉门河中心区,与蕉门河相连,位于蕉门河西侧,是蕉门河重要的支流水系。金洲涌占据了蕉门河片区的重要区位,不仅因连通水网而具有大的生态价值,而且因为与南沙新城的城市轴线相交而体现出了极高的政治价值和景观价值,在某种意义上承接了轴线的发展,因此对金州涌滨水岸线的改造,将为蕉门河中心城区的发展奠定良好的基础。

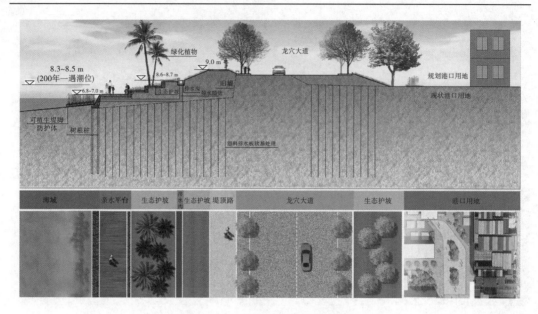

图 4-15-9　港湾新风段典型断面四

4.15.3.2　设计理念

基本设计理念如下：

（1）打造独具特色又与周边环境融为一体的河区景观。

设计上紧密结合现场地形,因地制宜,既做到保护,又做到适度的开发,在满足安全的基础上,营造具有岭南特色的城市滨水景观。同时,堤顶路和亲水步道的建设也结合城市规划、周边市政道路、城市慢行系统等,与城市建设融为一体。

（2）打造多元化的滨水休闲空间。

打造多元化的滨水休闲空间,通过将河岸传统水工工程打造成极具地方特色的景观工程,与南沙高端、稀有、精致的"钻石水乡"的概念相呼应,促进地区多维度综合发展,全面提升区域水安全、水景观、水生态、水文化及休闲亲水功能。

4.15.3.3　周边现状及规划环境

金洲涌周边用地主要为二类居住用地,商业、商务用地,村庄建设用地以及公共绿地,河涌两岸以公共绿地为主,具有建设"一河两岸"滨水景观绿带的条件。两岸周边土地权属明确,用地界线清楚。

此外,项目周边交通网络纵横,在河岸两侧新建堤顶路与周边城市道路相接,并设置亲水步道、绿道、栈道等多种道路形式,给人们的游览提供多种选择方式。

4.15.3.4　堤岸设计方案

堤岸设计方案根据场地现状及周边用地规划,优化滨水景观环境,突出岭南水乡特色。塑造亲水型沿岸景观,保持水乡风貌,优化植物配置,增强岭南特色,设置滨水公共空间。充分考虑周边规划、需求,融合区域规划理念,适应规划发展目标,规划为休闲景观岸线。

根据周边不同用地规划和功能分区,分为4个分区:都市水街风情区、滨水现代居住区、岭南水乡生态区、城市居住配套区。

1. 都市水街风情区

该段位于三旧改造片区,改造后地块统一开发,项目结合三旧改造,打造该段景观,从而提升土地价值,吸引高端人群。该段用地范围较窄,设计上注重"精致景观"的营造,体现以小见大,着重对岸线的营造及岸上景观的构建进行设计,形成金洲涌的又一亮点。下沉广场、艺术景墙、雕塑、树池等元素,打破岸线的单调与平面化,增加滨水廊道的趣味性,丰富空间变化,打造水街风情。堤岸采用直立式挡墙,并设置亲水步道。都市水街风情区堤岸断面见图4-15-10。

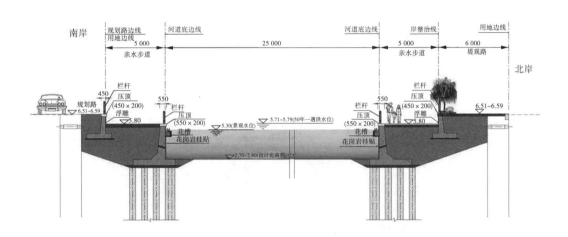

图 4-15-10　都市水街风情区堤岸断面 （单位:mm;高程单位:m）

2. 滨水现代居住区

高端住宅及商务办公在该段结合得尤其紧密,有着良好的景观基底,在此基础上打造景观节点,给人们放松休闲提供场所。连续开阔的自然护坡,搭配多种岭南水岸植被,绿道穿插其中,亲水平台、栈道提供给人们近距离接触金洲涌的机会。人们在此可以放松心情与自然亲近。堤岸采用生态砖护岸,并设置亲水步道。滨水现代居住区堤岸断面见图4-15-11。

3. 岭南水乡生态区

该段位于金隆路至金岭北路段,该段用地较窄,两岸为村落,人流密集。设计考虑人群亲水需求较多,增加亲水平台、台阶等,使居民能够近距离与水接触。堤岸采用生态砖护岸,并设置亲水步道。岭南水乡生态区堤岸断面见图4-15-12。

4. 城市居住配套区

该段位于金岭北路至进港大道段,两岸现状多为村庄、厂房,局部为地产项目已建围墙,人流密集,用地较为紧张。采用生态复式断面,拟在局部设置亲水栈道、亲水平台等,提高场地利用率,满足周边居民游玩需求。在交通组织上通过堤顶路、亲水步道、平台交

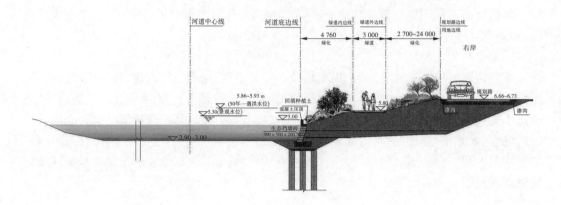

图 4-15-11　滨水现代居住区堤岸断面（单位：mm；高程单位：m）

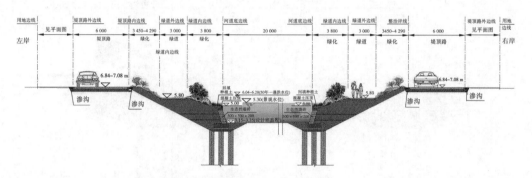

图 4-15-12　岭南水乡生态区堤岸断面（单位：mm；高程单位：m）

接，丰富游览路线，同时沟通外部交通，使路网更加完整。因地制宜地打造具有休闲聚会功能的景观节点，配套儿童乐园等为周围居民提供聚会交流场地。堤岸采用生态砖护岸，并设置亲水步道。城市居住配套区堤岸断面见图 4-15-13。

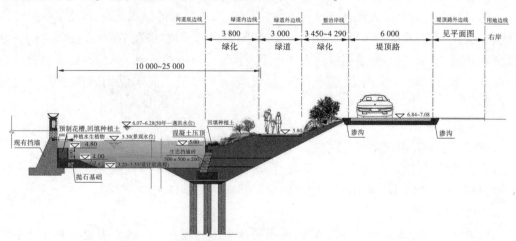

图 4-15-13　城市居住配套区堤岸断面（单位：mm；高程单位：m）

4.15.3.5　项目实施后效果

项目实施后效果见图 4-15-14。

图 4-15-14　项目实施后效果

4.15.4　深圳大沙河

4.15.4.1　项目概况

大沙河发源于羊台山,位于深圳南山区,北连长岭陂,南入深圳湾,长度 13.7 km,总建设面积 95 万 m²。大沙河生态长廊是深圳市重点民生工程、最大滨水慢行系统、最靓丽"城市项链"。

2001—2007 年大沙河周边增加了大量工业用地,生活、生产污水直接排入大沙河,河道水质污染严重,生态遭受破坏。2017 年至今,大沙河通过提升综合整治及景观提升,实现治水融城。大沙河生态堤岸采用斜坡式堤岸,局部河道中及周边分布有生态湿地,在堤岸边设置生物滞留沟收集和路面径流处理,岸坡使用过滤植被除去固体颗粒以达到改善水质的作用。两岸通过拆除违建、整合闲置土地与绿地扩展沿岸界面,逐步引入当地植物丰富的生物栖息环境,增加生态多样性。大沙河生态长廊的建设为各地内河涌生态堤岸的设计提供良好示范。

4.15.4.2　主要构思

1. 生态堤岸构建

结合现状,采用多种断面形式进行生态堤岸构建,满足不同功能需求(见图 4-15-15)。

2. 排污口处理策略

(1)现状上游段排污口为敞开面垂直水面的形式:由于步道位于排污口内侧,可藉此作平台,掩盖过于巨大的排放口结构(见图 4-15-16)。

(2)现状下游段排污口为敞开面平行水面的形式:步道位于排污口内侧时,临路侧简易处理。将现状溢水坡混凝土结构改造为水生植物过滤槽。改善混凝土坡对水岸造成的视觉冲击;步道位于排污口溢流面上时,提高步道标高。弱化洞口对于经过的使用者造成的视觉影响。临水岸改善混凝土坡对水岸造成的视觉冲击。

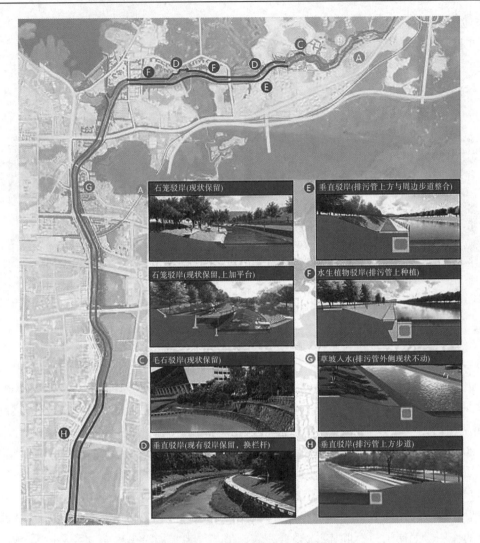

图 4-15-15　大沙河生态堤岸断面

3. 活力水岸营造

(1)活力水岸南段。设置为赛艇赛道区。入海口处腹地较大,有条件打造特色入口广场,结合新建的服务管理用房(赛艇综合服务建筑),沿新增人行天桥增加进入河道的入口,打开入口视线,沿岸布置看台,结合"活力"主题,打造有趣特色看台,收拾整理桥下空间,连通深圳湾公园。利用高尔夫球场现有大乔木打造林荫步道。

(2)活力水岸北段。景观步道利用高差起伏的地势,打造特色步道系统,打破单调的驳岸形式。设计改善沿快速道路进入河道的人行入口,打开部分入口视线。改善桥下空间,增加停留休憩座椅、易打理的植物。

大沙河活力驳岸断面见图 4-15-17,大沙河改造前后对比图及大沙河实施效果见图 4-15-18 及图 4-15-19。

图 4-15-16　大沙河排污口处理

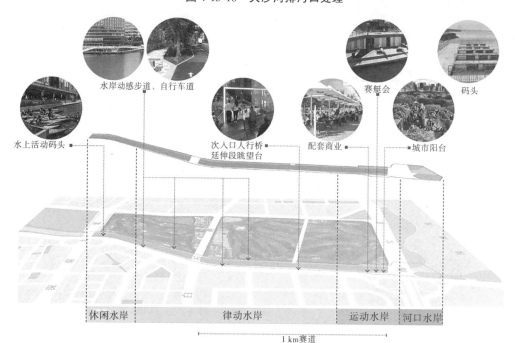

图 4-15-17　大沙河活力驳岸断面

图 4-15-18　大沙河改造前后对比图

图 4-15-19　大沙河实施效果

5　海堤工程

5.1　设计原则

（1）海堤建设，宜固不宜高。

（2）堤防布置的范围，外堤脚不能超出行洪控制线（广东省水利厅颁布）或治导线（珠江水利委员会颁布）或海岸控制线（国家海洋局颁布），内堤脚不能超出规划部门的红线。

（3）堤路结合的堤段，机动车道边与岸边平面距离不少于6 m。

（4）综合考虑南沙发展定位，新建海堤应尽量考虑生态性。

（5）生态海堤与传统海堤的主要区别如下：所谓的生态海堤，是指在海堤的设计和建设过程中，以景观生态学原理为指导，遵循自然规律，在保持河流及海洋生态系统平衡的基础上，结合海洋自身的生态现状，注重其生态系统需求，因地制宜地设计和建设具有自然岸线水土循环的人工海堤。从广义上讲，只要遵循自然规律，从堤身及护岸的结构、材料等方面满足滨水动植物生长和繁殖要求的海堤都可称为生态海堤（比如沙滩修复型、抛石护岸型等）。但从狭义上讲，生态海堤建设应避免使用硬性材料，在现状地形的基础上，适当扩大植被面积，改善滨水生物的生态环境，以恢复河流及海岸的原生状态。

①从设计理念上讲，传统强调的是"兴利除害"，尤其是防洪安全这一基本功能；而生态海堤，则除重点考虑堤岸安全性外，还需重视人与自然和谐相处和生态环境建设，也要考虑亲水、休闲、娱乐、景观和生态等其他功能。

②从堤防形态讲，传统规划的堤防，岸线平行，岸坡硬化，断面形态规则，断面尺度沿程不变；而生态海堤，岸线蜿蜒自如，岸坡近天然状态，断面形态具有多样性、自然性和生态性。

③从所用材料看，传统海堤工程主要采用抛石、砌石、混凝土块、现浇混凝土、铰链混凝土排及土工模带等硬质材料；而生态海堤，所用材料一般为天然石、木材、植物、多孔渗透性混凝土及土工材料等。

④从工程效果看，传统海堤工程完建后，生态环境往往变恶化，尤其是在人口高密区，工程措施往往不能满足生态环境和景观的要求；而生态海堤可使生态环境得以改善，与常规的抛石、混凝土等硬质护岸结构相比，外观更接近自然态，因而更能满足生态和景观的要求。

5.2　设计标准及资料

5.2.1　技术标准

（1）《工程建设标准强制性条文》（2020年版）。

（2）《水利水电工程可行性研究报告编制规程》（SL/T 618—2021）。

（3）《水利水电工程初步设计报告编制规程》（SL/T 619—2021）。

（4）《防洪标准》（GB 50201—2014）。

（5）《水利水电工程等级划分及洪水标准》（SL 252—2017）。

（6）《海堤工程设计规范》（GB/T 51015—2014）。

（7）《广东省海堤工程设计导则（试行）》（DB44/T 182—2004）。

（8）《堤防工程设计规范》（GB 50286—2013）。

（9）《堤防工程施工规范》（SL 260—2014）。

（10）《堤防工程地质勘察规程》（SL 188—2005）。

（11）《堤防工程管理设计规范》（SL/T 171—2020）。

（12）《水工挡土墙设计规范》（SL 379—2007）。

（13）《水工建筑物抗震设计标准》（GB 51247—2018）。

（14）《水工混凝土结构设计规范》（SL 191—2008）。

（15）《建筑地基基础设计规范》（GB 50007—2011）。

（16）《建筑地基处理技术规范》（JGJ 79—2012）。

（17）《公路软土地基路堤设计与施工技术细则》（JTG/T D31-02—2013）。

（18）《中国地震动参数区划图》（GB 18306—2015）。

（19）《红树林建设技术规程》（LY/T 1938—2011）。

（20）《园林绿化工程施工及验收规范》（CJJ 82—2012）。

（21）《绿化种植土壤》（CJ/T 340—2016）。

（22）《城市绿地设计规范（2016年版）》（GB 50420—2007）。

以上技术标准以最新公布信息为准。

5.2.2　防洪（潮）标准与级别

（1）海堤工程的防潮（洪）标准应根据《防洪标准》（GB 50201—2014）中各类防护对象的规模和重要性选定。保护特殊防护区的生态海堤工程防潮（洪）标准应按表5-2-1选定，当表5-2-1规定的内容不满足实际需要时，应经技术经济论证。

表 5-2-1　特殊防护区生态海堤工程防潮(洪)标准

海堤工程防潮(洪)标准 (重现期/年)		≥100	100~50	50~30	30~20	20~10
特殊防护区	高新农业/万亩	≥100	100~50	50~10	10~5	≤5
	经济作物/万亩	≥50	50~30	30~5	5~1	≤1
	水产养殖业/万亩	≥10	10~5	5~1	1~0.2	≤0.2
	高新技术开发区 (重要性)	特别重要	重要	较重要		一般

（2）堤防、海堤工程的级别分别见表 5-2-2、表 5-2-3。

表 5-2-2　堤防工程的级别

防洪标准(重现期/年)	≥100	<100,且≥50	<50,且≥30	<30,且≥20	<20,且≥10
堤防工程的级别	1	2	3	4	5

表 5-2-3　海堤工程的级别

防潮(洪)标准(重现期/年)	≥100	100~50	50~30	30~20	≤20
海堤工程的级别	1	2	3	4	5

（3）海堤工程上的闸、涵、泵站等建筑物和其他构筑物的设计防潮(洪)标准,不应低于海堤工程的防潮(洪)标准,并应留有适当的安全裕度。

（4）遭受洪(潮)灾或失事后损失巨大、影响十分严重的堤防工程,其级别可适当提高;遭受洪(潮)灾或失事后损失及影响较小或使用期限较短的临时堤防工程,其级别可适当降低。提高或降低堤防工程级别时,1 级、2 级堤防工程应报国务院水行政主管部门批准,3 级及以下堤防工程应报流域机构或省级水行政主管部门批准。

（5）采用高于或低于规定防潮(洪)标准进行海堤工程设计时,其使用标准应经论证。

5.2.3　生态建设的条件

5.2.3.1　外滩护堤地

海堤所处的位置,一类是临水侧无滩地或岸滩极窄,一类是临水侧有滩地或近海水产养殖、作物种植基地等。海堤的岸滩与海堤的关系密不可分,"保堤必须固岸,固岸必须保滩"是一条普遍的经验。就现阶段来讲,生态堤防实施的最基本条件就是临水侧有一定宽度和高程的滩地。

综合考虑,建议生态堤防建设外滩地基本条件为:堤防临水侧有外滩护堤地,岸坡稳定且宽度为 10~20 m,高程不低于所在区域多年平均低潮位。

5.2.3.2　高程

临水侧植物防浪林及配套设施的建设,不仅需要一定宽度的外滩护堤地,而且外滩的高程也要满足一定的植物生长要求。外滩的高程宜不低于所在区域平均低潮位。

5.3　计算方法及内容

5.3.1　主要计算内容

海堤工程的主要计算应包括：

(1)说明渗流和渗透稳定计算成果,判别渗透变形类型。

(2)说明土堤的边坡稳定、防洪墙的稳定、应力及变形等计算条件和方法,提出计算成果。

(3)根据堤防沉降计算成果,提出地基和堤身沉降量控制值。

5.3.2　计算方法

5.3.2.1　渗流计算

根据 Darcy 定律演变的二维稳定渗流方程进行堤防顺水流向横剖面二维渗流计算。采用方法主要为理正岩土软件,同时使用美国的 ADINA 有限元软件和 DQB 渗流程序验算堤防的二维渗流。

5.3.2.2　稳定计算

采用圆弧滑动法进行稳定计算,主要有简化毕肖普法和瑞典圆弧法。用中国水利水电科学研究院研发的 Stab 软件进行计算,采用理正岩土软件进行复核。

5.3.2.3　特殊结构的计算

生态海堤根据需要增加额外的结构措施时,应按规定进行必要的结构稳定计算,因断面的不规则性,建议采用三维有限元或仿真模型进行计算,有条件的项目建议结合物理模型试验的成果进行验证。

5.4　海堤设计

5.4.1　堤线布置

5.4.1.1　传统海堤堤线布置

(1)堤线布置应依据防潮(洪)规划和流域、区域综合规划或相关的专业规划,结合地形、地质条件及河口海岸和滩涂演变规律,并应考虑拟建建筑物位置、已有工程现状、施工条件、防汛抢险、堤岸维修管理、征地拆迁、文物保护和生态环境等因素,经技术经济比较后综合分析确定。

(2)海堤堤线布置应遵循下列主要原则：

①堤线布置应符合治导线或规划岸线的要求。

②堤线走向宜选取对防浪有利的方向,避开强风和波浪的正面袭击。

③堤线布置宜利用已有旧堤线和有利地形,选择工程地质条件较好、滩面冲淤稳定的地基,宜避开古河道、古冲沟和尚未稳定的潮流沟等地层复杂的地段。

④堤线布置应与入海河道的摆动范围及备用流路统一规划布局,避免影响入海河道、入海流路的管理使用。

⑤堤线宜平滑顺直,避免曲折转点过多,转折段连接应平顺。

⑥堤线布置与城区景观、道路等结合时,应统一规划布置,相互协调。应结合与海堤交叉连接的建(构)筑物统一规划布置,合理安排,综合选线。

⑦堤线布置应结合耕地保护,有利于节约集约利用土地。

5.4.1.2 生态海堤堤线布置

生态海堤的堤线布置除应满足传统海堤的堤线布置原则外,还应重点关注下列主要原则:

(1)应注重整体系统布局,充分利用堤身和堤后空间,结合防汛道路、绿地等,采取植被种植、绿道系统建设等措施构建海堤岸带生态廊道,满足休憩、亲水、观景等需求。

(2)对地形、地质和潮流等条件复杂的堤段,堤线布置应对岸滩的冲淤变化进行预测,对堤线布置影响较大时应进行专题研究。

(3)应结合省、市以及县(市、区)绿道网规划,在堤顶或堤身内侧因地制宜地设置绿道系统,绿道应与当地自然环境相协调,不宜千篇一律;海堤生态化建设应优先与规划绿道统筹考虑,以河口岸边带为载体,统筹生态、安全、文化、景观和休闲功能建立的复合型廊道。

5.4.2 堤型选择

5.4.2.1 主要断面形式

1.断面设计

先初选断面形式,参照已建类似工程经验,拟定边坡,根据波浪要素及海堤等级,确定堤顶高程,经过稳定计算,反复调整尺寸,最终确定合理的断面。

1)斜坡式断面海堤

斜坡式断面海堤可用于任何地基上,且施工比较简单,易于设置各种消浪设施,是较经济的堤型。但当堤身较高时,堤身材料用量大,导致投资加大。

斜坡式断面一般临海侧坡比缓于背海侧坡比,堤身填料为黏性较大的土时,宜选用较缓的坡;为砂性较大的土时,用较陡的坡。初步拟定时,海堤坡比可参照表5-4-1。

表5-4-1 海堤坡比参考值

海堤护坡形式	设计边坡	说明
干砌石护坡	1:2~1:3	
浆砌石、混凝土砌石、混凝土护坡	1:2~1:2.5	
抛石护坡	≥1:1.5	
安放人工块体护坡	1:1.25~1:2	
人工填土(水上)	1:1.5~1:3	背海侧
海泥掺沙填土(水下)	1:5~1:10	背海侧
一般山土填土(水下)	1:5~1:7	背海侧

断面高度大于 6 m 时,背海侧坡宜设置马道,宽度宜大于 1.5 m,可增加断面的稳定性。风浪作用强烈的堤段,设置消浪平台对消浪有利,波浪经消浪平台后,爬高衰减迅速,减轻了堤顶防浪的压力,也是越浪设计的一项有效措施。消浪平台设置位置有两处,但总的说来宜低不宜高。稳定计算时,应考虑护坡材料的作用。

东莞市根据多年海堤建设积累的实践经验,探索出一种当地通用的堤型。就是不论堤身高矮,均在临海侧设置宽度不超过 2 m 的消浪平台,如沙田镇海堤、麻涌镇华阳岛防护堤(珠江河口)、沙角电厂煤码头防护堤等。典型斜坡式堤断面见图 5-4-1。

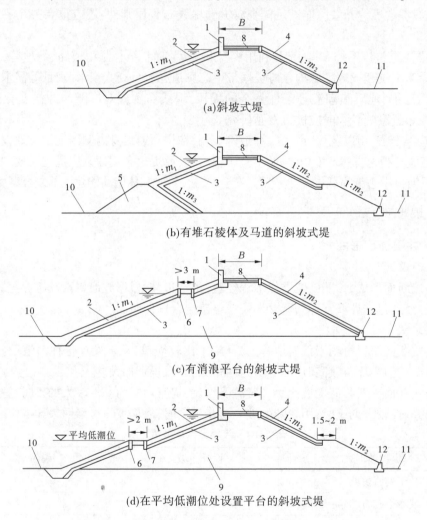

(a)斜坡式堤

(b)有堆石棱体及马道的斜坡式堤

(c)有消浪平台的斜坡式堤

(d)在平均低潮位处设置平台的斜坡式堤

1—防浪墙;2—前护坡;3—反滤层;4—后护坡;5—棱体;6—平台外转角;
7—平台内转角;8—堤顶;9—填土;10—前滩;11—后滩;12—矮挡墙;B—堤顶宽度。

图 5-4-1　典型斜坡式堤断面

2)陡墙式断面海堤

陡墙式断面临海侧宜采用重力式挡墙或箱式挡墙,背海侧回填土料;底部临海侧堤基应采用抛石等防护措施,可解决临海侧水位不断变动引起的前坡失稳问题。但波浪遇陡墙时几乎全部反射,引起海堤附近波高加大,当堤前水深小于波浪的破碎水深时,波浪将破碎,对海堤产生很大的动水压力,对堤基的影响大,往复的作用力将导致墙基冲刷,这时护脚措施尤为重要。

这些有利和不利的因素,并不妨碍其作为海堤设计最普遍的一种断面形式。砌筑质量好的墙体,可以经受各种风浪的袭击而不损坏。也有工程采用悬臂式、扶壁式挡潮的陡墙式断面堤(见图5-4-2)。

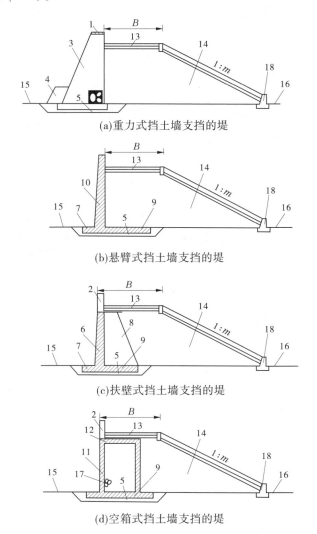

(a)重力式挡土墙支挡的堤

(b)悬臂式挡土墙支挡的堤

(c)扶壁式挡土墙支挡的堤

(d)空箱式挡土墙支挡的堤

1—压顶;2—防浪墙;3—墙身;4—护底;5—基床;6—立板;7—趾板;8—扶壁;9—底板;10—悬壁;
11—外壁;12—顶板;13—堤顶;14—填土;15—前滩;16—后滩;17—抛石;18—矮挡墙;B—堤顶宽度。

图 5-4-2 典型陡墙式堤断面

3)混合式断面堤

根据断面的现状及加固要求,混合式断面是斜坡式堤和陡墙式堤的不同组合形式,它综合了两者的优点,并可根据实际地形,优化组合,也是分阶段多次加固形成的堤身断面最普遍的一种形式。它既有较好的消浪性能,又能较好地适应各种地基变形的需要,堤身堤基整体稳定性好。

对原有斜坡式堤断面,可在不改变原有临海侧护坡的前提下,加高培厚背海侧坡。堤脚后移,成为斜坡堤。为减少背海侧坡坡脚后移占地,可在原临海侧护坡面上增设消浪平台,并用陡墙式挡墙支挡两阶堤身土体,成为斜坡式堤-陡墙式堤断面形式。对原有陡墙断面,可在不改变原有陡墙的前提下,墙顶增设二阶斜坡或陡墙,这样即组合成了斜坡式堤-陡墙式堤、陡墙式堤-陡墙式堤、陡墙式堤-斜坡式堤。典型混合式堤断面见图5-4-3。

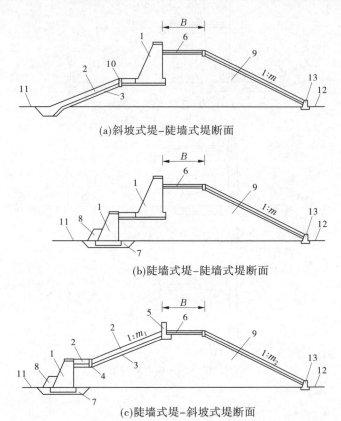

(a)斜坡式堤-陡墙式堤断面

(b)陡墙式堤-陡墙式堤断面

(c)陡墙式堤-斜坡式堤断面

1—陡墙;2—迎海侧护坡;3—反滤;4—平台内转角;5—防浪墙;6—堤顶;
7—基床;8—护脚;9—填土;10—平台外转角;11—前滩;12—后滩;13—矮挡墙;B—堤顶宽度。

图 5-4-3 典型混合式堤断面

2. 断面形式比较

堤型选择应根据堤段所处位置的重要程度、地形地质条件、筑堤材料、水流及波浪特性、施工条件,结合合理利用土地、工程管理、生态环境、景观及工程投资等要求,综合比较确定。

海堤断面形式可选择斜坡式、陡墙式和混合式等形式。各种堤顶优缺点见表5-4-2。

表 5-4-2　3 种海堤堤型的优缺点比较

序号	斜坡式堤型	陡墙式堤型	混合式堤型
优点	堤身底面与地基接触面积较大,地基应力较均匀,沉降差较小,堤身施工技术简单,海堤对地基土层承载力的要求不高	堤身底面与地基接触面积小,波浪爬高值小于斜坡式,工程量相对较小,堤身施工技术简单,工程造价较低	堤身底面与地基接触面积适中,地基应力较均匀,沉降差小,堤身施工技术相对简单,海堤对地基土层承载力的要求不高
缺点	堤基占地面积比较大,堤身填筑材料需求较多,工程造价比较高	防护外墙与墙后填料沉降差大,易出现不均匀沉降,临海边坡坡度陡直,波浪作用力较大易产生墙角淘刷,陡墙式观景效果不好,亲水性差	堤身填筑材料需求多,易出现不均匀沉降

5.4.2.2　生态海堤堤型选择

（1）生态海堤堤型的选择要从地形条件、地质条件、占地条件、工程造价、环境景观等多方面综合分析考虑,因地制宜地选择最优形式。

（2）生态海堤原则能宽则宽、能缓则缓,应有利于缓坡入海,优先采用斜坡式或多级斜坡混合式结构实现生态连通。

（3）结合工程实际,堤型选择应重在保护水面,还海岸以空间,保持海岸线自然的曲折,采取适当的工程措施,建设生态护岸,加强岸线保洁,减少海水污染。

5.4.3　堤顶高程

5.4.3.1　传统海堤堤顶高程

（1）堤顶高程应根据设计高潮（水）位、波浪爬高及安全加高值,并按规范公式（5-4-1）计算。

$$Z_P = h_P + R_F + A \tag{5-4-1}$$

式中　Z_P——设计频率的堤顶高程,m;

　　　　h_P——设计频率的高潮（水）位,m;

　　　　R_F——按设计波浪计算的累积频率为 F 的波浪爬高值（海堤按不允许越浪设计时取 $F=2\%$,按允许部分越浪设计时取 $F=13\%$）,m;

　　　　A——安全加高值,m,见表 5-4-3。

表 5-4-3　堤顶安全加高值

海堤工程级别	1	2	3	4	5
不允许越浪 A/m	1.0	0.8	0.7	0.6	0.5
允许越浪 A/m	0.5	0.4	0.4	0.3	0.3

（2）当堤顶临海侧设有稳定、坚固的防浪墙时,堤顶高程可算至防浪墙顶面。但不计

防浪墙的堤顶高程仍应高出设计高潮(水)位以上 1/2 波列累计频率为 1%的设计波高,且不应小于 0.5 m。

(3)城市有特殊景观要求的堤段,堤顶高程经充分论证后可根据具体情况确定。

(4)堤、路结合的海堤,按允许部分越浪设计时,在保证海堤自身安全及对堤后越浪水量排泄畅通的前提下,堤顶高程计算采用的允许越浪量可不受《海堤工程设计规范》(GB/T 51015—2014)第 6.6.1 条规定的限制,但不计防浪墙的堤顶高程仍应高出设计高潮(水)位 0.5 m。

(5)海堤设计应预留工后沉降量。预留沉降量可根据堤基地质、堤身土质及填筑密度等因素分析确定,非软土地基可取堤高的 3%~5%,加高的海堤可取小值。当土堤高度大于 10 m 或堤基为软弱地基时,预留沉降量应按计算确定。

5.4.3.2 生态海堤堤顶高程

(1)应通过计算确定生态海堤堤顶高程,生态海堤的堤顶高程计算方法应与传统堤防一致,按照《海堤工程设计规范》(GB/T 51015—2014)计算确定。

(2)生态海堤在保证安全的前提下,可采取优化措施,合理降低海堤高程。鼓励采用生态景观超级堤设计,运用"宽度换高度"的理念进行建设,利用绿化景观带、多级平台等形式加宽堤岸缓冲距离,缓坡递增高度、缓冲风暴潮导致的海水越浪对堤岸的冲击力,起到消浪效果,进而可降低堤顶高程。

(3)堤顶高程的降低,水岸与城市空间可相互融合,有利于营造开放且具有层次的滨海空间,避免传统水利堤岸"围城"的情况。

(4)在迎水坡设置消浪平台,采用粗糙度和空隙率较大的护面结构,削弱波浪动力,降低越浪量。

(5)在背水坡及堤后区域通过优化坡形、构建植被和水网系统,减少越浪的影响。海堤高程的优化设计应充分考虑区域水文动力条件,进行科学评判,必要时开展相关专题研究。

5.4.4 堤身设计

5.4.4.1 传统海堤断面设计

1. 一般规定

(1)新建堤段。堤线长、堤身设计应根据地形、地质、潮汐、波浪风浪、筑堤材料、管理要求、生态、景观、现有堤身结构等条件,分段对可选择堤身断面进行方案比较。

断面设计应先初选断面形式,参照已建类似工程经验,拟定边坡,根据波浪要素及海堤等级,确定堤顶高程,经过稳定计算,反复调整尺寸,综合比较后确定合理的断面。

防护标准不同,堤顶高程就不同,设计要求的堤身断面也不同,对这一类的不同,应妥善处理各堤段结合部位的衔接。

(2)改建堤段。改建的海堤,一般是原堤设计标准不够或遭损毁,需要加高、培厚。无论是临海侧还是背海侧,均需实施工程措施,故设计时应按新堤设计,并应与相邻堤段的结构形式相协调。

(3)在满足工程安全和管理要求的前提下,海堤可与码头、滨海大道等工程相结合并统筹安排。

现代设计理念应体现人性化,即建筑以环境作为媒体,使人能自然地同建筑融洽相处。广州南沙区是粤港澳大湾区发展核心区域,定位成为立足湾区、协同港澳、面向世界的重大战略性平台,所以本区域对保护城市(镇)的海堤,应结合市政规划,在堤身上设置亲水平台、栏杆、公园椅、花坛、草地等,注重生态保护和环境美化。

(4)堤身断面应构造简单、造型美观、少占用耕地。

(5)堤身设计应包括筑堤材料及填筑标准、堤顶高程、堤身断面、护面结构、消浪措施、岸滩防护等设计内容,应根据海堤所处的位置,结合周围环境有针对性地重点考虑生态和景观要求。

(6)有抗震要求的海堤,堤身结构应按《水工建筑物抗震设计标准》(GB 51247—2018)的有关规定执行。

根据《中国地震动参数区划图》(GB 18306—2015),南沙大部分地区地震基本烈度为Ⅶ度,场地抗震设防烈度为Ⅶ度,抗震设计烈度为Ⅶ度。

根据《堤防工程设计规范》(GB 50286—2013)总则,"位于地震动峰值加速度 0.10g 及以上地区的 1 级堤防工程,经主管部门批准,应进行抗震设计",可理解为"一般情况下,南沙地区海堤可不进行抗震设计"。

虽然堤身可不进行抗震设计,但根据《水工建筑物抗震设计标准》(GB 51247—2018),对 1 级水工建筑物应采取适当的抗震措施。比如:1 级堤防穿堤箱涵、直立墙采用钢筋混凝土整体结构,设置结构缝和止水,设置齿槽等;1 级防洪墙结构建议进行抗震设计。

2.填筑材料

(1)填筑材料应根据堤基质条件、材料来源、施工条件等综合分析选定,因地制宜地选用堤身材料。

(2)采用淤泥、淤泥质土作为筑堤材料时,宜与砂混合抛投或分层抛投(层砂层土),以提高土料的抗剪强度并加速固结。分层厚度一般取 0.2~0.5 m,并应留足培土间歇时间,一般下层填筑完间隔一定时间后再填上一层。

以多年平均潮位为界,分水上、水下部分,合理确定分层厚度。

采用淤泥及淤泥质土类堤身材料时,要求论证堤身整体稳定保证措施。

(3)粉细砂及石渣作为筑堤材料时,应采取渗流控制措施。粉细砂料填筑断面示意见图 5-4-4。

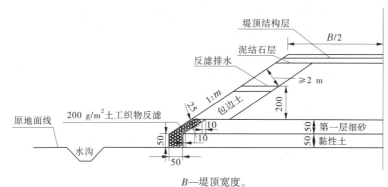

B—堤顶宽度。

图 5-4-4　粉细砂料填筑断面示意　(单位:cm)

（4）碾压式均质土堤宜选用黏粒含量为 10%~35%、塑性指数为 7~20 的黏性土，且不得含植物根茎、砖瓦垃圾等杂质；填筑土料含水率与最优含水率的允许偏差应为±3%；铺盖、心墙、斜墙等防渗体宜选用防渗性能好的土；堤后盖重宜选用砂性土。

堤身土料填筑前，应通过天然建筑材料调查取原状土进行试验。

（5）石渣料作为堤身填料时，其孔隙率宜控制在 23%~28%。

（6）采用充砂管袋、砂肋软体排及吹填砂填筑时，管袋材料应满足反滤和强度要求，充填料含泥量不宜大于 10%。

（7）结构砌筑石料饱和抗压强度：对挡墙砌筑材料和护底块石料不应低于 30 MPa，对护面块石料不应低于 50 MPa。

（8）海砂不宜作为钢筋混凝土骨料；用于素混凝土时，应进行专题论证。

（9）素混凝土强度等级不应低于 C20；钢筋混凝土强度等级不应低于 C25；位于潮汐区和浪溅区的钢筋混凝土和 1 级、2 级海堤的素混凝土应提高混凝土强度等级，并应采取防腐蚀措施。

（10）黏性土碾压填筑标准。

黏性土碾压填筑标准应按压实度确定，黏性土压实度应符合表 5-4-4 规定。

表 5-4-4　黏性土压实度

海堤级别及堤高	压实度
1 级海堤	≥0.95
2 级海堤和高度大于或等于 6 m 的 3 级海堤	≥0.93
3 级以下海堤及高度低于 6 m 的 3 级海堤	≥0.91

$$P_{ds} = \frac{\rho_{ds}}{\rho_{dmax}} \qquad (5-4-2)$$

式中　P_{ds}——设计压实度；

ρ_{ds}——设计压实干密度，g/cm^3；

ρ_{dmax}——标准击实试验最大干密度，g/cm^3。

本条在《堤防工程设计规范》（GB 50286—2013）中为强制性条款。

本条所指黏性土不包括淤泥及淤泥质土。

（11）砂性土的填筑标准。

砂性土的填筑标准应按相对密度确定，砂性土相对密度应符合表 5-4-5 的规定。有抗震要求时，应进行专门的抗震试验研究和分析。

表5-4-5 砂性土相对密度 D_r

海堤级别及堤高	相对密度
1级、2级和高度大于或等于6 m的3级海堤	≥0.65
高度低于6 m的3级及3级以下海堤	≥0.60

本条在《堤防工程设计规范》（GB 50286—2013）中为强制性条款。

（12）水中填筑和无法碾压的海堤。

水中填筑和无法碾压的海堤主要指海堤堤基位于海滩淤泥层上，淤泥层较厚，而且厚度变化大，物理力学性质指标低，用常规的施工方法不能达到成堤目的的一类堤，应结合实际情况，设计填筑要求应以变形控制为目标，提出相应的填筑要求。

常用的方法有：吹填土工管袋、抛石挤淤、水下爆炸挤淤等。

3. 堤身宽度

不包括防浪墙的堤顶宽度应根据堤身整体稳定、防汛、管理、施工的需要确定，各规范要求不一（见表5-4-6）。对堤后有专门交通道路的堤，堤顶宽度可不受此限制。

表5-4-6 堤顶宽度

单位：m

堤防工程的级别	1	2	3	4、5
《海堤工程设计规范》（GB/T 51015—2014）	≥5	≥4	≥3	
《滩涂治理工程技术规范》（SL 389—2008）	≥7.5	≥5.5	≥4.5	≥3.5
《堤防工程设计规范》（GB 50286—2013）	≥8	≥6	≥3	

堤顶的宽度主要由稳定和管理要求决定。路堤结合的海堤宽度应按公路设计要求确定，因为不同等级的公路，车流量、荷载等级及满足通车、会车的要求也不同。考虑越浪冲刷和适当的裕度，采用较宽的堤顶较为有利。

3~5级的海堤中，3级海堤的重要性应与4级、5级海堤有所区别，考虑车辆交会等因素，堤顶宽度宜适当加宽。

近年来，在满足堤身稳定的前提下，上海地区兴建了一些级别高但宽度为5 m的堤，建成后运行情况良好。

4. 堤顶结构规定

堤顶结构主要包括防浪墙、堤顶路面、错车道、上堤路、人行道口5大部分。

（1）防浪墙宜设置在临海侧，堤顶以上净高不宜超过1.2 m，埋置深度应大于0.5 m。风浪大的防浪墙临海侧，可做成反弧曲面。宜每隔8~12 m设置一条沉降缝。防浪墙代表性断面见图5-4-5。

（2）堤顶路面结构应根据用途和管理的要求，结合堤身土质条件进行选择。堤顶与交通道路相结合时，其路面结构应按现行行业标准《公路水泥混凝土路面设计规范》（JTG D40—2011）或《公路沥青路面设计规范》（JTG D50—2017）的有关规定设计。各类型路面的单坡路拱平均横坡度见表5-4-7，一般路面结构见图5-4-6。

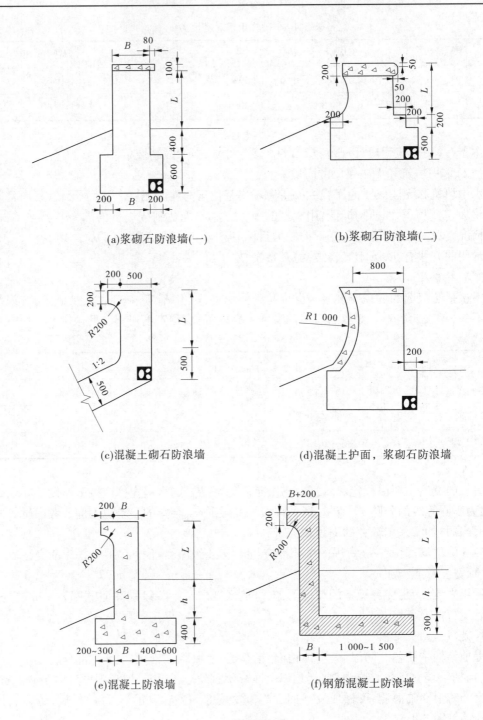

(a)浆砌石防浪墙(一)

(b)浆砌石防浪墙(二)

(c)混凝土砌石防浪墙

(d)混凝土护面，浆砌石防浪墙

(e)混凝土防浪墙

(f)钢筋混凝土防浪墙

B—防浪墙宽度。

图 5-4-5　防浪墙代表性断面　（单位：mm）

表 5-4-7　各类型路面的单坡路拱平均横坡度　　　　　单位:mm

路面类型	单坡路拱平均横坡度/%
沥青混凝土、水泥混凝土	1~2
整齐石块	1.5~2.5
半整齐石块,不整齐石块	2~3
碎石、砾石等粒料	2.5~3.5
炉渣土、砾石土、砂砾土等	3~4

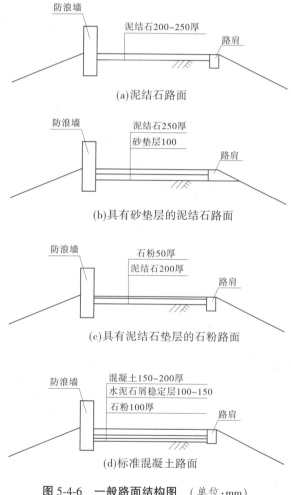

图 5-4-6　一般路面结构图　(单位:mm)

（3）错车道应根据防汛和管理需要设置。堤顶宽度不大于 4.5 m 时,宜在堤顶背海侧选择有利位置设置错车道。错车道处的路面宽度不应小于 6.5 m,有效长度不应小于 20 m。错车道平面布置见图 5-4-7。

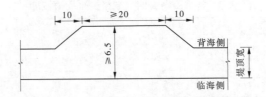

图 5-4-7　错车道平面布置　（单位:m）

(4)生产、生活有需要时,在保证工程安全的前提下,可在堤顶防浪墙上开口,但应采取相应的防潮、防浪措施。装配式简易闸门门槽布置图见图 5-4-8。

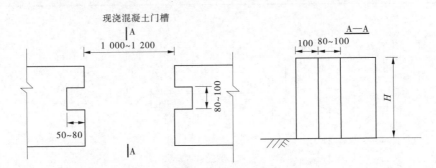

图 5-4-8　装配式简易闸门门槽布置图　（单位:mm）

5.背海侧交通道

因防汛抢险需要在海堤背海侧设置交通道时,其高程宜高于背海侧最高水位 0.5～1.5 m,宽度应为 4～8 m。在软基上的海堤背海侧交通道宜与反压平台结合考虑。

6.护脚

为防止堤前底流冲刷堤脚,临海侧坡脚应设置护脚。护脚块石和预制混凝土异形块体的稳定重量应通过计算确定。对于滩涂冲刷严重的堤段,可增设保护措施。护脚大样图见图 5-4-9。

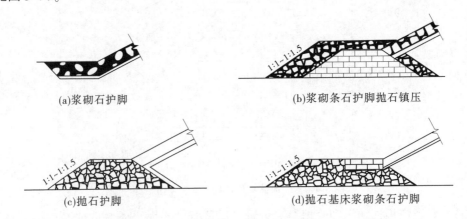

(a)浆砌石护脚　　　　　　　　　　(b)浆砌条石护脚抛石镇压

(c)抛石护脚　　　　　　　　　　　(d)抛石基床浆砌条石护脚

图 5-4-9　护脚大样图

7. 两侧边坡坡比

海堤两侧边坡坡比应根据堤身材料、护面形式,经稳定分析确定。初步拟定海堤两侧边坡坡比时可按表 5-4-8 选取。

表 5-4-8　海堤两侧边坡坡比初步拟定

海堤堤型	临海侧坡比	背海侧坡比
斜坡式	1:1.5～1:3.5	水上:1:1.5～1:3.0
陡墙式	1:0.1～1:0.5	水下:海泥掺沙 1:5～1:10
混合式	分别按斜坡式或陡墙式拟定	粉土及沙质粉土 1:5～1:7

8. 堤身排水

海堤堤身应设置排水设施。

(1)对不透水护坡,应设置有可靠反滤措施的堤身填料排水孔,孔径 50～100 mm,孔距 2～3 m,可按梅花形布置。

(2)高于 6 m 且背海侧堤坡无抗冲护面的土质海堤,宜在堤顶、堤脚以及堤坡与山坡或者其他建(构)筑物接合部设置堤表面排水设施。4～6 m 的堤坡宜根据堤段特性在曲段设置表面排水设施。

(3)按允许部分越浪设计的海堤宜设置坡面纵、横向排水系统,汇水的排水沟断面尺寸根据越浪量大小及边坡坡度计算确定。平行堤轴线的排水沟可设在背海侧平台或坡脚处,应按《海堤工程设计规范》(GB/T 51015—2014)附录 L 计算确定。

9. 堤身防渗

堤身防渗体顶高程应高于设计高潮(水)位 0.5 m,土质防渗体顶宽不应小于 1 m。

5.4.4.2　生态海堤堤身断面设计

生态海堤堤身断面设计在传统海堤设计的基础上,还应重点按下列原则进行设计:

(1)生态海堤原则上能宽则宽、能缓则缓,应有利于缓坡入海,优先采用斜坡式或多级斜坡混合式结构实现生态连通。

(2)鼓励采取堤路结合、增加堤身宽度等措施,达到海堤不明显加高、安全性能明显提高的效果。

(3)在确保安全的前提下,应因地制宜地构建堤前岸滩—海堤塘身—堤后缓冲带生态空间系统,提升海堤生态功能,促进生态和减灾协同增效。

(4)通过增设水闸、优化调整闸站调度方式,改善水流内外互通性,有条件的地方建设或改造口门湖泊,便于近海生物进入海堤内侧栖息、繁衍。

(5)可采用挑台、架空等透水、透气的轻型结构,减少水域占用;结合地下管廊等建设,拓展海堤可利用空间,节约集约空间资源。

(6)波能强的海区宜采取消浪块体、多级消浪平台、植物消浪等多种措施,尽可能减小波浪爬高。

(7)侵蚀性岸滩,堤脚因地制宜地采取工程措施、植物措施等进行防护。

5.4.5 护面结构

5.4.5.1 传统海堤护面结构

海堤护面的主要作用是防止风、波浪、越浪水体及降雨对堤表的冲蚀破坏。由于地形及自然条件复杂多变,且堤线长,工程量大,护面结构应尽量适应上述特点。

1. 一般规定

(1)海堤护面应根据沿堤的具体情况选用不同的护面形式。对允许部分越浪的海堤,堤顶面及背海侧坡面应根据允许越浪量大小按表5-4-9采取相应的防护措施。

表 5-4-9　海堤的允许越浪量

海堤表面防护	允许越浪量/$[m^3/(s \cdot m)]$
堤顶及背海侧为 30 cm 厚干砌块石	≤0.01
堤顶为混凝土护面,背海侧为生长良好的草地	≤0.01
堤顶为混凝土护面,背海侧为 30 cm 厚干砌块石	≤0.02
海堤三面(堤顶、临海侧和背海侧)均有保护,堤顶及背海侧均为混凝土保护	≤0.05

(2)对于受海流、波浪影响较大的凸、凹岸堤段,应加强护面结构强度,应有别于一般堤段。

(3)浆砌块石、混凝土、钢筋混凝土护坡及挡墙应设置沉降缝、伸缩缝。

沉降缝、伸缩缝可合并布置,间距为 8~12 m,缝宽 10~20 mm,缝内宜设置沥青松木板。

(4)不适应沉降变形的堤顶护面,宜在堤身沉降基本稳定后实施,期间采取过渡性工程措施保护。

(5)不允许越浪的海堤,堤顶可采用混凝土、沥青混凝土、碎石、泥结石等作为护面材料。

(6)允许部分越浪的海堤,堤顶应采用抗冲护面结构,不应采用碎石、泥结石作为护面材料,不宜采用沥青混凝土作为护面材料。

(7)路堤结合并有通车要求的堤顶,应满足公路路面、路基设计要求。

2. 斜坡式海堤临海侧护面

斜坡式海堤临海侧护面可采用现浇混凝土、现浇钢筋混凝土、浆砌块石、混凝土灌砌石、干砌块石(见图5-4-10)、预制混凝土异型块体、混凝土砌块和混凝土栅栏板等结构形式,应符合下列要求:

(1)波浪小的堤段可采用干砌块石或条石护面。干砌块石、条石厚度应按规范计算,其最小厚度不应小于 30 cm。护坡砌石的始末处及建筑物的交接处应采取封边措施。

(2)可采用混凝土或浆砌石框格固定干砌石来加强干砌石护坡的整体性,并应设置沉降缝,见图5-4-11。

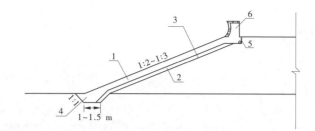

1—干砌块石,厚度大于 40 cm;2—反滤垫层砂、碎石,厚 30 cm,或石渣,厚 50 cm;
3—土工布,质量大于 300 g/m²;4—护脚;5—防浪墙基础(护坡封顶);6—防浪墙。

图 5-4-10　干砌石护坡结构示意

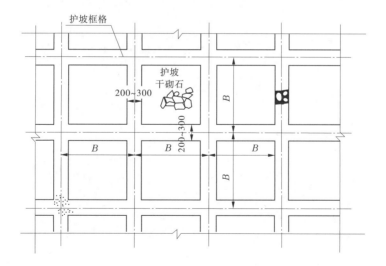

图 5-4-11　混凝土或浆砌石框格固定干砌石护坡坡面布置示意 （单位:mm）

续图 5-4-11

（3）混凝土、浆砌石或混凝土灌砌块石护坡厚度或强度应按规范计算,且不应小于 30 cm。浆砌(混凝土砌)块石护坡结构示意见图 5-4-12。

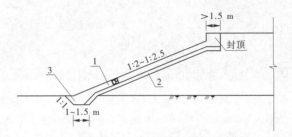

1—M7 砂浆或 C15 混凝土灌砌块石,厚 30~40 cm;2—反滤垫层,厚 30~40 cm;3—护脚;4—封顶。

图 5-4-12　浆砌(混凝土砌)块石护坡结构示意

（4）对海堤闭合区内不直接临海堤段,护坡设计宜沿堤线采取生态恢复措施。

（5）护面采用栅栏板时,其结构布置、厚度按规范设计。栅栏板预制块护坡见图 5-5-13。

图 5-4-13　栅栏板预制块护坡

（6）护面采用预制混凝土异形块体时,其重量、结构和布置按规范设计。典型代表是四脚空心块、扭工字块及扭王字块,见图 5-5-14。

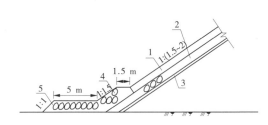

（a）四脚空心块护坡

（b）扭工字块护坡　　　　　　　　　　　　（c）扭王字块护坡

1—预制混凝土异型块体;2—块石垫层,块石重 80~100 kg,厚 40 cm;
3—碎石反滤垫层,厚 30 cm;4—抛石棱体块,块石重 200~300 kg;5—护脚块石铺盖。
图 5-4-14　安放预制混凝土异型块体护坡示意

（7）反滤层可采用土工织物或级配碎石料,级配碎石料厚度宜为 20~40 cm。

3. 陡墙式海堤临海侧挡墙

挡墙基底宜设置垫层。挡墙基础应根据海流冲刷情况及护脚措施等因素,满足稳定要求,保证一定的埋置深度,最小埋置深度不应小于 0.5 m。挡墙应设置排水孔,孔径可为 50~100 mm,孔距可为 2~3 m,宜呈梅花形布置。陡墙式海堤临海侧挡土墙结构尺寸见图 5-4-15。

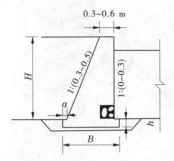
(a)重力式挡土墙,B=0.6H~0.8H,a/h=0.3~0.5

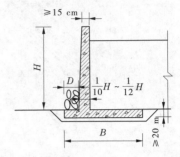
(b)悬臂式挡土墙,B=0.6H~0.8 H,D/B=0.3~0.5

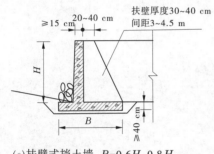

(c)扶臂式挡土墙,B=0.6H~0.8H

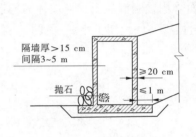
(d)箱式挡土墙

图 5-4-15　陡墙式海堤临海侧挡土墙结构尺寸

4. 混合式海堤临海侧护面

混合式海堤临海侧护面应符合斜坡式和陡墙式海堤设计的有关规定。坡面转折处宜根据风浪条件,采取加强保护措施。

混合式断面海堤是逐年加高海堤最常见的形式。

由于断面上有消浪平台,减小了波浪的爬高,该断面形式较为灵活。由于平台外转角处受波浪作用强烈,要求顶部做混凝土压顶,压顶可兼作路堤结合时亲水平台的栏杆座,平台内转角受回浪冲刷,也宜做混凝土压顶,此压顶可作为亲水平台后部的花槽基座或人们观景小憩的公园椅的基座。平台面应留足通气孔。堤顶防浪墙可以通过结构变换,使其成为花槽,既可防浪,又可兼顾景观植物种植。总之,混合式断面海堤应为设计者最可施展其想象力和实现多功能的可重塑断面形式。

临海侧多年平均低潮位以上的消浪平台及反压平台内外转角处,宜根据风浪条件采取高一个等级的结构措施加以保护。如坡面是干砌石,上述部位应砌筑浆砌石框格。如坡面是浆砌石,上述部位应浇筑混凝土梁。

5. 堤顶护面

一般情况下,按现行《堤防工程设计规范》(GB 50286—2013)要求,堤顶一般兼作防汛道路,平时不通车,应采取工程措施防护。

堤顶护面防护以后,堤顶成为台风期间及平时堤段维护管理的主要通道,堤身作为路基,除有压实度要求外,尚要求基础的固结沉降基本完成。

堤顶通车情况(堤路结合):不是指台风期及海堤管理期通车,而是指路堤作为城镇间相互连通,且达到一定标准的路面等级概念上的通车,路面交通是堤段的重要功能,即堤路结合,应根据交通等级,做出相应的设计。

(1)不适应沉降变形的堤顶护面,宜在堤身沉降基本稳定后实施,期间采取过渡性工程措施保护。

(2)不允许越浪的海堤,堤顶可采用混凝土、沥青混凝土、碎石、泥结石等作为护面材料。

(3)允许部分越浪的海堤,堤顶应采用抗冲护面结构,不应采用碎石、泥结石作为护面材料,不宜采用沥青混凝土作为护面材料。

(4)路堤结合并有通车要求的堤顶,应满足公路路面、路基设计要求。

6. 旧海堤护面加固

(1)旧海堤护面的加固措施应根据海堤等级、波浪状况和原有护面的损害程度等综合确定。其新、旧护面应结合牢固,连接平顺。

(2)对于1级、2级海堤或波浪较大的堤段,当原海堤的临海侧干砌块石护面、浆砌块石护面基本完好且反滤层有效,或整修工作量不大时,可采用栅栏板、四脚空心块、螺母块等预制混凝土异型块体护面(见图5-4-16),其具有施工方便、适应堤身变形能力强、削减波浪爬高效果好的优点,对于斜坡式护面可优先考虑。

图 5-4-16　螺母块体护坡

对于沉降已基本稳定,干砌块石、浆砌块石基本完好的斜坡式堤段,当反滤层良好或经修复后,可在其上增设混凝土板式护面。板厚应按规范计算,且不宜小于8 cm。斜坡式堤段具有抗海浪冲击能力强、施工方便的优点,但应注意堤脚保护,避免被波浪淘空后面板悬空。混凝土护坡的消浪效果要差于干砌石和浆砌石,但整体性好。

7. 背海坡坡面要求

(1)按不允许越浪设计的海堤,背海侧堤坡应具备一定的抗冲能力,可采取植物措施、工程措施或两者相结合的措施。

(2)按允许部分越浪设计的海堤,根据越浪量的大小应按规范选择合适的护面形式。护面材料的允许不冲流速见表5-4-10。

表 5-4-10　护面材料的允许不冲流速

护面材料	允许不冲流速/(m/s)
现浇混凝土	5.0~6.5
浆砌石	2.5~5.0
干砌石	2.0~4.0
三维土工网垫、生态椰垫	3.0~6.0

（3）海堤背海侧直接临水时，堤脚应设置护脚措施。

背海侧坡脚宜设置高 1 m 左右的重力式浆砌石矮挡墙，以防止背海侧坡脚因雨水冲刷，造成堤身土料流失。矮挡墙既可保护堤脚，又使工程界线明确，增加美感，见图 5-4-17。

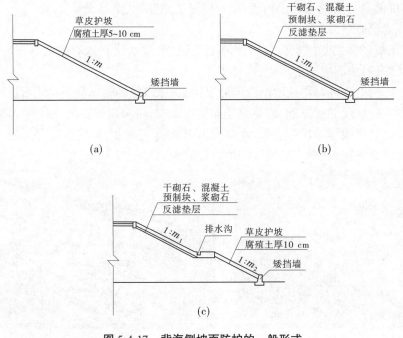

图 5-4-17　背海侧坡面防护的一般形式

5.4.5.2　生态海堤护面结构

（1）生态海堤护面应根据沿堤的具体情况选用不同的护面形式。除适应对堤表的冲蚀破坏外，生态海堤护面还应注重其生态保护效益。

（2）生态海堤护面鼓励采用阶梯式等结构，增加亲水性，在确保安全下，推荐采用多空隙、表面粗糙的结构形式，创造植物生长和藻类、贝类等附着环境，促进生物多样性恢复。

（3）通常海堤的越浪区护坡结构一般采用的是传统混凝土护板、浆砌块石、混凝土灌砌石、干砌块石以及近年来广泛使用混凝土栅栏板等新型结构形式，这些材料安全坚固，但这些传统的材料外观单调与自然景观极不协调并且铺装后的痕迹明显，与生态海堤的设计理念不相符,目前内河河道堤防治理工程中已使用的土工织物生态垫等生态护坡虽然具有一定的生态功能,但不适应海堤越浪区的经常性且强度高的海浪淘刷。目前,在灵山岛海堤广泛使用的瓶孔砖、土工格室等新型材料,在一定程度上解决了越浪区经常性且强度高的海浪淘刷影响,且能对水体植物进行种植和保护,起到实现海堤生态化目的的效果。

(4)鼓励在潮间带前部设置红树林带,红树林的树高及红树林宽度应综合考虑。由于对海堤威胁最大的暴风浪通常伴随着海岸增水,故红树林的树高和宽度既应考虑平均潮差,又应考虑最大潮差以及暴风浪引起的增水。

(5)根据工程区所处的水文地质条件和植物生长环境特点,防浪林种植需耐受较高的盐分胁迫、水分胁迫、台风灾害,对抗性功能的要求较高。在植物配置品种选择时应综合考虑生态(总体生长势、群落的层次、物种多样性、生活型多样性、乡土树种比例)、抗性(耐盐性、水分胁迫、抗病虫害、抗风)、景观(观赏型和观赏期、季相变化、色泽协调度、搭配均衡度、覆盖度)等因素,选择适宜工程区生长环境、本地较普遍生长且成活率高的乡土树种。

5.4.6　生态海堤消浪措施

5.4.6.1　传统海堤消浪措施

(1)根据波浪大小、地形和断面形式,在临海侧可采取工程措施、植物措施等消浪。

(2)工程消浪措施可采用消浪平台、反弧形结构、消力齿(墩)、灌砌外凸块石或阶梯差动护坡、预制混凝土异型块体等。

(3)堤前可采用潜堤或植物消浪。

5.4.6.2　生态海堤消浪措施

生态海堤主要采用植物护岸消浪技术,利用植物保护河道岸坡、堤围及岸滩,与传统的护岸工程相比较,除具有增强岸坡的稳定性、防止水土流失、防风消浪等作用外,还具有成本低、工程量小、环境协调性好等优点。在坡面不稳定时,还可调整植物护坡自身的状况来适应坡面的变化,维持较高的抗侵蚀能力。

堤防外生长良好的乔木林、红树林带是自然式的海浪隔离带,所以乔木、红树林品种选择除适地适树、易生速成等原则外,最重要的标准就是要具有良好的抗风能力和恢复能力,植物抗风性分类可根据表5-4-11选取。

表5-4-11　植物抗风性分类一览表

抗风等级	抗风植物	抗风表现
Ⅰ级 (30种)	秋枫、麻楝、香樟、阴香、小叶榄仁、大叶榄仁、锦叶榄仁、人面子、尖叶杜英、重阳木、木麻黄、朴树、幌伞枫、澳洲鸭脚木、铁冬青、海南椰子、大王椰子、狐尾椰、加拿利海枣、银海枣、假槟榔、酒瓶椰子、高干蒲葵、刺葵棕榈、落羽杉、池杉、荔枝树、龙眼、水石榕、福木	无受害或只出现部分小枝折断、少量植株轻微风斜(与地垂线夹角≤15°)或尾端风斜,灾后能自行恢复生长

续表 5-4-11

抗风等级	抗风植物	抗风表现
Ⅱ级 (38种)	红花鸡蛋花、黄槿、大腹木棉、美丽异木棉、爪哇木棉、木棉、枫香、海南红豆、芒果、蒲葵、霸王棕榈、散尾葵、短穗鱼尾葵、老人葵、棕竹、三药槟榔、美丽针葵、腊肠树、大叶山楝、银桦、海南蒲桃、蒲桃、洋蒲桃、白千层、盾柱木、台湾相思、串钱柳、豆梨、水瓮、仪花、红荷花、琴叶榕、竹节树、菠萝蜜、杨梅、人心果、阳桃、吊瓜树	出现一定量主干折断或少量风倒、风斜等现象,灾后需经人工进行修复
Ⅲ级 (29种)	凤凰木、宫粉紫荆、红花紫荆、羊蹄甲、黄槐、黄花风铃木、大花紫薇、小叶紫薇、火焰木、澳洲火焰木、铁刀木、鸡冠刺桐、萍婆、假萍婆、鱼木、中国无忧花、粉花山扁豆、钟花樱花、石栗、竹柏、南洋杉、菜豆树、印度紫檀、蓝花楹、高山榕、印度橡胶榕、菩提树、大叶榕、小叶榕	常用景观树种,树冠适中,受灾较严重,但灾后能迅速恢复
Ⅳ级 (11种)	非洲桃花心木、垂叶榕、柠檬桉、尾叶桉、窿缘桉、马占相思、大叶相思、扁桃、南洋楹、海红豆、白兰	抗风性极差,受灾严重,灾后对城市影响较大,不易恢复

5.4.7 生态海堤岸滩防护

5.4.7.1 传统海堤岸滩防护

(1)对于受波浪、水流、潮汐作用可能发生冲刷破坏的侵蚀性岸滩,可采取工程措施、植物措施或两者相结合的防护措施。

(2)受冲刷影响的岸滩一般采取混凝土铰链联锁板、砂肋软体排和抛石等防护措施。金属连接件应做防腐处理。

5.4.7.2 生态海堤岸滩防护

生态海堤的岸滩防护主要以植物措施为主,工程措施为辅,按下列原则进行设计:

(1)工程措施主要有修建丁坝、顺坝(离岸坝)、丁顺坝组合运用及抛石促淤等;生物措施主要包括潮间带植被恢复和生物礁体营造。工程措施与生物措施可相互结合,先通过工程措施营造堤前生境,再采取生物措施保滩防护。同时,防护措施应充分考虑与周边环境的协调性,兼顾生态需求,优先选择以自然恢复为主的技术方法。

(2)生物措施的研究与确定,应针对堤前岸滩开展生物多样性调查,重点掌握潮间带大型底栖生物、植被物种分布和群落特征,评价生物措施的适宜性,分析生境营造、植被修复、生物礁体等措施的科学可行性。

(3)岸滩防护植被选取应重点考虑盐度、温度、潮汐、风浪等环境要素,优先种植喜水、耐盐、抗风力强的本土植物。广东省可选择的植被物种主要有适宜在风浪较小的中潮滩及以上区域生长的水杉、红树物种等。

(4)对堤前废弃或者影响海堤安全和海岸生态功能的近岸构筑物应清理整治,通过拆除违法养殖塘、废弃临时堤坝等设施,恢复海堤岸滩原生形态,改善水动力环境,恢复和提升岸滩生态功能。对现状淤积严重,需恢复原始地貌的岸滩,应进行岸滩清淤疏浚整治,改善岸滩冲淤环境,改善近岸水环境质量和生态功能。原有工程影响砂质岸滩稳定的,应进行养护,有条件的地区可设置人工沙滩。

5.4.8　现有海堤生态化改造设计

如今国家大力推进生态堤防建设,若把已加固达标的传统堤防拆除重建,则需耗费大量人力、物力、财力,现阶段既不经济又难以实现。因此,针对已建传统堤防进行修复设计时,在护堤地 10～20 m 范围内通过植物措施和配套工程措施的实施,力求使传统堤防最大程度转变为生态堤防。若未来有新建堤防或旧堤加固达标设计,则需根据相关要求尽量在规划设计时优先考虑生态堤防。

现有海堤生态化改造设计应遵循以下原则。

5.4.8.1　堤身断面生态化改造

(1)堤身防护应从安全、生态和功能等方面综合考虑,因地制宜地采用生态格栅、生态护面、植被护坡等生态措施。

(2)堤身填筑材料应体现生态和景观需求,宜采用生物类、天然石料类等绿色环保、生态友好的建筑材料,增加坡面孔隙率和粗糙度,利于植物生长和藻类、贝类附着,促进生物多样性恢复。

5.4.8.2　堤脚潮间带生态化改造

堤脚潮间带生态化改造可采取下列措施:

(1)在不危及堤脚和基础安全的前提下,潮间带前沿水下可采用人工鱼礁、贝壳+块石等生态设计,为鱼类、贝类等提供繁殖、生长、索饵和庇敌的场所。

(2)选用高孔隙率且具有一定粗糙度的天然块体作为镇压层结构材料,构建适宜海洋生物附着的栖息地。

5.4.8.3　迎水坡生态化改造

迎水坡生态化改造可采取下列措施:

(1)对于受海流、波浪影响较小的堤段,堤前滩地基本稳定且呈现淤涨趋势,经稳定论证,迎水坡可采用植物护面,尽量选取防风抗浪、耐盐碱的本土植物物种进行种植和养护。迎水侧存在多级平台的,可因地制宜地构建灌草结合、多种群交错的梯度布局,逐级设计植物种植带。

(2)对于受海流、波浪影响较大,不具备植物护坡条件的堤段,在加强护面结构强度的前提下,可抛设如干砌块石等适宜海洋生物附着生长的材料,培植贝、藻生物,营造护面生物群落。

5.4.8.4　堤顶生态化改造

堤顶生态化改造可采取下列措施:

(1)结合功能需求,堤顶宜采取植被种植、绿道系统建设等措施构建生态廊道,满足休憩、亲水、娱乐、观景等需求。允许部分越浪的海堤,堤顶应满足抗冲的要求。

(2)堤顶与交通道路相结合时,其路面结构应按现行行业标准《公路水泥混凝土路面设计规范》(JTG D40—2011)或《公路沥青路面设计规范》(JTG D50—2017)的有关规定设计。

(3)防浪墙应根据结构形式,结合迎水坡生态建设措施,在满足防浪功能的基础上,可适当采取植被复绿等措施,丰富防浪墙功能。

5.4.8.5 背水坡生态化改造

背水坡生态化改造可采取下列措施:

(1)在满足稳定及防渗要求的前提下,背水坡应采取生物措施,充分体现生态、景观方面的要求,并融合海绵城市的建设理念。允许部分越浪的海堤,背水坡应满足抗冲的要求。

(2)背水坡可采用生态垫护坡、生态砌块护坡、雷诺护垫、植物护坡等生态护坡形式,防止刚性护面护岸措施破坏生态环境,植物种植尽量采用本地植物,营造适合当地生态系统的滨海生态景观带。

5.4.8.6 堤后生态化空间营造

应结合堤后陆(水)域空间,因地制宜地建设农田、森林、草地、湿地、聚落型等生态缓冲带。宜林地段应结合海堤防护营造防护林带。城中区、村庄、田野等不同区域宜营造不同的植物风貌,注重群落结构配置和四季色彩变化。

5.4.9 堤上设施适宜性规定

5.4.9.1 一般规定

堤上设施不得影响海堤的防洪、抗冲刷、防渗等功能,同时满足设施自身稳定要求,根据堤型按照后文规定进行布设,并根据相关规定开展洪水影响评价。

5.4.9.2 各类堤型设施适宜性

(1)常规堤迎水坡洪(潮)水位以下不应布置设施及种植乔木,堤顶可视宽度布置游憩建筑和灌木,但不应影响生态海堤养护修理和堤顶抢险通道的交通。景观绿化应种植于满足生态海堤安全稳定(含边坡稳定及渗透稳定)的最小断面之外。常规堤设施适宜性示意见图5-4-18。

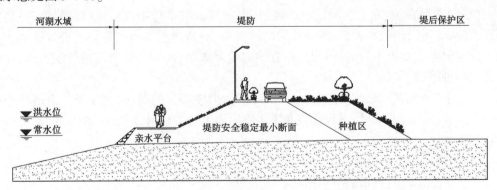

图 5-4-18 常规堤设施适宜性示意

(2)超级堤在行洪控制线或行洪治导线外侧的堤身上不应布置园林绿化或游憩建筑,在行洪控制线或行洪治导线内侧的堤身上可布置园林绿化或游憩建筑。超级堤设施适宜性示意见图 5-4-19。

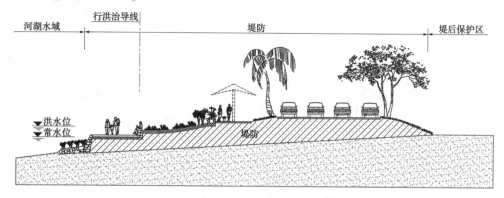

图 5-4-19 超级堤设施适宜性示意

（3）非生态保护区、非水生生物重要栖息地等保护区的堤岸分离式堤段,可布置部分设施在滩地中,但各类设施的设置应按照滩地的形式而定。

①湿地高程在常水位附近的非行洪区湿地型滩地,可在滩地中设置架空的栈道。非行洪区湿地型滩地设施设置示意见图 5-4-20。

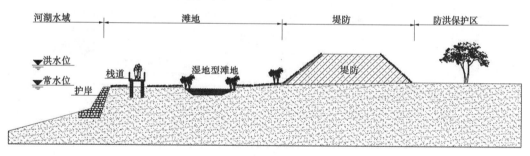

图 5-4-20 非行洪区湿地型滩地设施设置示意

②滩地高程在 5 年一遇至设计洪水位之间的旱滩滩地,可在滩地中布置亲水步道、亲水广场等非阻水设施,也可设置凉亭等无墙体、阻水微小的游憩休闲建筑物。滩地高程至设计洪水位区间的各类设施在滩地横剖面上的投影面积占比参照《河道管理范围内建设项目技术规程》（DB44/T 1661—2021）的规定,应不超过 6%。旱滩滩地设施设置示意见图 5-4-21。

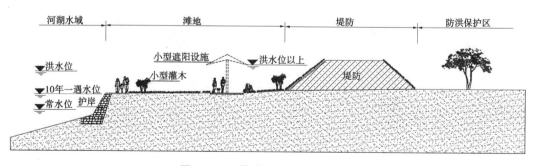

图 5-4-21 旱滩滩地设施设置示意

③滩地高程在设计洪水位以上的高滩滩地,可在滩地中布置休闲广场、种植树木、修建小型的游憩休闲建筑物,但不应用于修建住宅或商业建筑。各类设施在滩地横剖面上竖向的投影面积应不超过8%。高滩滩地设施设置示意见图5-4-22。

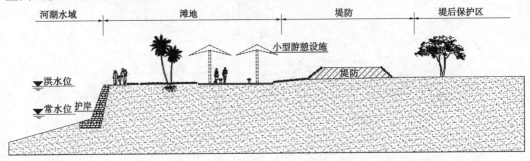

图5-4-22　高滩滩地设施设置示意

④滩地高程变幅较大的缓坡式滩地或台阶式滩地,可参照湿地型滩地、旱滩型滩地的设施布置规定,按照滩地高程,分区域布置适宜的设施。缓坡式及台阶式滩地设施设置示意见图5-4-23。

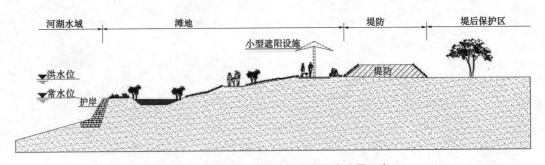

图5-4-23　缓坡式及台阶式滩地设施设置示意

(4)人工退堤造滩所形成的滩地,原不承担行洪功能,滩地上可根据需要配置植物或休憩设施;但退堤后,滩地将成为洪泛区,布置于其上的各类设施需考虑自身的防洪安全或种植可短时间受淹的作物;此外,人工退堤造滩的滩地不可用于商业开发,建设商业建筑。人工退堤造滩的滩地设施设置示意见图5-4-24。

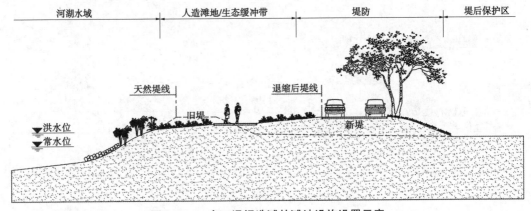

图5-4-24　人工退堤造滩的滩地设施设置示意

（5）海岸、湖泊等非行洪通道的水域，在符合通航条件、海域使用条件等前提下，可在近岸堤脚水域种植水杉、红树林等植物或架空的休憩设施。河道等行洪通道的堤脚水域，各类设施的布设原则如下。

①迎流顶冲段、河道弯道的外岸不应布设乔木或休憩等阻水设施。

②在顺直河段的堤脚水域不宜布设乔木或休憩等阻水设施，若确需布设，应经过防洪影响论证。

③在河道临水控制线局部内凹处，在行洪主槽外，堤脚水域可适当布设花草植物、休憩设施，但以上设施在内凹处横剖面上竖向的投影面积不应超过 8%。临水控制线局部内凹处堤脚水域设施设置示意见图 5-4-25。

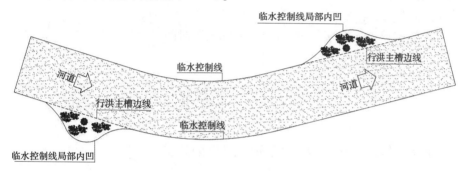

图 5-4-25　临水控制线局部内凹处堤脚水域设施设置示意

在堤脚水域布设各类设施时，应考虑设施自身的防洪安全，以及设施破坏时对堤脚的稳定安全和设施倒塌时对河道行洪安全的影响。

5.4.10　堤基处理

5.4.10.1　一般规定

（1）堤基处理应根据海堤工程级别、堤高、地质条件、施工条件、工程使用和渗流控制等要求，选择经济合理的方案。

（2）堤基处理应满足渗流控制、稳定和变形的要求，并应符合下列规定：

①渗流控制应保证堤基及堤脚外土层的渗透稳定。

②堤基稳定应进行静力稳定计算。按抗震要求设防的海堤，其堤基应进行动力稳定计算，对可液化地基还应进行抗液化分析。

③堤基和堤身的工后沉降量和不均匀沉降量不应影响海堤的安全运用。

（3）对堤基中的暗沟、古河道、塌陷区、动物巢穴、墓坑、坑塘、井窑、房基、杂填土等隐患，应探明并采取处理措施。

（4）除软土堤基外，其他堤基处理应按《堤防工程设计规范》（GB 50286—2013）有关规定执行。

堤基处理方法与河道治理工程类似，参见 4.12 节。

5.4.10.2　软土堤基处理

（1）浅埋的薄层软土宜挖除；当软土厚度较大难以挖除或挖除不经济时，可采用控制填筑速率法、放缓边坡或反压法、排水垫层法、土工织物铺垫法、排水井法、抛石挤淤法、爆炸置换法、桩基复合地基法等进行处理,也可采用多种方法相结合进行处理。排水井法、土工织物铺垫法、水泥土搅拌桩法软基处理及计算应按《海堤工程设计规范》(GB/T 51015—2014)附录进行。

(2)当填筑海堤的荷载达到或超过堤基容许承载力时,可在堤脚处设置反压平台。反压平台的高度和宽度应通过稳定计算确定。

(3)当采用排水垫层法加速软土排水固结时,垫层透水材料可采用砂、砂砾、碎石,并可采用土工织物作为隔离、加筋材料。但在防渗体部位,应避免造成渗流通道。

(4)在深厚软土中新建海堤,采用排水井法时,竖向排水设施应与水平排水层相结合形成完整的排水系统。

(5)采用爆炸置换法时,应做好施工安全和环境保护措施。

(6)采用控制填筑速率填筑时,填土速率和间歇时间应通过计算、试验或结合类似工程分析确定。

5.5 海堤工程汇总

5.5.1 南沙区蕉东联围大角山滨海公园堤防提升工程

5.5.1.1 工程概况

大角山滨海公园位于珠江河口区。蕉东联围现状堤防总长 60.49 km,现状标准为 20~200 年一遇,该工程所在的大角山滨海公园段现状标准为 20 年一遇。

大角山滨海公园堤防提升工程设计防洪(潮)标准为 200 年一遇,设计潮位为 8.46 m,新建堤防长度约 1.238 km,并对该段堤防进行提升,结合公园场地条件,对整体景观提升改造。堤防采用三级布置的生态堤,一级堤为离岸布置的主堤,堤顶设防汛道路满足防汛抢险要求,二级堤为现状园路滨海大道,三级堤为红树林、生态抛石、亲水步道共同构成的空间。水文化水景观设计上,提取场地特色要素的"潮"+"丝",以"潮绘古今,丝路扬帆"为设计主题,结合生态堤建设,将大角山滨海公园打造为美美与共的海角会客厅。

5.5.1.2 水文地质

1. 水文气象

工程所在的南沙区属于南亚热带海洋季风性气候区,海洋性气候显著,气候温和湿润。该地区年平均气温 21.8 ℃,极端最低气温 0 ℃,最高气温 36 ℃;历年日照时数在 1 575~2 130 h,年平均日照时数 1 807.6 h;各月平均相对湿度 71%~85%,多年平均相对湿度为 80%;多年平均蒸发量为 1 249 mm,最大年蒸发量为 1 396.8 mm(1977 年);多年平均年降雨量为 1 606 mm,历年最大年降雨量为 2 652.8 mm,最小年降雨量为 1 030.1 mm;降雨量年内分配极不均匀,汛期(4—9 月)降雨量占年总降水量的 80%以上,枯水期(10 月至次年 3 月)降雨量不足 20%。

该区域内常风向为 ENE 向,频率为 15.9%;次风向为 E 向及 NE 向,频率分别为 13.6%和 12.4%。强风向为 ESE 向,实测最大风速 33 m/s,次强风向为 ENE 向及 E 向,实测最大风速分别为 27 m/s 和 25 m/s。风向频率随季节变化,春季以 ENE 风为主,其次是 E 风;夏季以 S 风为主,其次是 SSW 风;秋季以 E 风为主;冬季以 N 风为主,E 风及 SE 次之。本区域为热带气旋影响区,每年 5—11 月为其活动季节,平均每年受影响 3 次。台风影响期间会带来大风和暴雨、暴潮,破坏性极强。

2. 设计计算风速

该工程设计计算风速采用《广东省海堤工程设计导则(试行)》(DB 44/T 182—2004) 附录 E 数据,海堤采用重现期 200 年的数据。

表 5-5-1 年最大 10 min 平均风速计算值   单位:m/s

风向	N	NE	E	SE	S	SW	W	NW
重现期 200 年一遇	29.9	30.2	31.1	27.4	24.9	25.1	24.1	25

3. 水面线

海堤设计潮位水面线采用 200 年一遇高潮水位,堤防设计潮位水面线见表 5-5-2。

表 5-5-2 大角山海堤设计洪(潮)水面线   (高程:广州城建高程,m)

断面	灵山岛尖北段海堤设计水面线	
	水文推导洪(潮)水面线水位 (200 年一遇)	海堤设计潮位采用水面线水位
大角山滨海公园段	8.46	8.46

4. 岩土物理力学指标

岩土物理力学参数建议值、桩基参数建议值见表 5-5-3、表 5-5-4。

5.5.1.3 堤线选择及工程总体布置

工程建设内容主要包括按 200 年一遇洪水标准对堤防进行生态堤建设。

现状海堤防洪能力仅为 20 年一遇标准,根据测量及最新洪水成果,局部堤顶高程甚至达不到最新 20 年一遇洪水标准。本次海堤防洪标准按照 200 年一遇设计,尽量充分利用现状堤岸工程进行消浪,以降低堤防高程,节省工程投资。该段现状为大角山滨海公园游客量较大,因此对该地堤防景观要求高,设计尽量降低堤顶高程,以满足景观要求。

该工程海堤堤线全长约 1.238 km,由大角山水闸起,西南侧与慧谷超级堤大角山水闸东侧堤防连接形成一连续堤防系统;向东北方向布置,在星海会展中心西南侧约 200 m 处与滨海大道相交,后沿滨海大道布置直至观海平台东北侧一处预留地,新建堤防沿预留地西北侧布置,随后堤防继续向东北布置直至大角山滨海公园北门处。根据现场查勘及测量结果,大角山滨海公园北门接至大角山脚段平台,现状高程已高于 200 年一遇潮水位,比设计堤顶高程低约 0.5 m,经维修后可达到防洪防潮的目的。堤防采用生态堤形式:西段充分利用现状红树林消浪,东段结合现状堤防及景观布置进行消浪,从而降低堤顶高程以达到较好的景观生态效果。堤防设置排水系统:堤面水通过路面找坡向两侧坡排水,在坡脚设置排水沟或生态植草沟,收集堤坡水最终排入大角山滨海公园人工湖内或直接入海。工程总体布置见图 5-5-1。

表 5-5-3　岩土物理力学参数建议值

层序	岩土名称	天然状态土的物理性指标					固结系数		垂直渗透系数 20℃	直剪试验参数						三轴指标							
		天然含水率	天然密度	土粒比重	孔隙比	饱和度	压缩系数	压缩模量		快剪		固结快剪		慢剪		UU		CU				CD	
																总应力法		总应力法		有效应力法		有效应力法	
		W	ρ	G_s	e_o	S_r	$a_{0.1-0.2}$	$E_{0.1-0.2}$	k_v	c	φ	c	φ	c	φ	c	φ	c	φ	c'	φ'	c'	φ'
		%	g/cm³			%	MPa⁻¹	MPa	cm/s	kPa	(°)	kPa	(°)	kPa	(°)	kPa	(°)	kPa	(°)	kPa	(°)	kPa	(°)
①-2	素填土	24.2	1.94	2.70	0.737	88.6	0.354	3.77	5.45×10⁻⁴	18.5	15.1	—	—	—	—	40.5							
②-1	粉细砂	33.8*	1.80*	2.66*	0.953*	92*	—		2.18×10⁻³							15							
②-2	淤泥、淤泥质土	61.8	1.62	2.61	1.626	98.96	1.006	1.86	8.70×10⁻⁵	5.7	3.7	10*	8.2	18.8	19.7	5.3	3.3	17.1	6.5	18.4	8.7	21.9	11.1
③	粉质黏土	28.7	1.92	2.70	0.820	94.4	0.241	4.94	1.02×10⁻⁵	18.4	8.3	20	15*	—	—								
⑤-1	(全风化)花岗岩	24.3	1.96	2.69	0.710	91.7	0.270	4.25	3.22×10⁻⁴	30.1	18.3	33*	22*	—	—								

注：*表示采用经验值。

表 5-5-4　桩基参数建议值

层位	天然地基承载力特征值/kPa	水泥土搅拌桩特征值/kPa 桩侧摩阻力（桩长20 m内）	预制桩特征值/kPa 桩侧摩阻力	预制桩特征值/kPa 桩端阻力（9 m<l≤16 m）	预制桩特征值/kPa 桩端阻力（16 m<l≤30 m）	泥浆护壁钻（冲）孔桩特征值/kPa 桩周侧阻力	泥浆护壁钻（冲）孔桩特征值/kPa 端阻力（10 m≤l<15 m）	泥浆护壁钻（冲）孔桩特征值/kPa 端阻力（15 m≤l<30 m）
①素填土	80	—	10~14	—	—	8~13	—	—
②-1粉细砂	70	6~10	11~21	—	—	10~20	—	—
②-2淤泥、淤泥质土	60	4~10	6~9	—	—	4~8	—	—
③粉质黏土	180	12~15	33~41	—	—	26~39	—	—
⑤-1（全风化）花岗岩	220~300	—	80~120	3 500~4 500	4 000~6 000	70~100	700~1 000	900~1 500
⑤-2（强风化）花岗岩	500	—	—	4 500~6 000	6 000~8 000	100~130	1 000~1 500	1 500~2 500

参数取值说明：

1. 地基承载力特征值、桩侧摩阻力特征值、桩端阻力特征值是根据广东省地方标准《建筑地基基础设计规范》（DBJ 15-31—2016）综合提出的；

2. 设计应考虑软土层的桩侧负摩阻力对桩身承载力的影响。

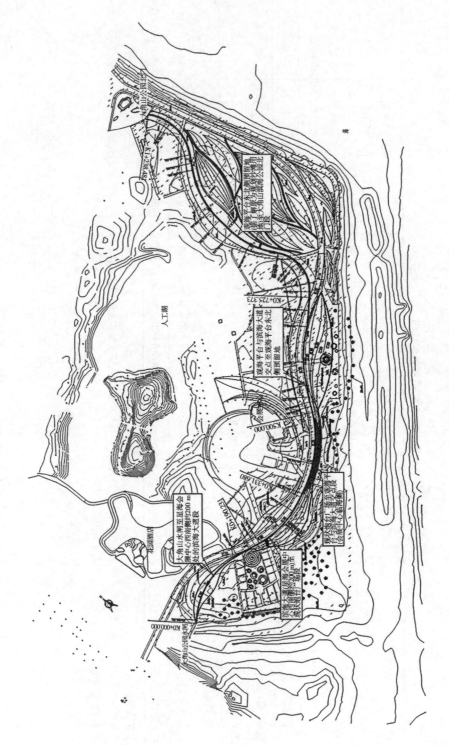

图 5-5-1　工程总体布置

5.5.1.4 堤防设计

1. 断面形式

本工程的设计思路充分结合大角山地形条件、地质条件、现状建筑条件、工程造价、环境景观等多方面综合分析,统筹考虑,因地制宜地选择最优方案。基于大角山公园段现状为大角山海滨公园,其围内南沙花园酒店、南沙滨海会展中心对该段堤防景观需求也极高。根据该处城市定位及规划,该段尽量采用生态型混合堤型,尽量降低堤顶高程,增加堤内视线。

基于以上综合考虑,该工程设计主要采用生态型的子母复合式堤型。传统堤顶结合市政路或抗洪抢险路设计,围内主要为花园酒店与南沙滨海会展中心,这两处建基面高程均已抬高,其余堤内主要为景观公园带。因此,堤顶不另设行车道路,采用生态型景观堤,根据现状地形改造的生态景观以及多级消浪平台(子堤),通过宽度换高度以达到有堤而不见堤的效果。利用红树林、现状硬化平台等作为子堤,对潮水起到一定的消浪作用,从而降低主堤堤顶高程。在较低的斜坡或直墙顶设亲水平台,满足亲水需求,并尽量保留现有的滨水空间。将滨海景观带布置于迎水坡上,可营造自然且层次感最优的景观效果;但迎水坡位于设计潮水位之下,景观带裸露于暴风浪之下,未受防护,容易受到破坏,需采取整体护岸加固措施。混合式海堤断面见图5-5-4。

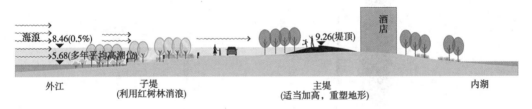

图 5-5-2　混合式海堤断面

2. 结构分段设计

该工程堤防断面形式根据现状地形、景观布置及防洪(潮)等要求,分为5种典型断面。

(1)大角山水闸至星海会展中心西南侧约200 m处的滨海大道段。

该段现状存在大量的密林,为尽量保护树木,该段设计原则上尽量减少树木的砍伐与迁移。

断面结构形式为景观防洪墙+现状红树林。本段堤外现存大量红树林,红树林带宽达50 m,且堤线距海岸线较远,根据数值模拟计算红树林消浪效果明显,因此本段结合红树林进行消浪。另外,该段植被茂密,加之基础为深厚淤泥质基础,堤防建设需要进行地基处理,需要进行树木迁移,为尽量保护现有树木,并且兼顾该段堤防生态及景观效果,因此该段采用景观防洪墙结构,选用机械设备占地较小的高压旋喷桩堤基处理。该段堤防不设堤顶路,在防洪墙两侧进行景观填土,美化环境,两侧防洪墙地基处理范围外树木填土超过50 cm的采用树洞结构进行树木保护,以尽可能少破坏周边植被环境的结构形式达到防洪防潮目的的。典型断面1见图5-5-3。

(2)滨海大道至现状炮台广场段。

断面结构形式为主堤(堤路结合)+阶梯消浪平台+现状护岸边亲水步道+现状红树林。该段堤线结合滨海大道布置,但由于现状滨海大道高程不满足200年一遇潮水标准,

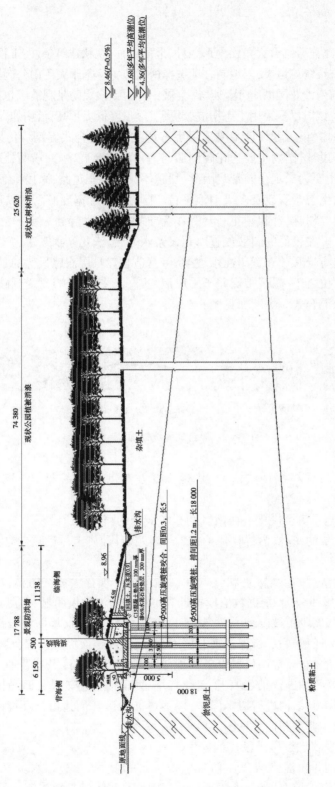

图 5-5-3　典型断面 1 （单位：mm；高程单位：m）

需将现状路等宽抬高以达到防洪(潮)标准。堤外现存部分小面积红树林,且堤线趋近海岸线,红树林消浪作用较小,因此堤顶高程相较于典型断面 1 更高。堤顶两侧坡采用挡墙结构设置梯级花坛,景观设计在保留现状树木植被的基础上增加物种多样性,以达到更好的观赏效果,对于临海侧也能起到一定的消浪作用。该段堤防道路及两侧树木较少,堤防堤基处理采用水泥土搅拌桩及土工格栅结合的形式。典型断面 2 见图 5-5-4。

(3)现状炮台广场至观海平台与滨海大道交点段。

断面结构形式为主堤(堤路结合)+消浪平台+现状红树林。该段堤线结合滨海大道布置,但由于现状滨海大道高程不满足 200 年一遇潮水标准,需将现状路等宽抬高以达到防洪(潮)标准。堤外现存部分小面积红树林,且堤线趋近海岸线,红树林消浪作用较小,因此堤顶高程与典型断面 2 齐平。临海侧设置波浪草阶消浪与现状梯级广场平台连接,堤顶背海侧与在建会展中心前广场连接。该段堤防道路及两侧树木较少堤基处理采用水泥土搅拌桩及土工格栅结合的形式。典型断面 3 见图 5-5-5。

(4)观海平台与滨海大道交点至观海平台东北侧预留地。

断面结构形式为主堤(堤路结合)+阶梯消浪平台+现状红树林。该段堤线结合滨海大道布置,但由于现状滨海大道高程不满足 200 年一遇潮水标准,需将现状路等宽抬高以达到防洪(潮)标准。堤外现存部分小面积红树林,且堤线趋近海岸线,该段红树林较矮,因此红树林消浪作用较小,因此堤顶高程与典型断面 2 齐平,并结合景观布置采用梯级消浪平台进行消浪。临海侧坡采用挡墙结构设置梯级花坛,直至与现状观海平台连接,背海侧 1:3 放坡至地面。堤基处理采用水泥土搅拌桩及土工格栅结合的形式。典型断面 4 见图 5-5-6。

(5)观海平台东北侧预留地至大角山滨海公园北门段。

断面结构形式为主堤+消浪造型堤+现状滨海大道以及外侧现状堤防。该段主堤线远离海岸线,且临海侧为叶型草坡(消浪造型堤),呈波浪起伏状,加之近海端接现状滨海大道,根据数值模拟计算结果堤防断面形式消浪效果明显,因此该段堤顶高程略降低,与典型断面 1 堤顶高程一致,堤顶及叶型草坡之间均设置碎石路,以便游客在园林中穿行。背海侧按 1:3.4~1:7 放坡至地面。堤基处理采用水泥土搅拌桩及土工格栅结合的形式。典型断面 5 见图 5-5-7。

3. 生态措施

该工程为生态堤形式,采取的生态措施如下:

(1)该工程秉承"让堤防在公园的演替中流淌"的设计理念,以最低的干预措施,引导植物沿堤防布置。

(2)利用红树林、景观地形设计、现状硬化平台等方式消浪,降低堤防顶高程,从而达到更好的景观效果。

(3)因地制宜,分段采用不同断面形式,如大角山水闸至星海会展中心西南侧约 200 m 处的滨海大道段采用防洪墙结构及旋喷桩堤基处理,避免在树林密集区占用过多建设用地而造成砍树、移树等不良影响,并对处于景观填土范围内的大树设置圆形树墙,做到"尊重每一棵树,让大自然做设计"。

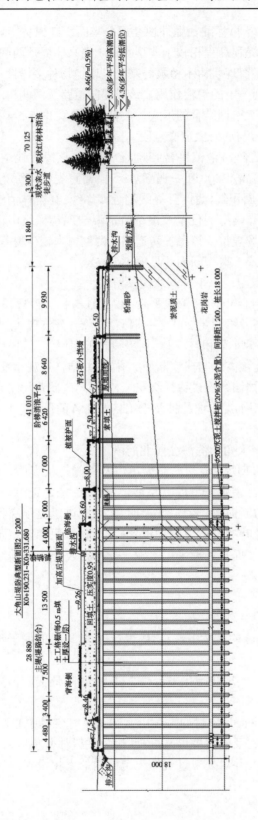

图 5-5-4 典型断面 2 （单位：mm；高程单位：m）

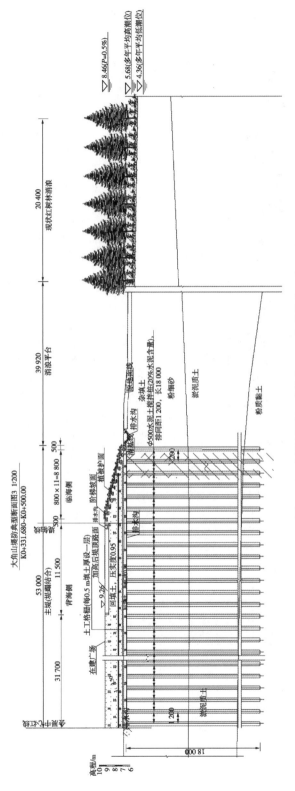

图 5-5-5　典型断面 3　（单位：mm；高程单位：m）

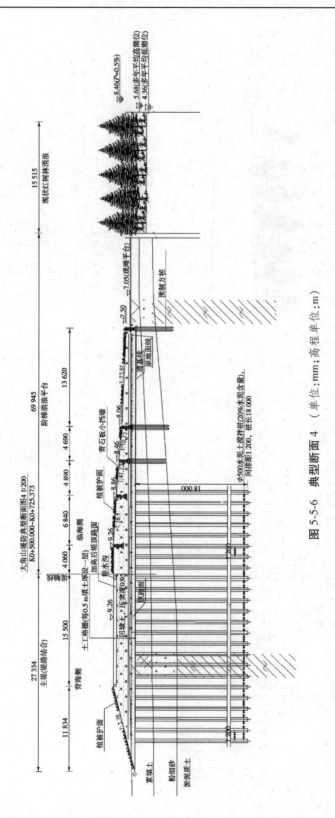

图 5-5-6　典型断面 4　（单位：mm；高程单位：m）

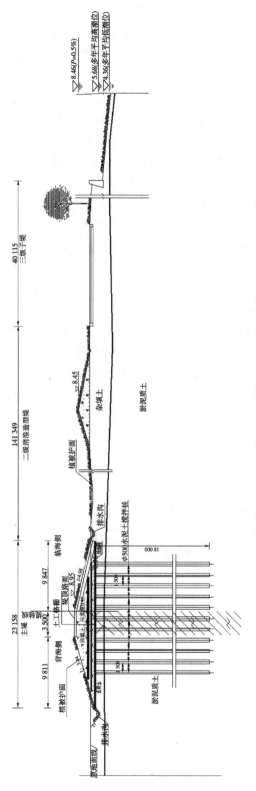

图 5-5-7　典型断面 5　（单位：mm；高程单位：m）

（4）考虑景观及海绵城市设计，堤防设置生态排水沟及植草沟等排水系统。

（5）滨海公园北门至大角山脚段堤防处于大角山炮台文物保护范围内，因此当达到200年一遇潮水位时，通过临时堆叠沙袋等防汛措施形成闭合堤防以达到防洪防潮的目的。

5.5.1.5 堤基处理

由于本次新建堤防堤基底部为软基，不仅沉降量大，且承载力小。如果不进行堤基处理，堤防填筑后不仅沉降量大，而且由于地基承载力小，随着堤防填土的加载施工，下卧层软土将产生滑移破坏。为保证堤防施工质量及安全，需要对地基进行处理。

复合地基常用的方法有：砂石桩、旋喷桩、水泥搅拌桩、预制桩等。根据南沙软基处理经验，该地区常用的复合地基处理方法为水泥搅拌桩复合基础。

水泥土搅拌法是加固饱和软土地基的一种成熟方法，它利用水泥、石灰等材料作为固化剂的主剂，通过特制的深层搅拌机械，在地基中就地将软土和固化剂（浆液状或粉体状）强制搅拌，利用固化剂和软土之间所产生的一系列物理、化学反应，使软土硬结成具有整体性、水稳定性和一定强度的优质地基。

水泥土搅拌法最适宜于加固各种成因的饱和软土。国外使用深层搅拌法加固的土质有新吹填的超软土、沼泽地带的泥炭土、沉积的粉土和淤泥质土等。目前，国内常用于加固淤泥、淤泥质土、粉土和含水量较高且地基承载能力标准值不大的黏性土等。

考虑周边建筑的安全性及施工空间限制，本次针对不同堤防段选择不同的复合地基堤基处理方案比选，针对典型断面1（防洪墙）考虑高压旋喷桩、水泥土搅拌桩及预制方桩三种堤基处理方案比选。针对典型断面2~典型断面5，考虑土工格栅+高压旋喷桩、土工格栅+水泥土搅拌桩及土工格栅+预制方桩三种堤基处理方案进行详细比较，见图5-5-8~图5-5-13和表5-5-6、表5-5-7。

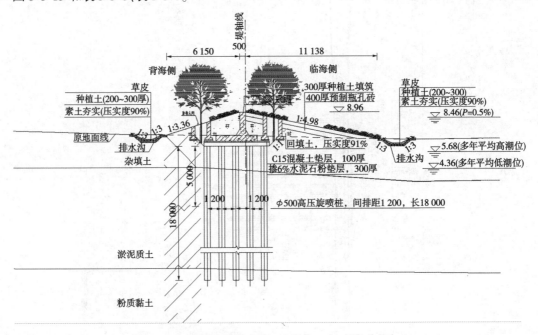

图5-5-8　高压旋喷桩方案　（单位：mm；高程单位：m）

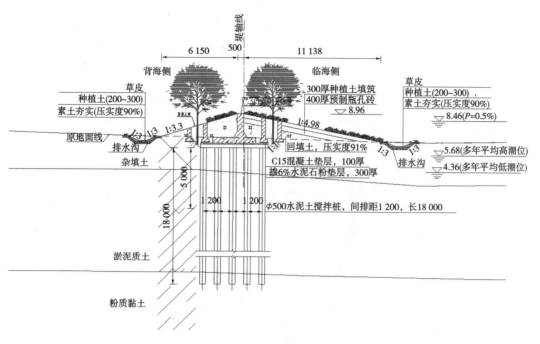

图 5-5-9　水泥土搅拌桩方案　（单位：mm；高程单位：m）

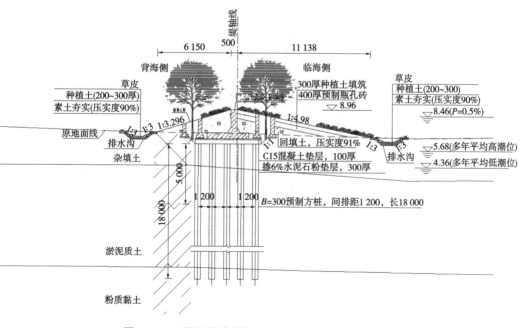

图 5-5-10　预制方桩方案　（单位：mm；高程单位：m）

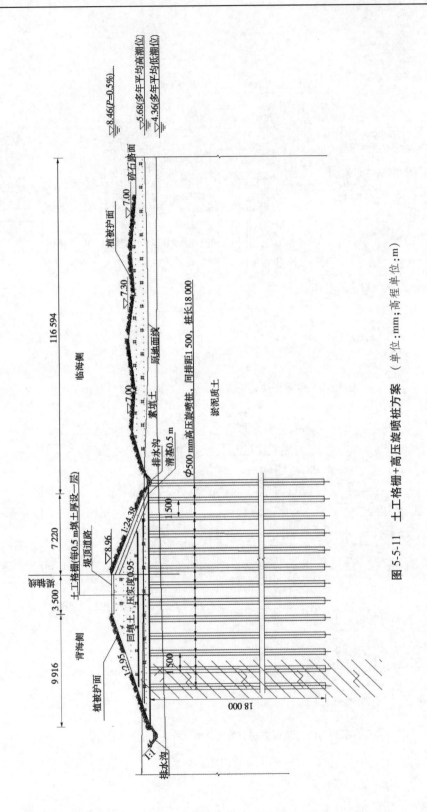

图 5-5-11 土工格栅+高压旋喷桩方案（单位：mm；高程单位：m）

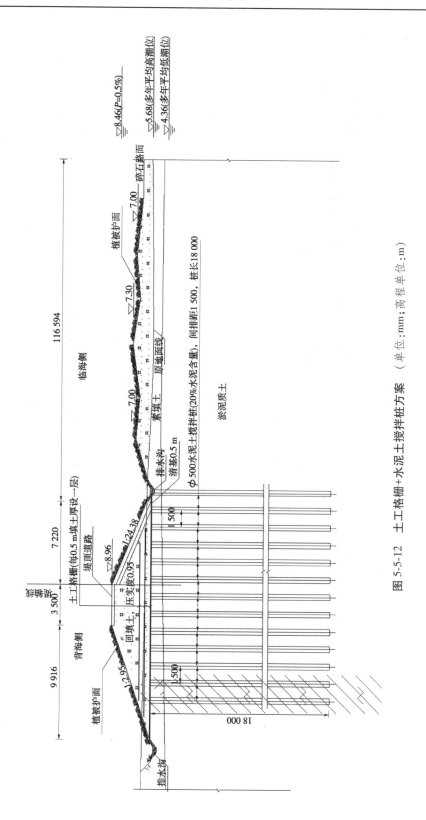

图 5-5-12　土工格栅+水泥土搅拌桩方案　（单位：mm；高程单位：m）

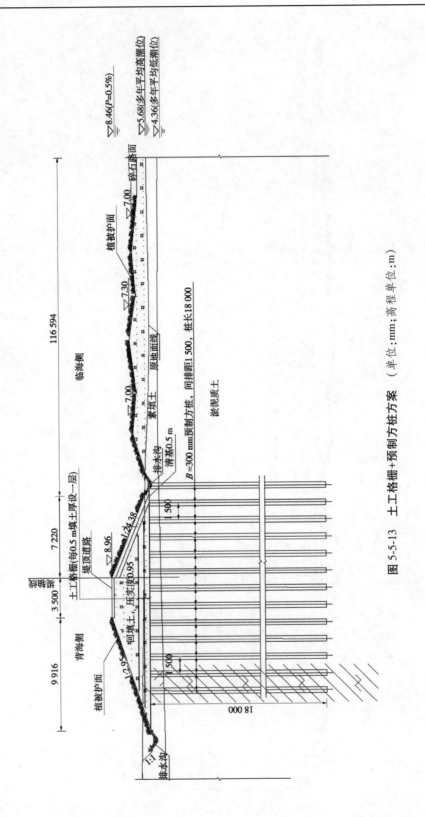

图 5-5-13 土工格栅+预制方桩方案 （单位：mm；高程单位：m）

表 5-5-5　典型断面 1 地基处理方案比较

比较类别	高压旋喷桩方案	水泥土搅拌桩方案	预制方桩方案
方案	ϕ500 高压旋喷桩,间排距 1.2 m,桩长 18 m	ϕ500 水泥土搅拌桩,间排距 1.2 m,桩长 18 m	边长 300 mm 预制方桩,间排距 1.2 m,桩长 18 m
施工	施工工序少、工期短、施工质量有保证,施工平台占地面积较小,施工范围总宽 9 m	施工工序少、工期短、施工质量有保证,施工平台占地面积大,施工范围总宽 12	施工工序少、工期短,施工平台占地面积小,但该段为深淤泥质基础,预制桩施工容易发生倾斜,易引起基础受力不均
对建筑影响	对周边建筑影响较小	对周边建筑影响较小	对周边建筑影响较小
对环境影响	施工过程中对环境有一定影响	施工过程中对周边树木影响较大	对环境影响小
投资	地基处理费单位延米投资 142 911 元	地基处理费单位延米投资 16 664.4 元	地基处理费单位延米投资 48 358.8 元

表 5-5-6　典型断面 2~5 地基处理方案比较

比较类别	土工格栅+高压旋喷桩方案	土工格栅+水泥土搅拌桩方案	土工格栅+预制方桩方案
方案	ϕ500 高压旋喷桩,间排距 1.5 m,桩长 18 m;每 0.5 m 厚填土覆一层土工格栅	ϕ500 水泥土搅拌桩,间排距 1.5 m,桩长 18 m;每 0.5 m 厚填土覆一层土工格栅	边长 300 mm 预制方桩,间排距 1.5 m,桩长 18 m;每 0.5 m 厚填土覆一层土工格栅
施工	施工工序少、工期短、施工质量有保证,施工平台占地面积较小	施工工序少、工期短、施工质量有保证,但施工平台占地面积大	施工工序少、工期短,施工平台占地面积小,但该段为深淤泥质基础,预制桩施工容易发生倾斜,易引起基础受力不均
对建筑影响	对周边建筑影响较小	对周边建筑影响较小	对周边建筑影响较小
对环境影响	施工过程中对环境有一定影响	施工过程中对周边树木影响较大	对环境影响小
投资	地基处理费单位延米投资 316 968 元	地基处理费单位延米投资 39 225 元	地基处理费单位延米投资 157 312 元

考虑施工、对建筑的影响、对环境影响、投资等因素,综合比较,断面 1 采用高压旋喷桩法(尽量减少工作占地,保护周边树木),断面 2~断面 5 采用土工格栅+水泥土搅拌桩的地基处理方案(主要为沿现状道路施工及部分树木少的堤线施工)。

5.5.1.6　景观设计

1. 设计理念

场地文化底蕴深厚,设计选取海上丝绸之路文化精神串联堤线和节点布置,将和平合作、开放包容、互学互鉴、互利共赢的精神融入节点,展现出"各美其美、美人之美、美美与共,每一种文明都是美的结晶"的文化内涵,与南沙湾"展示富有形象魅力的滨海活力带"的规划发展要求相契合。

提取场地特色要素的"潮"+"丝",以"潮绘古今,丝路扬帆"为设计主题,结合生态堤建设,将大角山滨海公园打造为美美与共的海角汇客厅。

(注释:潮——①预示南沙大发展,广州走向海洋之大潮;②潮作为人类时间和历史的见证者,也是人类文明和进步的推动者;丝绸之路——是广州精神的承载,也是人类物质和文化传承的展现,是人类文明交流的纽带。)

2. 目标愿景

将大角山滨海公园打造为生态价值的转化地——捕捉自然的呼吸和生命,感受海洋的脉搏和力量,轻触自然的美;优质生活的栖息地——基于生存的智慧,汇聚城市的创造与灵感,赋予造物的美;丝路精神的传习地——创造生活的艺术,激发文明的传承与融合,共筑和谐的美。

3. 设计策略

(1)设计策略一:让大自然做功,构建绿色柔性安全屏障("美人之美")。

大角山海滨公园段现状防洪(潮)标准不足 20 年一遇,城市经济社会发展对该区域设防标准提出了更高的要求,按 200 年一遇标准设计。采用生态堤形式,西与慧谷超级堤衔接,东与公园北门附近山体封闭,形成闭合的防护圈。

在满足水安全的基础上,设计改变传统水利在现状堤防不断加高的做法,充分利用红树林的消浪作用和现状湿地、滩地、景观湖等海绵体的雨洪调节功能,通过土方平衡、地形重塑等设计三级堤防系统,大大地增加了海岸的行洪断面,减缓了水流的速度,缓解了防洪压力,积极与周边慧谷超级堤的多级平台衔接,共建能有效抵御外部冲击、适应多变极端气候的绿色屏障。

堤防设计采用多级平台消浪,并考虑堤后越浪可直接排入公园湖内,西段充分发挥红树林消浪作用,东段结合现状堤防及堤顶平台进行消浪。

(2)设计策略二:共筑人水共荣、静谧柔性的弹性景观("各美其美")。

①重构人本场所,提升城市海岸活力。以人为本,充分考虑人民的多样游憩需求,通过多元化的堤防设计激活场地活力。合理布置相应的游憩设施,利用堤防的慢行交通系统串联周边重要的景点、酒店,整体上形成便利通达、宜人舒适、静谧风情的滨海景观带。考虑水淹前后景观设计,打造水退人进的弹性景观。

②补充连接公园内部交通,完善公园游憩系统。西侧串联慧谷生态堤,东侧连接公园东入口,串联东西向交通,通过道路抬升及自然缓坡堤防,减弱堤防对游憩活动的阻隔,连

接南北向道路。

（3）设计策略三：以丝路精神为依托构建丰富的生态堤文化内涵（"美美与共"）。

①传习丝路精神，共享多彩文化盛宴。依据场地特色分为智慧海岸观光区、生态科普教育区、丝语文艺游览区、活力潮韵风情区4个区域，打造活力节点，展现各具特色的景观风貌。

②以史为轴，传承古今文明。依据海上丝绸之路的历史变迁打造节点，构建景观空间格局。

4.总体布局

堤防西接慧谷超级堤和大角山水闸，穿过原有的轴线广场和滨水平台，从滨水平台末端绕至滨海大道后，从原有大片闲置草地后穿过，接北入口，形成闭环。堤防串联了周边重要的景点、酒店、会展中心、海滨公园等多个重要节点，打造融观光游览、健身运动、生态科普于一体的综合型生态景观廊道。堤防分为智慧海岸观光区、生态科普教育区、丝语文艺游览区、活力潮韵风情区4个区域，构建"一带、六点"的空间格局，串联林隐花园、明月潮声、丝路长廊、文明传习、大地艺术、海角扬帆六大节点。建筑、广场、观景台、湿地、梯田、红树林、景观湖等通过柔性堤防相互交织，人流、车流与水流汇聚于此，能有效实现水安全、水生态、水环境、水文化、水经济等多重效益，形成宜居宜游宜业、人水和谐共荣的滨海景观带。剖面图见图5-5-14和图5-5-15。

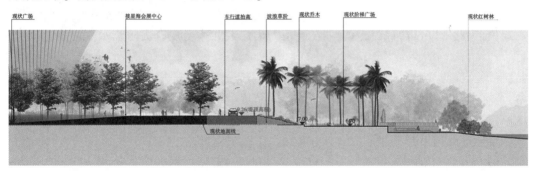

图5-5-14　剖面图1 （单位：m）

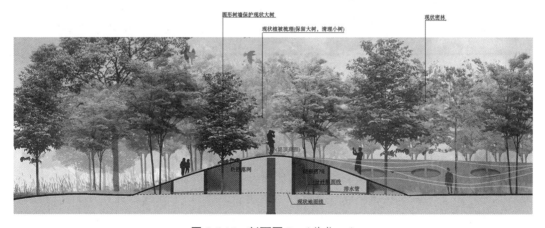

图5-5-15　剖面图2 （单位：m）

5.5.2　灵山岛尖北段海岸滨水景观带工程

5.5.2.1　工程概况

　　灵山岛尖北段海岸滨水景观带工程位于珠江入海口的蕉门水道的南岸,按 200 年一遇防洪标准建设,为 1 级堤防,是由滨水海岸、亲水步道、多级消浪平台、堤顶景观路和超级绿化带等共同组成的多级外围生态堤,海堤总长 3.054 km,用地最大宽度 130 m。

　　工程不仅在抗洪方面安全可靠,更是实现了水岸与城市空间的交相融合,充分营造了开放且具层次的滨海景观空间,沿江建设的儿童乐园、水舞广场、瀑布广场、新渔人码头、观潮平台等景观节点,并创新性地采用了"大小海绵"的设计原理,彰显滨海河口城市之美,体现亲水都市的特色。

5.5.2.2　总体设计

　　原灵山岛尖北段堤防基本属 2~3 级堤防,土堤土顶,基本在滩涂上直接堆填而成,前期按 20~50 年一遇防洪标准达标加固,距今已近十年,堤前均为直立浆砌石挡墙,堤前坡脚有较大范围的抛石护脚,堤后土坡未做任何防护处理。堤身填土由素填土夹杂杂填土组成,成分主要为中细砂、碎石、黏土、混凝土碎块及残渣。灵山岛尖北段堤防只有一座交叉建筑物,即位于堤防西侧的东围尾水闸,根据未来灵山岛抬高后的规划要求,对东围尾水闸将来进行重建(重建后的名称为规划纵二涌闸)。

　　由于项目所在区域原防洪工程及沿堤相应景观不能满足未来城市发展所要求的高品质定位,为此,该区域城市总体规划在灵山岛尖江灵北路至现有堤防临水侧堤脚之间,预留了一块长 3.489 km、宽 50~130 m 的地块用于海岸及滨海景观带建设。总体设计思路是:将现有堤防堤身后退 10~60 m,并在临水侧 7 m 高程(原堤脚平台高程)布设亲水平台,亲水平台至江灵北路之间,除加高培厚堤防堤身外,还应根据该堤段所处的城市规划区域位置(居住区、商务区、期货交易区),结合滨海景观带建设,布置贴切的节点景观工程。总体设计具体要求如下:

　　(1)通过建设堤防、水闸等工程设施,与市政工程、城市景观相结合,建成人-水-城和谐的防洪(潮)排涝工程,确保可靠的城市水安全。

　　(2)充分利用滨海岸线资源,设置近水活动及水景观设施,根据灵山岛尖"两纵一横"的概念结构,在特色水上居住区沿岸设置绿色自然的休闲乐活水岸,在多元亲水中心区岸边设置活力前沿的创意活力水岸,在高端滨水都会区设置尊贵魅力的国际风尚水岸,形成城市高品质生活与高端服务体系。

5.5.2.3　工程布置

　　由于原有海堤现状堤身与堤脚基本完好,并且大部分堤段为近些年内重新加高加固,所以堤型设计上以减少拆迁和节省工程投资为原则,尽量考虑利用原有旧堤堤身,尽可能保持原有的海堤堤岸以及河道的走向,再结合生态景观需求来进行加高培厚设计。

　　海堤堤顶高程采用 8.50 m,海堤宽度在 50~130 m。根据灵山岛尖北段的核心区、商业区及居住区不同以及建设单位开发顺序的要求,将灵山岛尖北段海堤分为 3 段,即从灵山岛尖到屯田路的堤段、从屯田路到凤凰大道的堤段及从凤凰大道到京珠高速大桥的堤段。为了解决防洪和景观设计的矛盾,沿临海侧布置一条宽度不小于 5.0 m 的观景滨水步道;堤顶步道和景观绿道均为 3.5 m,其中景观绿道的路面高程都在 8.5 m 以上并贯穿整个堤防,景观绿道 3.5 m 以外为景观用地。

堤防的堤脚位置在高程 6.5~6.8 m 处设置一条观景滨水步道,滨水步道的路面采用浆砌石与条石相互结合的形式,其中浆砌石路面厚 0.3 m,底部铺 0.4 m 厚钢筋混凝土及 0.1 m 厚素混凝土垫层,在观景滨水步道的后侧设置有 2~3 道直立防浪墙,墙高 0.5 m,墙宽 0.5 m。

堤防迎水面的护坡结构采用厚度 0.4 m 的自嵌式瓶孔砖(0.5 m×0.5 m)与高程 8.5 m 景观绿道进行衔接,来削弱海浪对临水面的冲刷影响。堤防背水侧采用自然边坡与规划路面衔接,背水侧坡面与环岛规划道路之间的空地,采用普通草皮护坡。堤身基础采用塑料排水板进行排水,排水板的间排距为 1.0 m。

5.5.2.4 堤线选择

1. 布置原则

(1)新的堤线沿河岸走向尽量和生态景观结合布置,充分利用旧堤堤身结构,以降低工程造价。

(2)直线段间以曲线平顺相接,尽量避免折线、急弯和突变。

(3)堤型选择尽量争取较高的原堤利用,尽量降低工程安全风险、减少工程实施对环境的不利影响。

(4)充分考虑河道两岸土地现状和未来发展情况,平面结合沿岸的景观环境布置,体现人与自然的和谐,体现亲水和生态的功能,尽量采用生态型缓坡护岸,采用土石等天然材料,并与植物护坡相结合。

(5)综合考虑地质、地形、地貌、施工、建材等因素,合理选线。

综合以上原则,为降低工程安全风险、节约工程造价和减少工程占地,本次设计的海堤工程沿旧堤线加高加固布置。

2. 堤线选择

原海堤防洪能力仅为 20~50 年一遇标准,由于原有海堤现状堤身基本完好连续,无明显病险症状,所以本次设计的海堤堤线是在尽量保持原有的海堤岸线以及河道的走向再结合生态景观需求的基础上,尽量利用原有旧堤迎水面的堤脚,海堤防洪标准按照 200 年一遇进行设计,进行加高培厚设计。

5.5.2.5 堤型设计

堤身断面形式布置本着节约投资和充分考虑生态景观的需要,在保留现状堤身的基础上重新设计。

1. 堤脚设计

海堤的堤脚是充分利用旧堤的堤脚基础,将原来有旧堤堤顶路(堤顶高程在 8.0~8.5 m)和防浪墙全部拆除到 6.3 m 后布置一条宽度 5 m 的观景滨水步道,该步道底部铺 0.4 m 厚钢筋混凝土及 0.1 m 厚素混凝土,采用浆砌石与条石相结合的路面,步道高程为 6.8 m,在步道后侧设置一道直立墙兼做行人休息的坐台,墙高 0.5 m,墙顶高度为 7.3 m。为了更好解决临海侧海水淘刷与防浪墙稳定的问题以及临水面景观外观效果,堤脚临水侧护面加固是从拆除后的旧堤高程 4.6 m 起,在原有的砌石基础上进行凿毛后外包厚度

20 cm 的 C35 防腐蚀性混凝土和镶嵌宽度 50 cm 的条石,条石与混凝土结合后的护面与原有旧堤砌石基础采用直径 22 mm 的锚杆进行衔接。

堤防护脚在高程 5.3 m 以下的海岸滩地(至多年平均低潮位 4.34 m 之间)经过多年抛石加固后,现状抛石固脚很好,不需要再进行抛石加固。

2. 堤防临海侧特征高程

1) 滨水步道高程

考虑灵山岛滨水景观总体规划要求以及水文资料提供的不同潮位出现频率,滨水步道的高程取值贴近正常潮水位,以满足亲水的需求;但也应高出正常潮水位,以避免经常受淹,根据目前蕉门水道的水体水质情况,水体中有部分悬浮物,若经常受淹还将造成亲水平台清洁运行费的增加,所以选择滨水步道高程为 6.5~6.8 m。

2) 消浪平台高程

消浪平台也可作为临海侧的人行步道,若高程取值与堤顶高程相同,消浪平台以上堤坡均可受到与堤后保护区相同的防护,但消浪平台高程取值与堤顶高程相同时,消浪平台与堤顶之间的堤坡将变为平地,景观带的建设将缺乏空间层次感,并且将消浪平台填筑至与堤顶等高,还增加了土方填筑量,导致增加工程投资。

因此,消浪平台在迎水面设置 2~3 级,每级高差约 0.5 m,其中最后 1 级的墙高程取值低于或接近于设计潮水位,选择消浪平台的高程为 7.3 m、7.8 m 和 8.2 m,但消浪平台裸露于暴风潮之下的堤坡需采取抗风浪冲刷的工程措施以确保安全,其护坡结构采用厚度 0.4 m 的自嵌式瓶孔砖(0.5 m×0.5 m)进行铺装硬化。

3) 堤顶绿道高程

根据《海堤工程设计规范》(GB/T 51015—2014)规定,按允许部分越浪设计时,在保证海堤自身安全及对堤后越浪水量排泄畅通的前提下,不计防浪墙的土堤顶高程应高出设计高潮(水)位 0.5 m,并且灵山岛在城市总体规划时,确定堤顶绿道高程 8.50 m。

3. 消浪平台抗风浪冲刷措施

消浪平台的护坡采用传统的混凝土、浆砌石等,外观单调,与混凝土或砌石挡墙立面一样,并且与灵山岛尖北段的滨水景观极不协调;而预制混凝土异型块虽可根据要求制作成各种形状,将护坡结构营造出各种带有立体结构的效果以避免外观单调,外观效果较传统的混凝土护坡等已有较大的改善,但其工程化的痕迹依然明显,与本工程滨海景观海堤的设计理念不相符。目前在河道堤防治理工程中,已使用植草砖、土工织物生态垫等生态护坡,但现有的此类护坡并不适应海堤的经常性且强度高的风浪淘刷,因此在本工程设计中,将创新使用新的护坡结构(自嵌式瓶孔砖,厚度 400 mm),见图 5-5-16。

经研究,这种护坡结构自嵌式瓶孔砖的消浪防冲能力满足工程安全的需要,并且可植草绿化满足生态建设及景观需求,该砖有以下 6 个特点:

(1)深窄的砖孔及缩颈的开口犹如瓶子,即使孔口上部水流紊动,也可在孔内形成静水区域,防止孔底土体受到风浪的淘刷而流失。

(2)自嵌式的设计可增强铺装后护坡的整体性,增强护坡的抗冲刷能力。

(3)互嵌骑缝的结构可避免形成通缝,导致砖底土体从缝中流失。

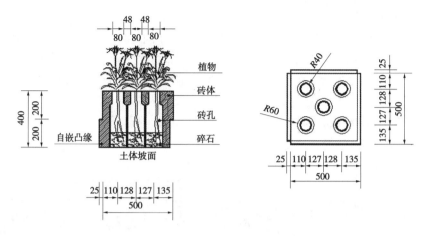

图 5-5-16　护坡结构示意图（单位:mm）

（4）孔内可种植植物,使护坡面得到绿化,砖孔也可成为海岸洞居动物的洞穴,改善护坡的生态性及景观性。

（5）孔内下部可根据需要填充碎石作为反滤层,防止水位降落时的渗透破坏。

（6）可机械化预制,适合工业化大批量生产,降低成本。

4.越浪排水设计

为了解决海堤越浪后的排水以及堤防景观带雨水排放的问题,在景观绿道和堤顶步道的路缘石后,各设置一道沿堤防通长的浆砌石排水沟用于排泄堤防迎水面的越浪海水,经计算排水沟断面尺寸为 0.5 m×0.5 m;景观带临海侧的迎水面潮水和雨水通过滨水步道 1% 的横坡直接排入蕉门河道内。在景观带与市政公路相衔接位置,设置一道排水沟,其断面尺寸为 0.5 m×0.5 m。

堤防埋设了 3 个纵向排水沟,汇集后的水量通过横向埋藏在堤身内的直径 1 000 mm 的排水圆涵直接排入市政排水系统中。

5.5.2.6　堤基处理

堤防堤基自上而下主要以素填土及软土层组成,软土以淤泥为主,平均深度普遍在 25 m 左右,且天然强度指标低。经验算,此类天然地基难以满足 4~5 m 堤防加高的荷载要求,并且容易引起深层滑动等问题,所以需进行地基处理。软土地基处理方式很多,但结合灵山岛北岸现状地形以及工程施工难易程度,加上堤段地基软弱、弃渣场较远、尽量控制投资等具体工程实际情况,经综合经济技术比较,结合本工程建设工期因素,该方法与上一案例的地基加固方法的不同点在于,该方法施工工期较长,本工程最终选择堆载预压塑料排水板排水的方案来进行地基处理设计。本次设计的堆载预压法以堤身填土本身作为荷载,对被加固的地基进行预压,经过一段时间后,由附加荷载产生的正超静水压力逐渐消散,淤泥内的孔隙水通过塑料排水板排出,土中有效应力不断增长,地基土得到固结,产生垂直变形,同时强度得到提高。

堆载预压的填土必须分层填筑,设计分层厚度 300~500 mm。堆载预压竖向排水体的塑料排水板采用宽 100 mm、厚 4 mm 的 SP-C 型排水板,间排距 1.0 m,排水板的深度按最危险滑动面控制,平均深度 22 m;堆载预压的水平排水体采用厚度 0.8 m 的中粗砂垫层和纵向碎石盲沟排水。

经计算利用堤身填土堆载预压后,可以完成90%的沉降,施工时需要填到堤身设计高程并预留沉降超高,竣工后的堤防沉降可满足规范要求。

堆载预压分为两级,第一级填到7.0 m标高后,预压30 d后才可以进行第二级的堆载;第二级堆载时,填筑至设计标高(含施工期沉降量以及预留工后沉降量)后预压90 d。每天填土高度不得超过0.3 m。

5.5.2.7 景观实景

景观实景见图5-5-17、图5-5-18。

图5-5-17 滨水景观实景

图5-5-18 滨水景观实景(观潮听海艺术栈道)

5.5.3 明珠湾区慧谷片区超级堤工程

5.5.3.1 工程概况

超级堤指堤防高度与宽度之比达到1:10以上、堤防宽度达数十米至数百米宽的堤防,与传统堤防相比,具有安全性高的特点,且可降低堤顶高度,既可提高防洪安全性,又可改善景观。

明珠湾区慧谷片区超级堤工程位于广州市南沙区明珠湾区慧谷片区沿岸,防洪(潮)设计标准为200年一遇,堤防工程的级别为1级。工程建设范围西起工业区涌水闸处,沿南岸东至大角山,总长4.675 km,结合堤岸布置的滨海景观带建设,打造了"三江六岸,山水相连"的独特滨海风光。

5.5.3.2 堤线布置

1.堤线布置原则

堤线布置应使堤防工程既能保证防洪安全,满足保护区内社会经济发展的需要,又能改善生态环境。根据慧谷片区海岸堤围现状、区内防洪(潮)排涝规划、外河道行洪控制线以及治导线,并结合交通路网规划,确定本工程堤线布置原则如下:

(1)确保沿规划河道控制线,尽量不占用和少占用河滩地,堤线力求平顺,避免出现折线或急弯,使水流畅顺,以利行洪。

(2)以现状岸线为基础,尽量利用旧堤的部分结构,以降低工程造价。

(3)在满足防洪(潮)安全的基础上,堤型布置体现以人为本的规划理念,尽量结合亲水性、绿化美化河岸,营造生态化的滨水景观环境。

(4)注重与区内规划建设相融合,体现现代水利设施作为城市建设的一部分现代水利建设理念。

2.堤线布置

根据上述布置原则,按照现有堤防现状以及城市规划,堤岸治导线及堤顶线的布置分别如下。

1)堤岸治导线

堤岸治导线基本沿现状堤岸线布置,以利用现有堤防或堤防的部分结构,同时不缩窄河道行洪断面。对部分曲折不平顺堤岸,予以平顺处理。

2)堤顶线

堤顶线布置则充分考虑城市景观、休闲、旅游和生态功能,按照慧谷片区的总体规划和用地规划,配合滨海景观带景观要求,适当地向岸上退移,留有足够空间,满足滨水景观带建设的要求。

根据景观方案,慧谷片区堤防分四个区域:三代同聚区、创新区、生活区、自然区(即现状自然岸坡端)。

5.5.3.3 堤身设计

1.地块一(三代同聚区段)

该段长度约为1.3 km,三代同聚区滩地段是滨海景观带的一部分,景观带与后方的地块用地性质一致,因此景观带的建设宜与堤前的滩地建设融为一体,营造自然生态的岛上公园景观。因此,此段堤型采用复合式大斜坡堤型,以最大限度减少人工痕迹,将"堤"化于无形。该段原状堤防状态良好,迎水面为斜坡式浆砌石或干砌石挡墙,目前砌石挡墙较完好,堤岸结构采用利用现有堤防进行堤顶设计的方案,保留现状堤防作为堤顶并对堤顶后方进行景观设计。

2.地块二(创新区、生活区)

该两段堤防靠近研发办公区,长度约为3.57 km,选择多级直立式堤型以便于在堤顶设置市民活动休憩的广场或公共空间,营造城市滨海景观,并满足亲水需求。

此段根据堤防是否与城市交通道路结合细分为2种断面形式。

1)绿化为主段

该段采用堤路结合的形式,堤岸部分结构与办公区生态保护段相同。亲水步道设置于加固的现状一级挡墙上部,亲水步道宽 6.0 m,高程为 6.80 m,采用能抵抗风浪淘刷的干砌条石。

该段现状为旧堤防,堤脚为抛石,迎水面为两级布置的浆砌石或干砌石挡墙,两级挡墙之间平面距离约 2 m。目前砌石挡墙较完好,堤岸结构采用对现有一级挡墙进行加固处理的方案。但对于二级挡墙,由于现状一级挡墙与二级挡墙之间的平面距离仅约 2 m,显然无法满足一级挡墙之上设置亲水平台的宽度要求,故对二级挡墙拆除处理,已扩宽亲水平台宽度,满足项目的建设要求。

亲水步道至二级平台前的第一道防浪墙区域堤坡,处于无设防区,需对堤坡采用护坡结构进行防护。护坡结构可采用传统的混凝土、浆砌块石、混凝土灌砌石、干砌块石等,或采用近年来广泛使用的预制混凝土异型块体(如扭工字块体、扭王字块体、四脚空心块等)、混凝土栅栏板等新型结构形式。传统的混凝土、浆砌石等外观单调,与混凝土或砌石挡墙立面一样,与自然景观极不协调。而预制混凝土异型块体虽可根据要求制作成各种形状,将护坡结构营造出各种带有立体结构的效果,避免外观单调,外观效果较传统的混凝土护坡等已有较大的改善,但其工程化的痕迹依然明显,与本工程滨海景观海堤的设计理念不相符。现状已使用植草砖、土工织物生态垫等生态护坡,但现有的此类护坡并不适应海堤的经常性且强度高的风浪淘刷。因此,本次工程设计中,将使用自嵌式瓶孔砖。

第一道防浪墙至第二道防浪墙之间为景观带,布置人行步道、景观平台、廊亭等各类景观小品。由于此区域受第一道防浪墙的防护,坡面第一道防浪墙后方的越浪跌落区可不采取结构护坡措施。越浪跌落区坡面结构措施拟采用生态混凝土护坡技术,在坡面上铺设生态混凝土,并于表面覆土植草绿化,做到既完全无工程痕迹,满足景观要求,又能确保坡面不受越浪冲刷而破坏。

由于第一道防浪墙的消浪,越浪流至第二道防浪墙时其破坏能力明显减弱,故第二道防浪墙将采用广义的防浪墙,非一堵单调的、硬化的钢筋混凝土石墙,而可以是波浪式的起伏的土坡,可以是花池,可以是座凳,可以是大块景石等景观小品。

2)硬化为主段

该段堤后为城市商贸用地,商贸区的特点为人流量大,而此段城市总体规划上预留用于景观带建设的用地相对较窄,因此此段景观带的建设宜充分利用土地,采用适宜设置活动广场、活动公共空间,同时满足亲水需求的堤型,营造都市滨海景观,故选择多级直立式堤型。

该段堤岸部分结构与办公区段相同,对于现状旧堤一级砌石挡墙状况较完好的堤段,采用对旧堤一级砌石挡墙进行加固的堤岸方案。

亲水步道设置于沉箱上部或加固的现状一级挡墙上部,亲水步道宽 6.0 m,高程为 6.80 m,采用能抵抗风浪淘刷的干砌条石。

亲水步道上部为悬臂式直墙,墙顶高程 8.90 m。墙后为景观平台,高程为 8.80 m,景观平台靠近防浪墙处位于越浪跌落区,地面采用硬化防护处理。

景观平台为避免单一,部分堤段采用硬化为主,形成活动空间;部分堤段采用绿化为主,形成生态园林空间,两者交替布置。

5.5.3.4 地基处理

本项目堤岸及景观带设计填土面标高为 2.0~5.6 m,其中亲水步道、亲水平台标高为 6.80 m,堤身填土标高为 8.80 m。而现状地面标高为 2.4~6.0 m,填土高度平均约 4 m,海岸及滨海景观带宽度较大,属于大面积的堆载。经沉降计算,堤基最终沉降量将达到 0.65~1.17 m。如此大的沉降量若不进行处理,任由工后自然固结沉降,首先将导致海岸及景观带上的上部堤岸结构、景观平台、景观建筑物出现较大的沉降变形;此外,随着沉降量逐渐变大,由于沉降土体的下拉作用力,还将可能导致堤岸挡墙等堤岸建筑物变形,影响堤岸的防洪稳定安全。因此,需对堤基进行处理。

软基上地基处理方式主要分为 3 大类:一是土体置换法,例如换填、强夯置换等,适用于挡墙基底下卧层软土厚度较小的情况;二是预压法,例如真空预压、堆载预压等,适用于工期较长,且排水条件较好的情况;三是复合地基法,例如砂石桩、水泥搅拌桩、CFG 桩等。

对于大范围的堤基处理,首选堆载预压排水方案:堤身施工时,先在现地面上铺设粗砂排水垫层,然后在排水垫层上施打塑料排水板,接着将堤身填至设计高程,并预留沉降超高。

根据工程地质条件,地块二、地块三现代人工填土层主要由砂(卵)砾土、回填砂土组成,且成分为碎石、砂砾、淤泥质砂,平均厚度为 3.14 m。结合地质钻孔柱状图,本区域内软基较厚,并存在多处较硬壳层。鉴于此,本工程将针对不同地块的特性、填土高度、底下淤泥厚度等因素进行分析比选地基处理方案。

1. 三代同聚区(地块一)

根据本区域现状地块高程,填土厚度较小,填土高度为 1.0~2.0 m,现状堤前、堤后填土存在多层硬壳层,排水板将难以打穿这些硬壳层,并且堤前为现有滩地,开展大面积堆载预压实施条件不足,同时经计算,该区域堤后沉降量约为 0.45 m,堤前滩地沉降量为 0.34 m,基本满足景观绿化种植的要求。因此,本区块中的景观绿化种植区域将不做处理,但与市政道路、现状堤身衔接处采用两排密排搅拌桩围封,以保证市政道路、堤身的稳定。

硬质铺装广场、景观园路等对地基沉降要求高,若不采用地基处理,易导致广场大面积开裂,且景观广场、园路绝大部分布置在堤前滩地范围,该范围内采用大范围堆载预压条件不成熟,且存在多层硬壳层,排水板将难以实施。鉴于此,三代同聚区硬质广场及园路采用搅拌桩复合地基,桩径 0.5 m,间距为 1 m,同时市政道路和现状堤防两侧各采用双排咬合搅拌桩围封。桩顶铺设 30 cm 厚碎石砂垫层,一层高韧聚丙烯加筋网。

2. 创新区(地块二)

本区域现状堤后为低洼地,宽度约为 20 m,低洼地平均高程约为 5.0 m(4.70~7.30 m),平均填土厚度约为 3.8 m。同时,洼地后紧接着为现状市政道路(海滨路),现状市政道路高程为 8.00~8.20 m。根据地质钻孔,现状堤身回填土为砂石土(夹碎石),厚度约为 2.5 m;道路边坡处为粉砂,厚度约为 3.0 m。

方案一为堆载预压处理方案。若采用排水板处理方案,其中现状堤身放坡线和市政道路放坡线范围内排水板难以实施,仅中间约 8 m 宽范围内可施打排水板,同时堆载预压的沉降量大,采用排水板方案最终沉降量为 0.91~1.24 m,为保证市政道路和旧堤稳定,市政道路侧及现状堤身侧均采用格构式搅拌桩进行保护。

方案二为搅拌桩复合处理方案。采用桩径 0.5 m、间距为 1.0 m×1.0 m 的水泥搅拌桩,同时市政道路和现状堤防两侧各采用双排咬合搅拌桩围封,地基处理根据沉降计算,搅拌桩处理后,堤后洼地最终沉降量约为 45 mm,满足景观布置的需求。

通过方案对比,方案一搅拌桩数量与方案二搅拌桩数量相比,差别在 8% 左右,同时搅拌桩处理方案将更有利于减少不均匀沉降的产生,故推荐采用方案二,即搅拌桩复合地基,桩径 0.5 m,间距为 1.0 m×1.0 m,同时市政道路和现状堤防两侧均采用双排咬合搅拌桩围封。桩顶铺设厚 60 cm 砂垫层,一层高韧聚丙烯加筋网。

3. 生活区(地块三)

本区域现状堤后为低洼池塘地,宽度为 40~50 m,低洼地平均高程约为 4.0 m(3.50~5.0 m),平均填土厚度约为 4.80 m。低洼池塘地后紧接着为现状市政道路(海滨路),现状市政道路高程为 8.00~8.20 m。现状堤身回填土为砂石土(夹碎石),厚度约为 2.5 m;道路边坡处为粉砂,厚度约为 3.0 m。

与创新区(地块二)相比,本区域堤后低洼鱼塘地较为宽阔,为了降低投资,本区域低洼鱼塘地采用排水板堆载预压的处理方案,塑料排水板间距为 1.0 m×1.0 m,中粗砂排水导层厚 600 mm,铺设一层高韧聚丙烯加筋网。为保证市政道路和现状堤身的稳定,市政道路侧采用格构式搅拌桩处理,现状堤身侧采用双排咬合搅拌桩处理,同时为了保证施工的有效性,市政道路、现状堤身至坡脚范围内采用水泥搅拌桩进行处理,桩径 0.5 m,间距为 1 m。

4. 自然区(地块四)

根据景观设计方案,本区域将保留现有堤后鱼塘,仅进行景观改造升级。但本区域中局部区域需要填筑景观园路连接市政道路和堤身,鉴于景观园路宽度小(约 8.0 m),填土高(现状鱼塘高程为 4.40 m,填土高约 4.5 m),且需埋设涵管连接两侧鱼塘,景观园路范围内推荐采用搅拌桩复合地基处理方案,桩径 0.5 m,间距 1.0 m。

5. 堤岸挡墙

软基上水工挡土墙地基处理方式主要分为 4 大类:一是土体置换法,例如换填、强夯置换等,适用于挡墙基底下卧层软土厚度较小的情况;二是预压法,例如真空预压、堆载预压等,适用于工期较长,且排水条件较好的情况;三是复合地基法,例如砂石桩、水泥搅拌桩、CFG 桩等;四是采用桩基础,如灌注桩、预制桩等。上述后两种地基基础设计方案适用范围较广。

堤岸二级挡墙高为 2.1~2.8 m,基本布置于现有堤防地基上,堤基经多年预压,沉降已经趋于稳定,但承载力较小,因此从增大堤基承载力的角度出发,在广场的堤防断面选取预制小方桩进行处理,预制小方桩截面尺寸为 0.25 m×0.25 m,长 5 m,间距 1.0 m。

5.5.3.5 栈道工程

根据景观方案,栈道标高 6.50 m,栈道宽 4~6 m。栈道与堤岸结构之间的连接处,堤岸结构采用缓坡的处理方式。栈道采用架空的形式,栈道采用钢筋混凝土梁板结构,板厚为 0.6 m,面层铺设厚度为 100 mm 的条石,达到一定的景观效果。栈道两侧铺设栏杆,保证人们休闲娱乐时的人身安全。

5.5.3.6　效果及示意图

效果及示意图见图 5-5-19~图 5-5-21。

图 5-5-19　明珠湾区慧谷片区超级堤工程效果图

图 5-5-20　特征高程示意图

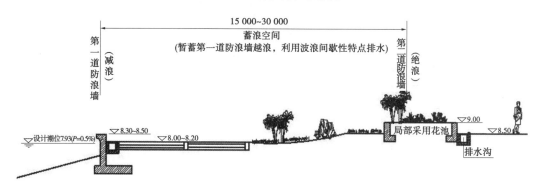

图 5-5-21　二道防浪墙及蓄浪空间示意图　（单位:mm;高程单位:m）

5.5.4　其他海堤工程断面图

其他海堤工程断面图见图 5-5-22~图 5-5-31。

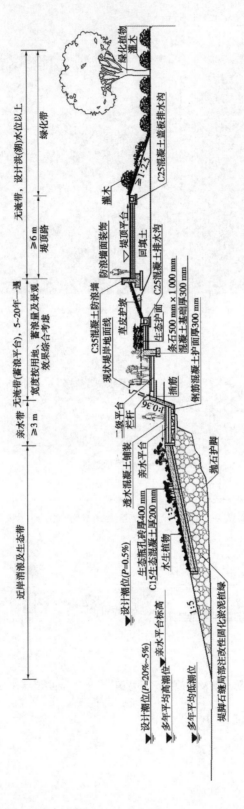

图 5-5-22 多级生态海堤典型断面 1

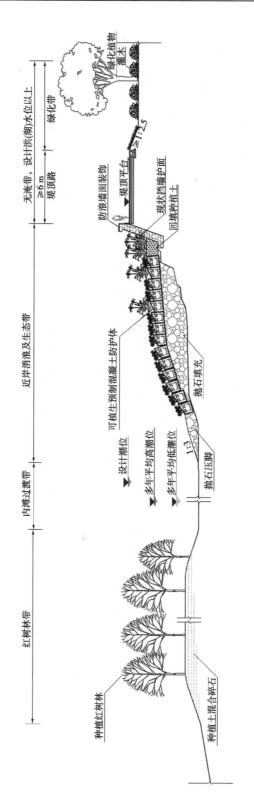

图 5-5-23   多级生态海堤典型断面 2

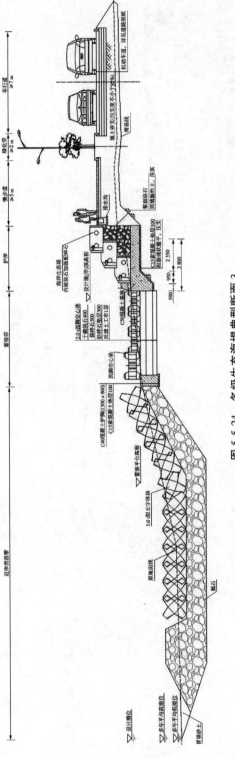

图 5-5-24 多级生态海堤典型断面 3

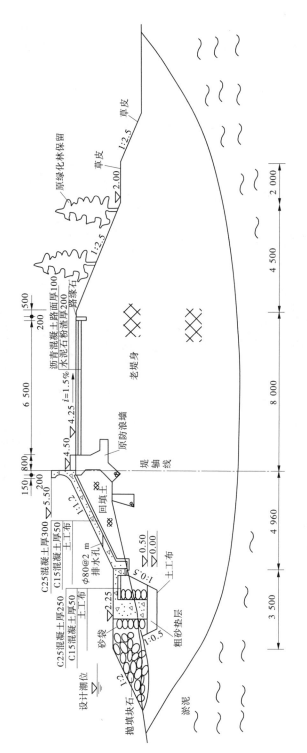

图 5-5-25 广东省省内已建海堤:深圳宝安区西海堤西乡段加固工程

设计频率:百年一遇高潮+12级风浪
相应水位:3.06 m
波浪高度:1.81 m
高程系统:黄海高程 (单位:mm)

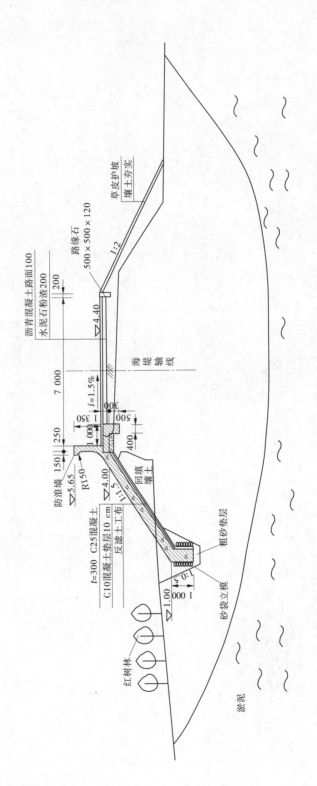

图 5-5-26　广东省内已建海堤：深圳福永沙井段海堤　（单位：mm）

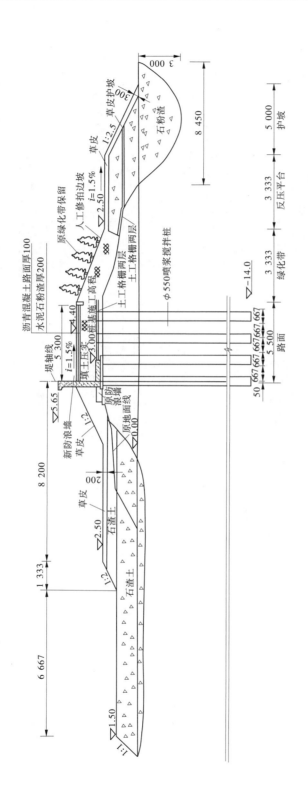

图 5-5-27　广东省内已建海堤：深圳宝安区西海堤沙井段加高加固工程　（单位:mm）

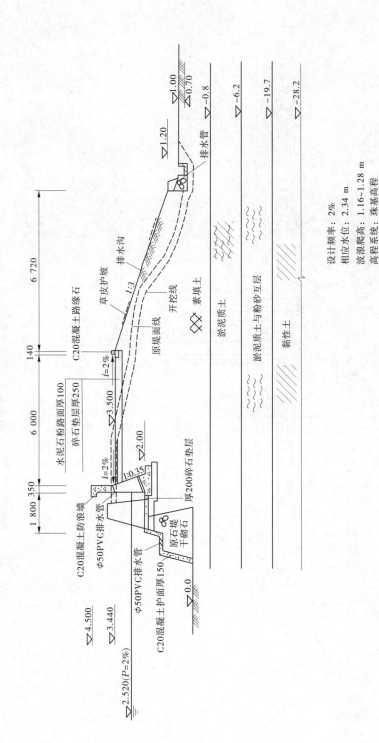

图5-5-28 广东省内已建海堤：珠海西区海堤白蕉段除险加固达标工程东堤加固

设计频率：2%
相应水位：2.34 m
波浪爬高：1.16~1.28 m
高程系统：珠基高程 （单位：mm）

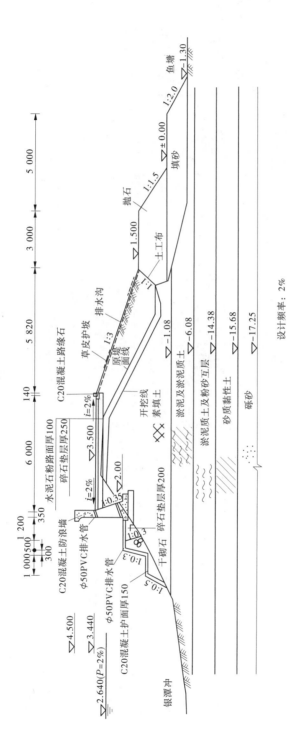

图 5-5-29　广东省内已建海堤：珠海西区海堤白蕉段除险加固达标工程西堤加固　（单位：mm）

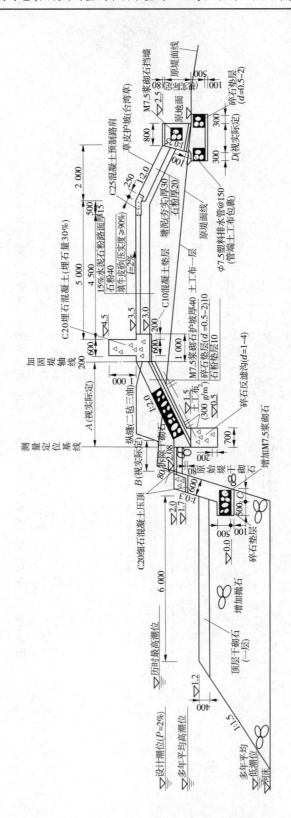

图 5-5-30　广东省内已建海堤：珠海中珠联围防洪潮工程新围仔段加固　（单位：mm）

设计频率：2%

相应水位：2.42 m

波浪爬高：1.15 m

高程系统：珠基高程

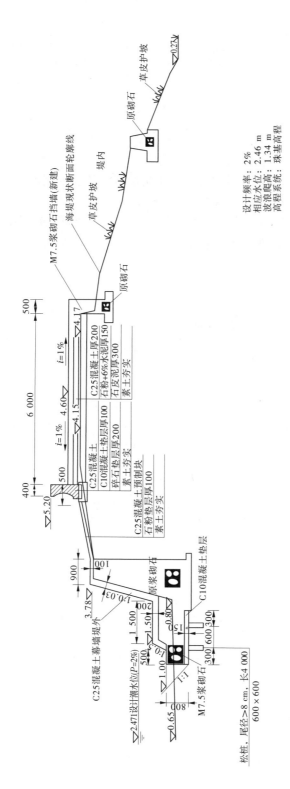

图 5-5-31　广东省内已建海堤：中山市西河堤段达标加固工程断 （单位：mm）

6　水闸工程

6.1　水闸分类

水闸是一种低水头的挡水、泄水建筑物,其作用是调节水位和控制泄流,常与其他建筑物(如堤坝、船闸、鱼道、筏道、水电站、泵站等)组成水利枢纽。

水闸按其功能可分为拦河闸(节制闸、泄洪闸)、进水闸、排水闸、分洪闸(分水闸)和挡潮闸,有些水闸兼有多种作用,如图 6-1-1 所示。

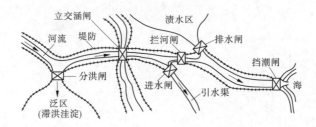

图 6-1-1　水闸的分类

水闸按照过闸流量大小可分为大型、中型和小型三种形式。过闸流量在 1 000 m³/s 以上的为大型水闸,过闸流量为 100~1 000 m³/s(不含)的为中型水闸,过闸流量小于 100 m³/s(不含)的为小型水闸。

6.2　水闸常用结构形式

6.2.1　水闸的结构组成

水闸一般由闸室段,上、下游连接段和两岸连接段所组成(见图 6-2-1)。上游连接段的主要作用是防渗、护岸和引导水流均匀过闸。闸室段位于上、下游连接段之间,是水闸工程的主体,其作用是控制水位、调节流量。下游连接段的主要作用是消能、防冲和安全排出闸基及两岸的渗流。两岸连接段的主要作用是实现闸室与两岸堤坝的过渡连接。

6.2.2　闸室的结构形式

6.2.2.1　闸室水工结构形式

闸室结构形式可分为开敞式、胸墙式及涵洞式等(见图 6-2-2)。胸墙式水闸和涵洞式水闸适用于闸上水位变幅较大或挡水位高于闸孔设计水位,即闸的孔径按低水位通过设计流量进行设计的情况。

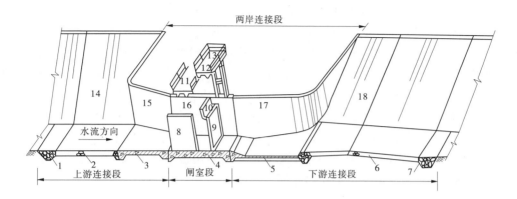

1—上游防冲槽;2—上游护底;3—铺盖;4—底板;5—护坦(消力池);6—海漫;7—下游防冲槽;
8—闸墩;9—闸门;10—胸墙;11—交通桥;12—工作桥;13—启闭机;14—上游护坡;15—上游翼墙;
16—边墩;17—下游翼墙;18—下游护坡。

图 6-2-1 水闸的结构组成

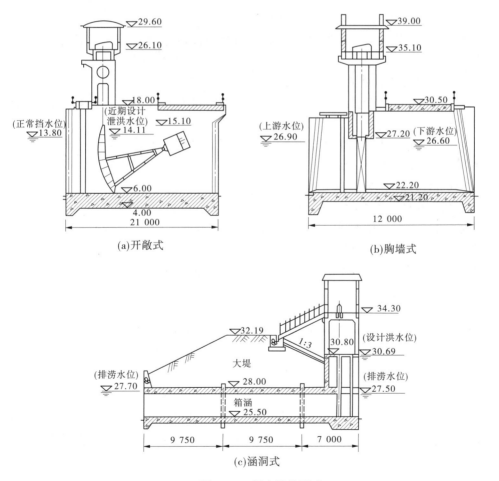

图 6-2-2 闸室结构形式

按照闸底板结构形式分类,闸室主要有整体式和分离式两大类:

(1)整体式闸室。在垂直水流方向将闸墩和底板组成的闸孔分成若干闸段,每个闸段一般由一个至数个完整的闸孔组成。沉降缝设在闸墩中间,缝间的闸段自成一体,地基发生不均匀沉降时,闸室整体变形,闸门能够顺利启闭。整体式闸室整体性好,适用于中等密实的地基或地震区,采用人工处理的软弱土质地基上一般宜采用整体式。

(2)分离式闸室。在垂直水流方向将闸室分成若干闸段,在分缝跨底板上设置一条或两条沉降缝,同闸墩构成等结构形式,一般采用钢筋混凝土平底板。缝的构造形式有垂直缝和搭接缝两种。分离式闸室适用于坚实地基或采用桩基础的大、中、小型水闸,以及中等密实地基上基底应力不大的小型水闸。

6.2.2.2 闸门的结构形式

1. 按闸门的工作性质分类

(1)工作闸门。是指承担控制流量并能在动水中启闭或部分开启泄流的闸门。但也有例外,如通航用的工作闸门,需在静水条件下操作。

(2)事故闸门。是指闸门的下游(或上游)发生事故时,能在动水中关闭的闸门。当需要快速关闭时,也称为快速闸门。这种闸门在静水中开启。

(3)检修闸门。是指水工建筑物及设备进行检修时用以挡水的闸门。这种闸门在静水中启闭。

2. 按闸门设置的部位分类

(1)露顶式闸门。其设置在开敞式泄水孔道,当闸门关闭挡水时,门叶顶部高于挡水水位,并仅设置两侧及底缘三边止水。

(2)潜孔式闸门。其设置在潜没式泄水孔口,当闸门关闭挡水时,门叶顶部低于挡水水位,并需设置顶部、两侧和底缘四边止水。

3. 按制造闸门的材料和方法分类

按制造闸门的材料和方法分类,闸门可分为钢闸门(焊接闸门、铸造闸门、铆接闸门、混合连接闸门)、铸铁闸门、木闸门、钢筋混凝土闸门(普通钢筋混凝土闸门、预应力钢筋混凝土闸门、钢丝网水泥混凝土闸门)和其他材料闸门等。

本区域应用较多的大跨度闸门是焊接钢闸门,铸铁闸门多应用于小尺寸闸门,木闸门多用于农田灌区中的水闸。

4. 按闸门的构造特征分类

按闸门的构造特征分类见表6-2-1。按照挡水面特征,本地区常用的有平面形、弧形、拱形。按照闸门启闭运行方式,常用的有直升式、下卧式、上翻式、升卧式、转动式、横拉式等。

6.2.2.3 启闭机形式

启闭机主要分为固定式和移动式两类。具有防洪、排涝功能的工作闸门,应选用固定式启闭机,一门一机布置。本区域的水闸基本具有防洪、排涝功能,基本选择固定式启闭机。

根据启闭机不同的构造和机构特征可概括为以下典型分类关系,见图6-2-3。

表 6-2-1　闸门构造特征分类

挡水面特征		运行方式		闸(阀)门名称	说明
平面形		直升式		滑动闸门 定轮闸门 链轮闸门 串轮闸门 反钩闸门	
		横拉式		横拉闸门	
		转动式	横轴	舌瓣闸门 翻板闸门 盖板闸门(抬门)	上翻板、下翻板两种
			竖轴	人字闸门 一字闸门	
		浮沉式		浮箱闸门	
		直升—转动—平移		升卧式闸门	上游升卧、下游升卧两种
		横叠式		叠梁闸门	普通叠梁、浮式叠梁等
		竖排式		排针闸门	
弧形		转动式	横轴	弧形闸门 反向弧形闸门 下沉式弧形闸门	铰轴在底坎以上 一定高度
			竖轴	立轴式弧形闸门	包括三角门
扇形		横轴转动式		扇形闸门	铰轴位于下游底坎上
				鼓形闸门	铰轴位于上游底坎上
屋顶形		横轴转动式		屋顶闸门	又称浮体闸
立式圆管形	部分圆	直升式		拱形闸门	分压拱、拉拱闸门等
	整圆			圆筒闸门	
圆辊形		横向滚动式		圆辊闸门	
球形		滚动式		球形闸门	

续表 6-2-1

挡水面特征	运行方式	闸(阀)门名称	说明
壳形	移动式	针形阀门	
		管形阀门	
		空注阀门	
		锥形阀门	外套式、内套式两种
		闸阀门	
	转动式	蝴蝶阀门	卧轴式、立轴式两种
		球阀门	单面、双面密封

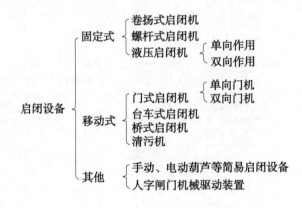

图 6-2-3　启闭机典型分类

本地区常用的固定式启闭机有螺杆式启闭机和手动、固定卷扬式启闭机,液压式启闭机,电动葫芦(见图 6-24)等。

螺杆式启闭机又称螺杆启闭机,是一种用螺纹杆直接或通过导向滑块、连杆与闸门门叶相连接,螺杆上下移动以启闭闸门的机械。螺杆式启闭机结构非常简单,而且安装也比较简便,多使用在渠道的涵闸以及引水枢纽上的闸门启闭。受结构设计方面的限制,螺杆启闭机的启闭力一般不大。

卷扬式启闭机主要包括电机、传动轴、减速器、联轴器、钢丝绳架、钢丝绳转筒、高度限制器、电机座、底板、行程检测仪、定滑轮、钢丝绳、动滑轮、吊耳和荷重感应器等。卷扬式启闭机也称为卷扬启闭机,是用钢索或钢索滑轮组作吊具与闸门相连接,通过齿轮传动系统使卷扬筒绕、放钢索从而带动升降的机械,也叫作钢丝绳固定式卷扬机。通过传动比的设置不同,卷扬式启闭机可以设计制造出超大型启闭力。

液压启闭机一般由液压系统和液压缸组成。在液压系统的控制下,液压缸内的活塞体内壁做轴向往复运动,从而带动连接在活塞上的连杆和闸门做直线运动,以达到开启、关闭孔口的目的。动力装置一般为液压泵,它把机械能转化为液压能。液压泵一般采用容积式泵,如叶片泵和柱塞泵。叶片泵和柱塞泵有结构紧凑、运转平稳、噪声较小、使用寿命长等优点。柱塞泵虽然价格较高,但可以得到高压、大流量水流,且流量可调。近年来,国内液压启闭机普遍采用中高压,所以大多数采用柱塞泵。

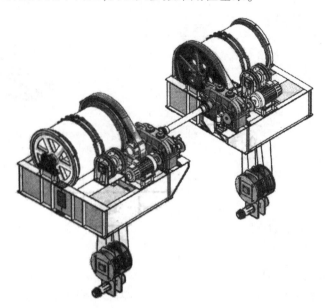

(a)固定式卷扬式启闭机

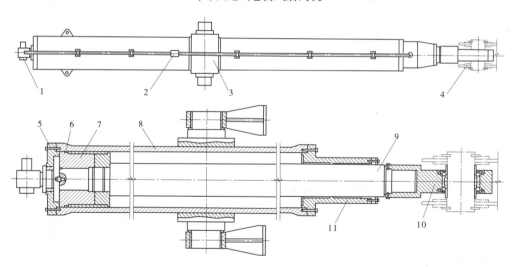

1—开度仪;2—缸旁阀组;3—腰部支承装置;4—门体吊耳;5—上端盖;6—密封件;
7—活塞;8—缸体;9—活塞杆;10—吊耳;11—下端盖。

(b)液压启闭机

图 6-2-4　典型启闭机

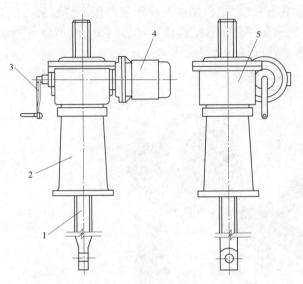

1—螺杆;2—支座;3—手摇机构;4—电动机构;5—齿轮箱。

(c)螺杆式启闭机 　　　　　　　　　　　(d)电动葫芦

续图 6-2-4

6.2.2.4 闸室结构形式组合

闸室各部分结构可以通过不同的形式组合,以实现水闸的各项水利功能,兼顾交通航运的需求,为运行管理人员提供便利,并融入城市景观特色。

因工程技术的发展,钢闸门和液压设备使用越来越多,本书着重于钢闸门构造形式和启闭机运行方式的组合。常用的闸门组合形式有以下几种。

1. 直升式平面钢闸门

直升式平面钢闸门(见图 6-2-5)提起时,露出高度较高。如果不以过洪为主,以挡潮为主,可以采用潜孔式,配合胸墙,能显著降低闸门高度,也不会显得突兀。直升式闸门有顶升式和提升式,提升式液压杆露出较多,顶升式液压杆埋置于墩内,对安装精度要求较高。

直升式闸门受力简单可靠,是运用最多的组合闸型。

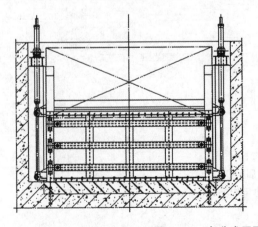
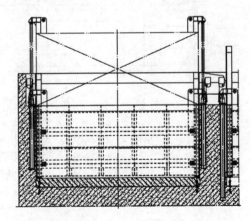

图 6-2-5 直升式平面钢闸门(提升、顶升)

直升式闸门启闭原理:启闭机房设置在闸首上,通过启闭机上下启闭闸门。

直升式闸门特点:

(1)运用广泛,运行安全稳定。

(2)启闭机排架高(固定式卷扬机类型),需与周围的环境协调处理。

(3)适用于高水头,且有防洪挡潮功能的水闸。

2. 上翻式平面钢闸门、弧形门、拱形门

闸门绕支铰转动,上翻至一定高程锁定,闸门开启排水,闸门上翻高度根据门型不同,开启角度不同,平面钢闸门和弧形门最大可平卧于闸墩顶部。拱形门开启后,两侧有一定的阻水作用,而且水流作用下容易引起闸门共振,运用需要慎重研究。

上翻式弧形门(见图6-2-6)由于启闭力较小,常用于水头较大、启闭力较大的深式泄水孔闸门。

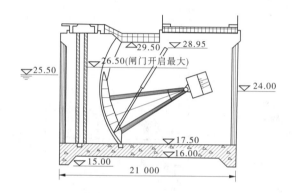

图 6-2-6 上翻式弧形门 (单位:mm;高程单位:m)

上翻式闸门启闭原理:启闭机位于两侧闸墙上,通过启闭机转动三角支架,进而翻转闸门,控制闸门启闭。

上翻式闸门的特点:

(1)上部无厂房,但启闭机外露,景观效果较钢坝略差。

(2)闸门开启时平卧于水面上,景观效果相对较差。

(3)可采用集成式启闭机,不需建设空箱;单跨一般不大于12 m,需设中墩。

3. 下卧式平面钢闸门

下卧式平面钢闸门(见图6-2-7),卧倒后闸门平置于底板上,水流从闸门上方通过。这种闸门门轴均位于水底,由于平底闸的设计,门床均低于正常底板面高程,容易造成门床处淤积,且不容易清理,长期淤积也会对门轴有一定的影响。闸门可以用启闭机直接连接闸门启闭,也可以通过支臂连接拉动闸门,后者液压杆长度较长,还可以通过门轴驱动转动闸门,下卧式底轴驱动液压钢闸门(见图6-2-8)也叫作钢坝(闸)。

由于下卧式闸门是全开敞式,泄流能力大,对于有通航需求的河道应用较多。

支臂下卧闸门启闭原理:同上翻闸门,闸门下翻开启。

支臂下卧闸门的特点:

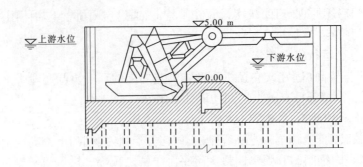

图 6-2-7　下卧式闸门

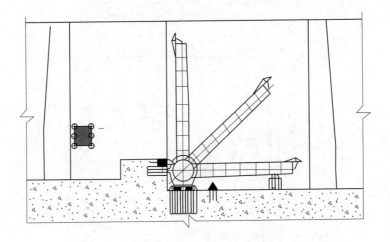

图 6-2-8　底轴驱动下卧式闸门

（1）上部无厂房,但启闭机外露,景观效果较钢坝略差。

（2）闸门开启时位于水下,景观性较上翻门略好。

（3）闸底固定铰处可能因淤积问题而影响启闭。

（4）可采用集成式启闭机,不需建设空箱;单跨一般不大于 12 m,需设中墩。

底轴驱动闸门启闭原理:液压驱动装置作用在门板底轴上,驱动门轴转动,进而控制闸门启闭。

底轴驱动闸门的特点:

（1）上部无厂房,较易与周边环境相协调;闸门开启时位于水下,景观效果好。

（2）挡水高度比平面直升门小,较适用于低水头、景观要求较高的水体。

（3）单跨可以较宽。

4. 平面转动一字门、人字门

闸门绕竖轴转动,可以采用单扇一字开启,也可以双扇人字对称开启,常用于船闸闸门,见图6-2-9。

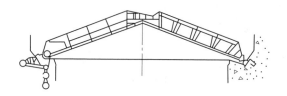

图 6-2-9　平面转动人字闸门

人字门启闭原理:闸门呈扇形启闭;液压启闭机位于两侧闸墙上,依靠启闭机推拉力启闭闸门。

人字门的特点:

(1)景观效果好。

(2)仅适用于挡单向水头,且不宜在动水中启闭。

(3)适用于无水头要求的景观水体。

5. 升卧式闸门

升卧式闸门指启门时门叶由铅直提升逐渐转向水平卧倒的闸门(见图 6-2-10)。承受水压的主轨自下而上分成直轨、弧轨和斜轨三段,反轨全为直轨;闸门吊点位于门底靠近下主梁的上游面。当闸门开启时,向上提升到一定高程后,上、下主轮即分别沿弧轨和反轨滚动,闸门继续升高,最终平卧在斜轨上。优点是可降低闸门工作桥的高度、减小门叶受风面积和提高抗震性能,但门叶的侧止水磨损比较严重。其适用于地震区或海啸暴风区的低水头水工建筑物。

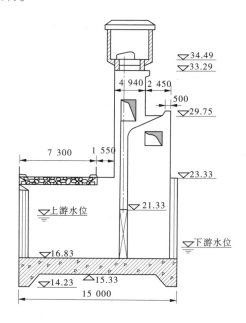

图 6-2-10　升卧式闸门　(单位:mm;高程单位:m)

6.2.3 其他水闸类型

6.2.3.1 橡胶坝

橡胶坝(见图6-2-11)是一种低水头挡水建筑物,适宜建在水库溢洪道、溢流坝和水流平稳、漂浮物少、悬移质及推移质较少的河道或渠道上。橡胶坝坝体由橡胶和高强锦纶纤维硫化复合成的胶布围封成坝袋,复合胶布由高强合成纤维织物做受力骨架,内外涂敷合成橡胶做保护层硫化而成。橡胶布袋锚固在基础底座上,然后向坝袋内充水(或充气),形成相对稳定的类似于坝体的挡水膨胀体。橡胶坝的显著优点是基本不影响河道泄洪,造价低,结构简单,施工简易和运用方便等。橡胶坝运用方式相对简单,蓄水时向坝袋内充水(或充气)升高坝体挡水,泄洪时排除坝袋内的水(或气)塌坝行洪。但橡胶坝也存在坝袋材料易老化、耐久性和坚固性差、检修管理困难等缺点。

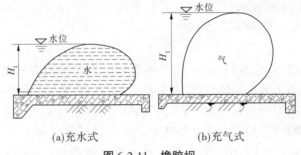

(a)充水式   (b)充气式

图6-2-11 橡胶坝

橡胶坝原理:

用锦纶或维纶帆布等材料做受力骨架,用氯丁橡胶做保护层黏合制成橡胶布袋,锚固于底板基础上,向橡胶布袋内充水或充气,使之充胀而形成坝体。

橡胶坝的特点:

(1)结构简单,建造工期短,造价低,对地基适应性较强。

(2)若水中漂浮物较多,橡胶布袋易被尖利物体损坏。

(3)升坝或塌坝所需时间较长。

(4)适用于较低水头,没有突发洪水的水体。

(5)单跨可以较宽。

6.2.3.2 气盾坝

气盾坝(见图6-2-12)是一种新型的挡水结构,其兼具橡胶坝和钢闸门的优点,刚柔并济,其结构主要由盾板、充气气囊及控制系统等组成。利用充气气囊支撑盾板挡水,气囊排气后塌坝,气囊卧于盾板下,可避免河道砂石、冰凌等对坝袋的破坏;气囊内填充介质为气体,塌坝迅速;各个部件均为预制部件,安装工期短;盾板及气囊模块化,便于修复。

6.2.3.3 液压坝

液压坝是一种采用自卸汽车力学原理,结合支墩坝水工结构形式的活动坝,具备挡水和泄水双重功能(见图6-2-13)。液压升降坝的构造由弧形(或直线)坝面、液压杆、支撑杆、液压缸和液压泵站组成。

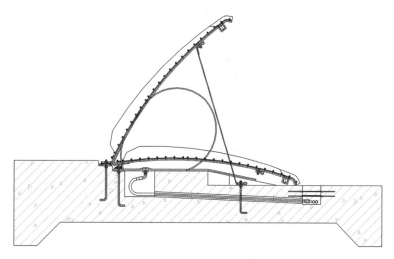

图 6-2-12　气盾坝

图 6-2-13　液压坝

　　液压坝用液压缸直顶以底部为轴的活动拦水坝面的背部,实现升坝拦水、降坝行洪的目的。采用滑动支撑杆支撑活动坝面的背面,构成稳定的支撑墩坝。采用小液压缸及限位卡,形成支撑墩坝固定和活动的相互交换,达到固定拦水、活动降坝的目的。采用手动推杆开关,控制操作液压系统,根据洪水涨落,人工操作活动坝面的升降。

6.2.3.4　水力自动翻板闸

　　水力自动翻板坝(闸)(见图 6-2-14)由闸门、转动铰、支墩及底板组成,这种闸门的基本原理是杠杆平衡与转动,利用作用在闸门上的水压力与闸门的自重来作为启闭闸门的动力,因此不需要其他外加能源,不需要其他启闭机械、启闭机架与闸房,也不需要泵房,水力自动翻板坝在中、小型工程上应用较多,目前水力自动翻板闸门的高度一般不超过 6 m。

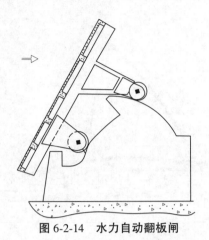

图 6-2-14　水力自动翻板闸

6.3　水闸等级及洪水标准

6.3.1　水闸的等级

（1）拦河闸的永久性水工建筑物级别，应根据其所在工程的等别按表 6-3-1 确定。

表 6-3-1　拦河闸的永久性水工建筑物级别

工程等别	主要建筑物	次要建筑物
I	1	3
II	2	3
III	3	4
IV	4	5
V	5	5

（2）拦河闸永久性水工建筑物按表 6-3-1 规定为 2 级、3 级，其校核洪水过闸流量分别大于 5 000 m^3/s、1 000 m^3/s 时，其建筑物级别可提高一级，但洪水标准可不提高。

（3）治涝、排水工程中的水闸永久性水工建筑物级别，应根据设计流量，按表 6-3-2 确定。

表 6-3-2　治涝、排水工程中的永久性水工建筑物级别

设计流量/（m^3/s）	主要建筑物	次要建筑物
≥300	1	3
<300 且 ≥100	2	3
<100 且 ≥20	3	4
<20 且 ≥5	4	5
<5	5	5

注：设计流量指建筑物所在断面的设计流量。

6.3.2 拦河闸永久性水工建筑物洪水标准

（1）拦河闸、挡潮闸等挡水建筑物及其消能防冲建筑物设计洪（潮）水标准，应根据其建筑物级别按表 6-3-3 确定。

表 6-3-3　拦河闸永久性水工建筑物洪水标准

永久性水工建筑物级别		1	2	3	4	5
洪水标准 （重现期/年）	设计	100～50	50～30	30～20	20～10	10
	校核	300～200	200～100	100～50	50～30	30～20
潮水标准（重现期/年）		≥100	100～50	50～30	30～20	20～10

注：对于具有挡潮工况的永久性水工建筑物按表中潮水标准执行。

（2）潮汐河口段和滨海区水利水电工程永久性水工建筑物的潮水标准，应根据其级别按表 6-3-3 确定。对于 1 级、2 级永久性水工建筑物，若确定的设计潮水位低于当地历史最高潮水位，应按当地历史最高潮水位校核。

6.4　水闸选址

水闸的闸址应根据水闸的功能、特点和运用要求，综合考虑地形、地质、水流、潮汐、冻土、冰情、施工、管理、周围环境等因素，经过技术经济比较后选定。

6.4.1　地形和水流条件

闸址应选在河床稳定、河岸坚固的河段上，同时应尽量使进、出闸水流平顺均匀，避免发生偏流，防止有害的冲刷和淤积。

节制闸或泄洪闸闸址宜选择在河道顺直、河势相对稳定的河段，经技术经济比较后也可选择在弯曲河段裁弯取直的新开河道上。当闸址选择无法避免侧向进水时，宜设置侧向导流设施。

进水闸、分水闸或分洪闸闸址宜选择在河岸基本稳定的顺直河段或弯道凹岸顶点稍偏下游处，分洪闸闸址不宜选择在险工堤段和被保护重要城镇的下游堤段。

排水闸（排涝闸）或泄水闸（退水闸）闸址宜选择在地势低洼、出水通畅处，排水闸（排涝闸）闸址宜选择在靠近主要涝区和容泄区的老堤堤线上。

挡潮闸闸址宜选择在岸线和岸坡稳定的潮汐河口附近，且闸址泓滩冲淤变化较小、上游河道有足够蓄水容积的地点。

在多支流汇合口下游河道上建闸，闸址与汇合口之间宜有一定的距离。

在平原河网地区交叉河口附近建闸，闸址宜在距离交叉河口较远处。

6.4.2　地质条件

应选择土质密实、均匀、承载力大、压缩性小、渗透稳定性好和地下水位较低的天然地基建闸。在规划闸址范围内的天然地基不能满足建闸要求时，才考虑人工处理地基的方案。

6.4.3　施工和运用条件

满足施工和运用管理的要求,如场地宽阔,交通、通信方便,距供电电源及天然材料产地或供应地较近,以及供水、排水、导流、截流条件较好等。

6.4.4　综合利用

与枢纽其他建筑物的布置应统一考虑,使各项工程协同工作,避免干扰,充分发挥综合利用的效果。

在铁路桥或高等级公路桥附近建闸时,闸址与铁路桥或高等级公路桥的距离不宜太近。当与一般公路桥梁结合建闸时,应进行分析论证。

6.4.5　社会经济条件

考虑社会经济条件,要尽量减小移民迁建数量、占地面积和淹没损失;尽量利用周围已有公路、航运、动力、通信等公用设施;有利于绿化、净化、美化环境和生态环境保护。

6.5　水闸总体布置

6.5.1　闸室布置

水闸闸室布置应根据水闸挡水、泄水条件和运行要求,结合考虑地形、地质和施工等因素,做到结构安全可靠,布置紧凑合理,施工方便,运用灵活,经济美观。

(1)节制闸或泄洪闸的轴线宜与河道中心线正交,其上、下游河道直线段长度不宜小于5倍水闸进口处水面宽度,难以满足上述要求时,宜设置导流墙(墩)。位于弯曲河段的泄洪闸,宜布置在河道深泓部位。

进水闸或分水闸的中心线与河(渠)道中心线的交角宜小于30°,其上游引河(渠)长度不宜过长。位于多泥沙河流上的进水闸或分水闸,其中心线与河(渠)道中心线的交角可适当加大。在多泥沙河流有坝引水时,宜为70°~75°。位于弯曲河(渠)段的进水闸或分水闸,宜布置在靠近河(渠)道深浊的岸边。分洪闸的中心线宜正对河道主流方向。

排水闸或泄水闸的中心线与河(渠)道中心线的交角宜小于60°,其下游引河(渠)宜短而直,引河(渠)轴线方向宜避开常年大风向。

(2)水闸应尽量选择外形平顺且流量系数较大的闸墩、岸墙、翼墙和溢流堰形式,防止水流在闸室内产生剧烈扰动。

(3)大型水闸应尽量采用较大的孔径,以利于闸下消能防冲。拦河闸宜选择适当的闸孔总宽度,避免过多地束窄河道。

(4)闸孔数少于8孔时,宜取为奇数,放水时应均匀对称开启,防止因发生偏流而造成局部冲刷。

(5)主要根据使用功能、地质条件、闸门形式、启闭设备和交通要求来确定闸室各部位的高程和尺寸,既要布置紧凑,又要防止干扰,还应使传到底板上的荷载尽量均匀,并注意使交通桥与两岸道路顺直相连。

(6)多孔水闸的中间各孔,应采用形式和尺寸相同的闸段并列。边孔闸室可专门布设。但应注意相邻部位的基底应力不要相差悬殊。对于中、小型闸,当地基坚实且较均匀时,可采用一个闸段的整体式结构。

(7)穿越堤防的水闸布置,特别是在退堤或新建堤防处建闸,应充分考虑堤防边荷载变化引起的水闸不同部位的不均匀沉降。

(8)地震区水闸布置,应根据闸址地震烈度,采取有效的抗震措施:①采取增密、围封等加固措施对地基进行抗液化处理;②尽量采用桩基或整体筏式基础,不宜采用高边墩直接挡土的两岸连接形式;③优先选用弧形闸门、升卧式闸门或液压启闭机形式,以降低水闸高度;④尽量减少结构分缝,加强止水的可靠性,在结构断面突变处增设贴角和抗剪钢筋,加强桥梁等装配式结构各部件之间的整体连接,在桥梁主梁或预制板与闸墩(或排架)的接合部设置阻滑块;⑤适当增大两岸的边坡系数,防止地震时滑坡。

(9)在天然土质地基上建闸室应注意:①应使闸室上部结构的重心接近底板中心,并严格控制各种运用条件下的基底应力不均匀系数,尽量减小不均匀沉降;②闸室外形应顺直圆滑,保证过闸水流平稳,避免产生振动。

6.5.2 消能与防冲布置

水闸消能防冲布置应根据闸基地质情况、水力条件以及闸门控制运用方式等因素,进行综合分析确定。水闸闸下宜采用底流式消能。当水闸闸下尾水深度较深且变化较小,河床及岸坡抗冲能力较强时,可采用面流式消能。当水闸承受水头较高且闸下河床及岸坡为坚硬岩体时,可采用挑流式消能。当水闸下游水位较浅且水位升高较慢时,除采用底流式消能外,还应增设辅助消能设施。水闸上游防护和下游护坡、海漫等防冲布置应根据水流流态、河床土质抗冲能力等因素确定。土基上大型水闸的上、下游均宜设置防冲槽。双向泄洪的水闸应在上、下游均设置消能防冲设施,挡水水头较高一侧的消力池不设排水孔,兼作防渗铺盖。

6.5.3 防渗与排水布置

水闸防渗排水布置应根据闸基地质条件和水闸上、下游水位差等因素,结合闸室、消能防冲和两岸连接布置进行综合分析确定。

软基上水闸防渗设施有水平防渗和垂直防渗两种形式。水平防渗通常采用黏土铺盖或混凝土铺盖,一般布置在闸室上游,与闸室底板联合组成不透水的地下轮廓线,并在铺盖上游端和闸室下游布置一定深度的齿墙。垂直防渗通常采取混凝土墙(抓斗成槽混凝土截渗墙、水泥土搅拌桩截渗墙、振动沉模混凝土截渗墙、高压喷射水泥土截渗墙等)、板桩等措施,防渗效果较好,但施工相对复杂。砂性土地基应以垂直防渗为主。

排水设施有水平排水和垂直排水两种形式。水平排水位于闸基表层,比较浅且要有一定范围。垂直排水由一排或数排滤水井(减压井)组成,主要是排除深层承压水。水闸防渗排水布置应根据闸基地质条件和水闸上、下游水位差等因素,结合闸室、消能防冲和两岸连接布置进行综合分析确定。

双向挡水的水闸应在上、下闸设置防渗与排水设施,以挡水水头较大的方向为主,综合考虑闸基底部扬压力分布、消力池(或防渗铺盖)的抗浮稳定性等因素,合理确定双向防渗与排水布置形式。

6.5.4　连接建筑物布置

水闸两岸连接应能保证岸坡稳定,水闸进、出水流平(稳)顺(直),提高泄流能力和消能防冲效果,满足侧向防渗需要,减轻边荷载对闸室底板的影响,且有利于环境绿化。穿越堤防的水闸应重视上部荷载变化引起的闸室与连接建筑物之间的不均匀沉降,提出分段填筑的要求,加强分缝、止水等措施。两岸连接布置应与闸室布置相适应。水闸两岸连接宜采用直墙式结构;当水闸上、下游水位差不大时,小型水闸也可采用斜坡式结构,但应考虑防渗和防冲等问题。

6.6　水闸结构设计

6.6.1　水闸堰型及堰顶高程

6.6.1.1　水闸堰型

常用的堰型有宽顶堰和实用堰两种。

宽顶堰流量系数较小(0.32~0.385),但构造简单,施工方便,平原地区水闸多采用该堰型。

当上游水位与闸后渠(河)底间高差大,而又必须限制单宽流量时,可考虑采用实用堰。当地基表层土质较差时,为避免地基加固处理,也可采用实用堰,以便将闸底板底面置于较深的密实土层上。常用的实用堰有 WES 堰、克-奥堰、带胸墙的实用堰、折线形低堰、驼峰堰和侧堰等。

宽顶堰与实用堰堰型比较见表 6-6-1。

表 6-6-1　宽顶堰与实用堰堰型比较

堰型	优点	缺点
宽顶堰	1. 结构简单,施工方便。 2. 自由泄流范围较大,泄流能力比较稳定。 3. 堰顶高程相同时,地基开挖量较小	1. 自由泄流时,流量系数较小。 2. 下游产生波状水跃的可能性较大
实用堰	1. 自由泄流时,流量系数大。 2. 选用适合的堰面曲线,可以消除波状水跃。 3. 堰高较大时,可采用较小断面,水流条件较好	1. 结构较复杂,施工较困难。 2. 淹没度增加时,泄流能力降低较快

实用堰的应用远不及平板宽顶堰普遍,在平原地区大多采用宽顶堰,以下均以宽顶堰水闸为例进行说明。

6.6.1.2　堰顶高程

堰顶高程即水闸底槛高程。水闸底槛高程应根据河(渠)底高程、水流、泥沙及闸址地形、地质等条件,结合选用堰型、门型,经技术经济比选确定。

(1)拦河闸一般与河底相平。

(2)分洪闸可布置得比河底高一些,但应满足最低分洪水位时的泄量要求。

(3)进水闸堰顶除满足最低取水位时引水流量的要求外,还应考虑拦沙防淤的要求。

(4)排水闸的堰顶应布置得尽量低一些,以满足排涝的要求。

(5)挡潮闸的堰顶高程在冲淤平衡或淤积量小的河口,应尽量选择低一些,以减小闸宽和降低泄洪水位。在淤积比较严重的河口,堰顶高程选择过低,往往会造成淤积加重,应根据河口淤积现状和清淤能力来确定适宜的堰顶高程。

6.6.2　水闸闸孔宽度

6.6.2.1　过闸单宽流量

选择过闸单宽流量要兼顾泄流能力与消能防冲这两个因素,并进行必要的比较。为了使过闸水流与下游渠中水流平顺相接,过闸单宽流量与渠道平均单宽流量之比不宜过大,以免过闸水流因不易扩散而引起渠道的冲刷。闸的消力池出口处的单宽流量不宜大于渠道平均单宽流量的1.5倍。

过闸单宽流量 q 可参考表6-6-2选取。对于过闸落差小,下游水深大,闸宽相对河道束窄比例小的水闸,可取表6-6-2中的较大值。由于水闸下游土质的抗冲流速随下游水深增大而提高,当下游水深较大时,经分析论证或模型试验验证,过闸单宽流量取值可大于表6-6-2中数值。对于过闸落差大,下游水深小,闸宽相对河道束窄比例大的水闸,以及水闸下游土质的抗冲流速较小时,应取表6-6-2中的较小值。

表6-6-2　过闸单宽流量 q

河床土质	细砂、粉砂、粉土和淤泥	沙壤土	壤土	黏土	砂砾石	岩石
$q/$ [$\mathrm{m^3/(s \cdot m)}$]	5~10	10~15	15~20	15~25	25~40	50~70

6.6.2.2　闸室总净宽和单孔净宽

闸室总净宽可按下式估算:

$$B = \frac{Q}{q} \qquad (6\text{-}6\text{-}1)$$

式中　B——闸室总净宽,m;

　　　Q——过闸总流量,$\mathrm{m^3/s}$;

　　　q——过闸单宽流量,$\mathrm{m^3/(s \cdot m)}$。

布置闸孔,使各闸孔净宽 b 之和不小于闸室总净宽,即 $\sum b \geqslant B$。选择闸墩形式和闸墩厚度,拟定闸室总宽度。

闸孔净宽应根据闸的地基条件、运用要求、闸门结构形式、启闭机容量,以及闸门的制作、运输、安装等因素,进行综合分析确定。选用的闸孔净宽应符合《水利水电工程钢闸门设计规范》(SL 74—2019)所规定的闸门孔口尺寸系列标准。初设时,可在表 6-6-3 范围内选取,一般 B 较大时,b 也应取较大值。闸孔净宽 b 参考值见表 6-6-3。

表 6-6-3　闸孔净宽 b 参考值

闸门类型	弧形钢闸门		平面定轮钢闸门		平面滑动钢闸门		弧形混凝土闸门		平面定轮混凝土闸门		平面滑动混凝土闸门	
部位	露顶	潜孔	露顶	潜孔	露顶	潜孔	露顶	潜孔	露顶	潜孔	露顶	潜孔
b/m	6~18	3~12	4~14	3~12	4~16	3~12	4~12	3~10	4~12	3~8	4~10	3~8

选取平原地区拦河闸的总宽度时,应注意不要过分束窄河道。大、中型水闸闸宽与河宽(通过设计流量时的平均过水宽度)的比值为束窄比,一般不宜小于表 6-6-4 所列数值,否则将会加大连接段的工程量,从而增加工程总造价。

表 6-6-4　水闸束窄比

河道底宽/m	束窄比
50~100	0.6~0.75
100~200	0.75~0.85
≥200	0.85

6.6.2.3　过流能力复核

根据拟定的闸孔形式及尺寸,用堰流或孔流公式计算水闸的泄流能力,并与设计流量(或校核流量)进行比较,二者容许差值应小于 5%,重要工程应通过水工模型试验验证。

凡具有自由表面的水流,受局部的侧向收缩或底坎竖向收缩而形成的局部降落急变流,称为堰流。若同时受闸门(或胸墙)控制,水流经闸门下缘泄出,称为闸孔出流(简称孔流)。

堰流和孔流的判断标准见表 6-6-5。

表 6-6-5　堰流和孔流的判断标准

堰型	堰流	孔流
宽顶堰	$e/H>0.65$	$e/H≤0.65$
实用堰	$e/H>0.75$	$e/H≤0.75$

注:e 为闸门开启高度;H 为堰上水头。

水闸过流方式一般有自由堰流、淹没堰流和闸孔出流三类。各类过流方式的判别和流量计算公式见表 6-6-6。

表 6-6-6 水闸过流方式和流量计算公式

自由堰流	淹没堰流	闸孔出流
$h_s/H_0 < 0.9$	$h_s/H_0 \geqslant 0.9$	$h_e/H \leqslant 0.65$
$Q = \sigma \varepsilon m n b \sqrt{2g} H_0^{3/2}$ $\sigma = 2.31\dfrac{h}{H_0}\left(1-\dfrac{h}{H_0}\right)^{0.4}$	$Q = nb\mu_0 h\sqrt{2g(H_0-h)}$ $\mu_0 = 0.877+\left(\dfrac{h}{H_0}-0.65\right)^2$	$Q = \sigma\mu_0 enb\sqrt{2gH_0}$ $\mu_0 = \mu\sqrt{1-\varepsilon\dfrac{e}{H_0}}$

水闸的过闸水位差应根据上游淹没影响、过闸单宽流量和水闸工程造价等因素综合比较选定。计算闸孔总净宽时,平原区水闸的过闸水位差可采用 0.1~0.3 m,山区、丘陵区水闸的过闸水位差可适当加大。

设置在感潮河段上的挡潮闸,因闸下河段的水位和流量受潮汐影响,故流态为变量变速流。因此,需要对河口潮汐资料进行分析,选择泄水期可能出现的最不利潮型作为水力计算时的标准潮型,并据此绘出闸下潮汐水位变化过程线及闸下水位、泄量与潮位关系曲线。

潮汐河口的泄流不仅与闸宽有关,而且与闸上河段断面(蓄量)有关,在计算时可根据不同的河宽与闸宽的方案,进行综合经济比较,择其最优方案确定挡潮闸孔径。

感潮地区的挡潮闸规模计算分析比较复杂,按照一般经验,根据广州感潮地区的河网特征,河网区河涌集雨面积小,河道长度短,洪峰流量小,排入外江的口门多,计算出来的宽度往往远小于现状的总口门宽度,因此设计过程中确定闸孔总净宽时,都尽量按照选址处地形条件满布,不缩窄河道。上述情况适用于绝大多数感潮河网区,其他特殊情况需另行分析,如上游存在较大面积的山区性流域。

6.6.3 闸室主要轮廓尺寸

6.6.3.1 底板

闸室各部位结构尺寸可按下述方法确定:先初拟各部位结构尺寸,然后根据不同的受力状态,通过稳定分析和内力计算后合理确定。

底板顺水流方向的长度可根据地基条件、挡水高度、上部结构的布置及闸门形式要求确定,并应满足闸室整体抗滑稳定、地基承载力和地基承载力不均匀系数的要求,一般可参考表 6-6-7 选取。

表 6-6-7　水闸底板顺水流方向长度与最大水位差的比值

闸基土质	砂砾土和砾土	砂性土和沙壤土	黏壤土	黏土
比值	1.5~2.0	2.0~2.5	2.0~3.0	2.5~3.5

底板垂直水流方向的宽度,与闸室结构形式、闸孔净宽 b 和闸孔数有关。地基条件一般的多孔水闸可采用整体式平底板,一般取两孔一联,小型水闸也可取三孔一联或四孔一联,与两岸连接一般需采用岸墙连接。坚硬地基或采用灌注桩基础的多孔水闸可采用⊥一⊥形分离式底板,底板挑出闸墩的宽度可取为 $(0.1~0.5)b$,中底板宽度可取为 $(0.6~0.8)b$,与两岸连接一般需采用岸墙连接。地基条件较好、相邻闸墩之间不致产生较大不均匀沉降的多孔水闸可采用⊔一⊔形分离式底板,与两岸连接一般需采用边墩连接。坐落在土基上的水闸底板垂直水流方向宽度不宜超过 35 m,岩基上的宽度不宜超过 20 m。

水闸底板的厚度,可根据地基条件、闸室形式和闸孔净宽确定,并应满足结构计算强度的要求,一般可参考表 6-6-8 拟定。

表 6-6-8　水闸底板厚度参考

结构形式		底板厚度/m	
		估算公式	参考尺寸
整体式平底板		$(1/5~1/8)b$	1.0~2.5
⊥一⊥形分离式底板	墩底板	$(1/5~1/8)b$	1.0~2.0
	中底板	$(1/10~1/15)b$	0.5~1.0
⊔一⊔形分离式底板		$(1/6~1/10)b$	1.0~2.5

6.6.3.2　闸墩

(1)平面轮廓。闸墩结构形式应根据闸室结构抗滑稳定性和闸墩纵向刚度要求确定,一般宜采用实体式。闸墩的外形轮廓设计应能满足过闸水流平顺、侧向收缩小、过流能力大的要求。一般采用上游为半圆形、下游为流线形或尖角形的闸墩。闸墩长度一般由上部结构的布置要求决定,闸墩厚度除应满足结构安全外,还应注意与闸的整体外形相协调,可参考表 6-6-9 选取。平面闸门闸墩门槽处最小厚度不宜小于 0.4 m。

表 6-6-9　闸墩厚度参考　　　　　　　　　　　　　　　　单位:m

闸孔净宽	闸墩厚度		
	中墩	缝墩	边墩
3~5(小跨度)	0.8~1.0	2×0.6~2×0.8	0.8~1.0
5~10(中等跨度)	1.0~1.3	2×0.8~2×1.0	0.8~1.3
10~15(大跨度)	1.3~1.8	2×1.0~2×1.5	1.3~1.8
15~20(特大跨度)	1.8~2.5	2×1.5~2×2.0	1.8~2.5

(2)闸顶高程。一般指墩顶高程,墩顶高程的确定为强制性条文,一般涉水的控制性

高程均为强制性条文。

水闸闸顶高程应根据挡水和泄水两种运用情况确定(见表6-6-10)。挡水时,闸顶高程不应低于水闸正常蓄水位(或最高挡水位)、波浪计算高度与相应安全超高值之和;泄水时,闸顶高程不应低于设计洪水位(或校核洪水位)与相应安全超高值之和。

表6-6-10　水闸安全加高下限值

运行情况		水闸级别			
		1	2	3	4、5
挡水时	正常蓄水位	0.7	0.5	0.4	0.3
	最高挡水位	0.5	0.4	0.3	0.2
泄水时	设计洪水位	1.5	1.0	0.7	0.5
	校核洪水位	1.0	0.7	0.5	0.4

位于防洪(挡潮)堤上的水闸,其闸顶高程不得低于防洪(挡潮)堤堤顶高程。闸顶高程的确定,还应考虑软弱地基上闸基沉降的影响,多泥沙河流上、下游河道变化引起水位升高或降低的影响,防洪(挡潮)堤上水闸两侧堤顶可能加高的影响等。

确定闸顶高程时,还应考虑工作桥、交通桥和通航等方面的要求。工作桥、检修便桥和交通桥的梁(板)底高程均应高出最高洪水位0.5 m以上;若有流冰,应高出流冰面以上0.2 m;有通航要求时,应满足通航净空要求。

(3)门槽尺寸。工作闸门门槽应设在闸墩水流较平顺部位,其宽深比选取1.6~1.8。根据管理维修需要设置的检修闸门门槽,其与工作闸门门槽之间的净距离不宜小于1.5 m。常用四主轮平面闸门的门槽尺寸可按下式估算:

门槽宽:

$$W = 0.035H\sqrt{b_0} + 0.05 \tag{6-6-2}$$

门槽深:

$$D = \left(\frac{1}{1.4} \sim \frac{1}{2.5}\right)W \tag{6-6-3}$$

6.6.4　闸室附属结构

闸室的附属结构是指除底板、闸墩和闸门等主体结构以外的其他结构,按其用途可分为胸墙、工作桥、交通桥、启闭机房、控制室、排架等。

6.6.4.1　胸墙

胸墙的主要作用是挡水,借以减小闸门的高度和重量以及启闭机容量。胸墙在闸室中的位置总是与闸门位置配合在一起,一般都是直立设置在闸门槽上游侧。

胸墙的结构形式可根据闸孔孔径大小和泄流要求选用板式或梁板式(见图6-6-1)。板式胸墙适用于较小的跨度和挡水高度,一般做成上薄下厚的楔形板,也可以均厚布置,板式胸墙在感潮地区普遍运用。当闸孔孔径或胸墙高度大于6 m时,宜采用梁板式;可增设中横梁及竖梁,形成肋形结构。

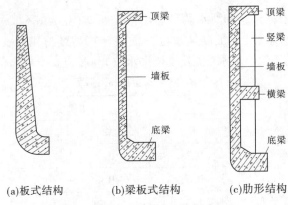

(a)板式结构　　　(b)梁板式结构　　　(c)肋形结构

图 6-6-1　胸墙结构形式

板式胸墙顶部最小厚度一般为 20 cm。梁板式胸墙的板厚一般不小于 15 cm,板跨度不大于 6 m,顶梁梁高约为胸墙跨径的 1/15~1/12,梁宽常取 40~80 cm,底梁梁高约为胸墙跨径的 1/9~1/8,梁宽常取 60~120 cm。

6.6.4.2　工作桥

在水闸的闸孔上往往需要架设工作桥,主要分为主闸门工作桥和检修闸门工作桥两种。工作桥的位置相应地放在闸门上面,因此闸门工作桥多支承于闸墩顶的排架上。

工作桥的结构形式,可视水闸的规模而定。为了使闸门开启后在桥下有较大的净空,大、中型工作桥多采用钢筋混凝土梁板式结构,由主梁、次梁、面板等部分组成。工作桥的主梁、次梁布置应根据启闭机机座的平面尺寸、地脚螺栓的平面尺寸、地脚螺栓位置及闸门的吊点位置等而定。

6.6.4.3　交通桥

交通桥是连接水闸两岸交通的主要通道。交通桥桥面高程通常与闸墩顶高程齐平,特殊条件下桥面高程可高于闸墩顶高程,桥面可为水平面或斜面,桥面变坡的起点、坡度视水闸两岸地形情况确定。

工程中采用较多的交通桥结构形式为板式结构和梁式结构。一般情况下,小跨度水闸(3~10 m)宜采用现浇或预制混凝土板结构;中等跨度水闸(10~20 m)宜采用预应力空心板结构;大跨度水闸(20 m 以上)宜采用预应力 T 形梁结构或其他结构。大多数水闸采用单跨简支板梁,多孔整体式底板可采用连续板梁。交通桥的设计应符合《公路桥涵设计通用规范》(JTG D60—2015)、《公路钢筋混凝土及预应力混凝土桥涵设计规范》(JTG 3362—2018)规范的要求。

6.6.4.4　启闭机房及控制室

启闭机房是为管理人员能安全操作和保护启闭机具不受恶劣自然环境的侵蚀而设置的。启闭机房设置在工作桥上,一般采用钢筋混凝土结构。为减轻工作桥及地基的负荷,启闭机房可以设置轻型结构。用移动式启闭机时,一般只在工作桥的端部设置机房。机房应满足防风、防雨、防尘、防雷、防晒、防潮和保温等要求,其建筑面积应根据安装机具和操作维修的需要确定。

控制室为集中控制操作闸门而设置,多设在闸室段靠近电源的一岸,室内一般安装有配电盘、开关柜和其他机具、仪表。操作室与工作桥应保证交通方便,操纵台与闸门应能够较方便地通视,以便就近观察机械及闸门运转情况。控制室一般采用钢筋混凝土结构,其建筑面积、空间布置,以及采光、照明、通风、保暖等设计应满足机电设备和操作管理的要求。

6.6.4.5 排架

大、中型水闸常利用排架支承交通桥和工作桥。当工作桥高程与闸墩顶高程相差较大时,为减少闸墩工程量,常采用排架支承工作桥,排架可以设在闸墩上,也可以直接设置在底板上。

刚架式排架多采用钢筋混凝土框架结构,由立柱和横梁组成。当高度小于 5 m 时,一般采用 H 形单层框架,高度大于 5 m 时,采用双层或多层框架结构。

6.6.4.6 附属结构组合

(1)胸墙的设置完全根据其他主要结构形式的需要而定,如过流满足、无通航要求的情况下,为避免闸门露出过高,可利用胸墙降低闸门高度。

(2)工作桥主要用于工作闸门和检修闸门等的巡检维修,主要用于管理部门,绝大多数情况下均布置,少数通过廊道检修的可不设工作桥。交通桥是连接水闸两岸交通的主要通道,主要用于外部,一般根据区域规划需要布设。

近些年,城区的多座水闸不再简单地考虑工作通行,更多地考虑两岸人行和车行交通和整体景观风格,越来越多的风雨廊桥得到应用,并广受好评。即使目前仅内部管理使用的水闸,也按远期开放交通考虑结合布置工作桥和交通桥。

(3)启闭机房、控制室和排架主要是为了布置卷扬机等各类启闭设施,从而导致水闸的建筑比例不相协调,尤其是各类小型水闸,比例极不协调。随着液压启闭机的广泛运用,启闭机房及控制室可同闸室分离布置,这给水闸的外观设计带来更多的可能性。大型水闸也可以探索闸上式设备房布置形式。

6.6.5 消能与防冲

6.6.5.1 消能工形式

消能设施的布置形式要根据工程的具体情况经技术经济比较后确定。水闸工程一般建在软土地基上,承受水头不高,且下游抗冲能力较低,多采用底流式消能。下挖式消力池、突槛式消力池或综合式消力池是底流式消能的三种主要形式。

当闸下尾水深度小于跃后水深时,可采用下挖式消力池消能,见图 6-6-2。消力池深度一般为 1.0~3.0 m,消力池与闸室底板之间用斜坡段连接,常用坡度为 1:3~1:5。当消力池深度不超过 1.0 m,且闸门后的闸室底板较长时,也可将闸门后的部分闸室底板用 1:4 斜坡降至消力池底部高程,作为消力池的一部分。

当计算的消力池深度超过 3.0 m 时,如采用一级消能,消力池的工作条件十分复杂,消力池底板的稳定性需要慎重对待,避免影响闸室和下游翼墙的稳定。

当闸下尾水深度略小于跃后水深时,可采用突槛式消力池消能,见图 6-6-3。

当闸下尾水深度远小于跃后水深,且计算消力池深度又较深时,可采用下挖式消力池

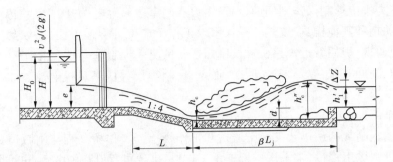

H_0—计入行近流速水头的堰上水深,对于闸前水面较宽的水闸,不应计入行近流速;H—上游水深;v_0—闸上水流流速;
g—重力加速度;ΔZ—出池落差;e—闸门开度;h_c—收缩水深;h''_c—跃后水深;h'_1—下游水深,m;
β—水跃长度修正系数;L_j—水跃长度;L—消力池斜坡段水平投影长度;d—消力池深度。

图 6-6-2 下挖式消力池示意

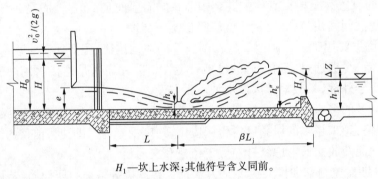

H_1—坎上水深;其他符号含义同前。

图 6-6-3 突槛式消力池示意

与突槛式消力池相结合的综合式消力池消能,见图 6-6-4。

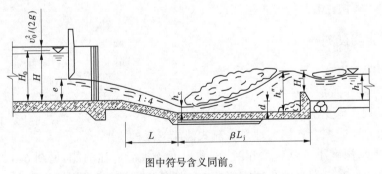

图中符号含义同前。

图 6-6-4 综合式消力池示意

除了底流式消能,还有面流式消能和挑流式消能两种比较常用的消能方式,大多用于水闸上、下游水位差较大的山区性河流,挑流消能还需要闸下河床及岸坡为坚硬岩体时才能采用,此处不再赘述。

对于大型多孔水闸,在控制运用中经常只需开启部分闸孔,此时设置隔墩或导墙进行分区消能防冲布置,对改善下游的流态有利。

6.6.5.2 消能防冲计算

1. 消力池

沿海地区应用最多的是下挖式消力池,以下消能防冲计算均以下挖式消力池为例。在设计时,应对可能出现的各种水力条件及最不利的水位组合情况进行计算,以确定消能工的尺寸。

消力池计算示意如图 6-6-5 所示。

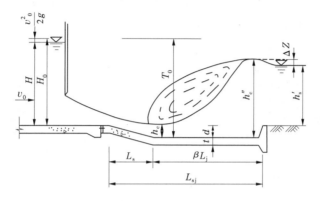

T_0—由消力池底板顶面算起的总势能;L_s—消力池斜坡段水平投影长度;L_{sj}—消力池长度;
t—消力池底板始端厚度;h'_s—出水池河床水深;其他符号含义同前。

图 6-6-5 消力池计算示意

消力池深度可按下式计算:

$$d = \sigma_0 h''_c - h'_s - \Delta Z \tag{6-6-4}$$

$$h''_c = \frac{h_c}{2}\left(\sqrt{1 + \frac{8\alpha q^2}{g h_c^3}} - 1\right)\left(\frac{b_1}{b_2}\right)^{0.25} \tag{6-6-5}$$

$$h_c^3 - T_0 h_c^2 + \frac{\alpha q^2}{2g\varphi^2} = 0 \tag{6-6-6}$$

$$\Delta Z = \frac{\alpha q^2}{2g\varphi^2 h_s'^2} - \frac{\alpha q^2}{2g h_c''^2} \tag{6-6-7}$$

消力池长度可按下式计算:

$$L_{sj} = L_s + \beta L_j \tag{6-6-8}$$

$$L_j = 6.9(h''_c - h_c) \tag{6-6-9}$$

消力池底板厚度可根据抗冲和抗浮要求,分别按下式计算,并取其大值。

$$t = k_1 \sqrt{q_s \sqrt{\Delta H'}} \tag{6-6-10}$$

$$t = k_2 \frac{U - \gamma h_d \pm P_m}{\gamma_b} \tag{6-6-11}$$

以上式中,σ_0 为水跃淹没系数,可采用 1.05~1.10;α 为水流动能校正系数,可采用 1.0~1.5;q 为过闸单宽流量,$\mathrm{m^3/(s \cdot m)}$;b_1 为消力池首端宽度,m;b_2 为消力池末端宽度,m;$\Delta H'$ 为闸泄水时的上、下游水位差,m;k_1 为消力池底板计算系数,可采用 0.15~0.20;k_2 为消力池底板安全系数,可采用 1.1~1.3;U 为作用在消力池底板底面的扬压力,

kPa;γ 为水的重力密度,kN/m³;h_d 为消力池内水深,m;P_m 为作用在消力池底板上的脉动压力,kPa,其值可取跃前收缩断面流速水头值的 5%;计算消力池底板前半部的脉动压力时取"+"号,计算消力池底板后半部的脉动压力时取"−"号;γ_d 为消力池底板的饱和容重,kN/m³;其他符号含义同前。

2. 海漫

当 $\sqrt{q_s\sqrt{\Delta H'}} = 1\sim9$,且消能扩散良好时,海漫长度可按下式计算,海漫长度 L_p 计算系数 K_s 可按表 6-6-11 取值:

$$L_p = K_s\sqrt{q_s\sqrt{\Delta H'}} \tag{6-6-12}$$

表 6-6-11　海漫长度计算系数 K_s 取值

河床土质	粉砂、细砂	中砂、粗砂、粉质壤土	粉质黏土	坚硬黏土
K_s	14~13	12~11	10~9	8~7

3. 防冲槽

海漫末端的河床冲刷深度可按下式计算:

$$d_m = 1.1\frac{q_m}{[v_0]} - h_m \tag{6-6-13}$$

上游护底首端的河床冲刷深度可按下式计算:

$$d'_m = 0.8\frac{q'_m}{[v_0]} - h'_m \tag{6-6-14}$$

6.6.5.3　消能工构造及布置

1. 消力池

消力池底板一般采用混凝土或钢筋混凝土结构,尺寸根据计算确定。为减小渗透压力,可在消力池中设置垂直排水孔和铺设反滤层,如图 6-6-6 所示。排水孔间距可取 1.0 m,直径为 50~100 mm。对于存在多层透水层的复杂地基或粉细砂地基,可设置减压井或加大排水孔直径。

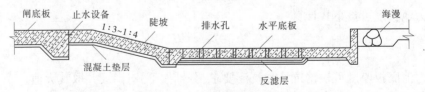

图 6-6-6　消力池构造示意图

为增强消力池的整体稳定性,土基上的消力池垂直水流方向一般不分缝,长度大于 20 m 时,可在消力池斜坡段末端分缝;岩基上或有抗冻胀要求的消力池顺水流方向和垂直水流方向均应分缝,缝距 8~15 m,顺水流方向缝宜与闸室分缝错缝布置。有防渗要求的缝需要设置止水。

消力池底板的内力较小,一般可按构造配筋。平面尺寸较大时,可按弹性地基梁计算。消力池较深,边荷载较大时,侧墙外侧底板和消力池尾槛的配筋按悬臂梁计算确定。

为消减出池水流的剩余能量,消力池后均应设海漫或防冲槽(或防冲墙)。

2. 海漫

海漫应具有一定的柔性、透水性、表面粗糙性,其构造和抗冲能力应与水流流速相适应,海漫构造和海漫结构布置如图 6-6-7、图 6-6-8 所示。海漫宜做成等于或缓于 1:10 的斜坡,感潮地区也可以做成平底。

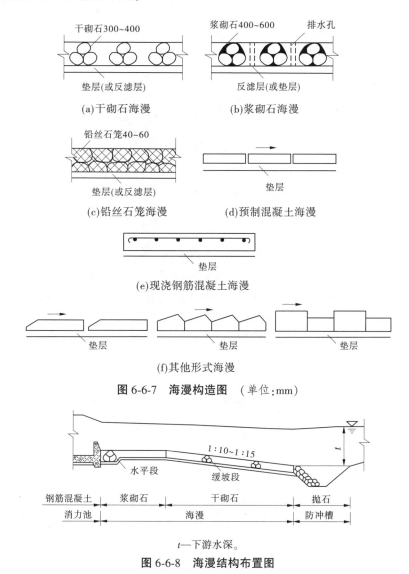

图 6-6-7　海漫构造图　(单位:mm)

图 6-6-8　海漫结构布置图

干砌石海漫一般由直径大于 30 cm 的块石砌成,厚度为 0.3~0.6 m,下设碎石、中粗砂垫层各 10~15 cm,抗冲流速为 3~4 m/s,常设在海漫后段。

浆砌石海漫采用 M10 或 M7.5 级水泥砂浆砌成,抗冲流速较高,为 3~6 m/s,但柔性和透水性较差,一般用于海漫的首端,约为海漫全长的 1/3。厚度为 0.4~0.6 m,内设排水孔和反滤层。

缺少块石的地区可采用现浇混凝土、钢筋混凝土或预制混凝土海漫,混凝土强度等级不小于 C20,厚度 0.2~0.5 m,内设排水孔和反滤层。为有效降低海漫段底流流速,可在海漫表面设置混凝土格埂或糙条,格埂或糙条顶高程宜高于海漫顶面 0.2~0.5 m,近年在流速不大的感潮地区,也常用素混凝土海漫+片石加糙,在混凝土未初凝前压入,施工简便快速。

3. 防冲槽

常见防冲槽的形式有抛石防冲槽和齿墙式防冲槽。抛石防冲槽多采用梯形断面(见图 6-6-9),槽内抛填块石粒径不小于 30 cm,槽内抛石量稍多于冲刷坑形成后坑上游坡护面所需要的块石量。

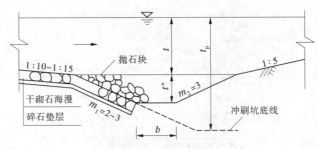

图 6-6-9　抛石防冲槽示意

齿墙式防冲槽(见图 6-6-10)在防冲槽上游设置深齿墙或灌注桩、预制钢筋混凝土桩、高压喷射桩等刚性板桩建筑物,埋深大于可能冲刷深度,板桩下游可设堆石保护。齿墙和板桩应保证在冲坑形成后满足强度和稳定的要求。

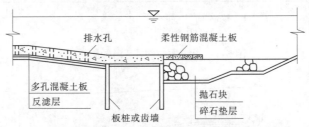

图 6-6-10　齿墙式防冲槽示意

水闸进口段由于受上游翼墙或导流墙的约束,使行进流速增大,也会引起上游河底的冲刷,有可能危及上游护砌工程的安全。大、中型工程在上游防护段的首端也应设置防冲槽,其计算方法和构造形式同下游防冲槽。

在流速不大的感潮地区,一般都采用抛石防冲槽。

6.6.6　防渗与排水

6.6.6.1　防渗排水布置

闸基防渗布置采用防渗和排水相结合。防渗措施(如铺盖、防渗墙和齿墙等)多布置在水闸上游一侧,用以延长渗径,布置需兼顾侧向绕渗;排水措施(如排水体和反滤层)多布置在下游一侧渗流出口处,将渗流顺利排到下游。

地下轮廓线自铺盖前端开始,到排水前端为止,沿铺盖、板桩两侧、底板、护坦等与地基相接触,其长度为水闸的防渗长度。

闸基防渗长度可按下式初步估算,允许渗径系数值可按表6-6-12取值。

$$L = C\Delta H \qquad (6\text{-}6\text{-}15)$$

式中,L为闸基防渗长度,即闸基轮廓线防渗部分水平段和垂直段长度的总和,m;ΔH为上、下游水位差,m;C'为允许渗径系数,见表6-6-12,当闸基设置垂直防渗体时,可以采用表6-6-12中规定值的小值。

表 6-6-12　允许渗径系数值

排水条件	地基类别									
	粉砂	细砂	中砂	粗砂	中砾、细砾	粗砾夹卵石	轻粉质沙壤土	轻沙壤土	壤土	黏土
有滤层	13~9	9~7	7~5	5~4	4~3	3~2.5	11~7	9~5	5~3	3~2
无滤层	—	—	—	—	—	—	—	—	7~4	4~3

地下轮廓线的布置应遵循"上防下排"原则,上防指由铺盖等水平措施和齿墙、防渗墙、灌浆帷幕等垂直措施组成的防渗系统;下排指由排水孔、减压井等措施组成的排水系统。

地下轮廓布置形式主要有以下几种:

Ⅰ型:平底式,主要水平防渗措施为铺盖、浅齿墙等,如图6-6-11所示。

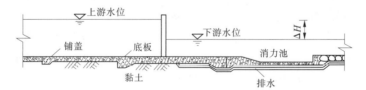

ΔH—上、下游水位差。

图 6-6-11　地下轮廓布置形式 Ⅰ

Ⅱ型:铺盖与防渗墙结合布置的形式,如图6-6-12所示。

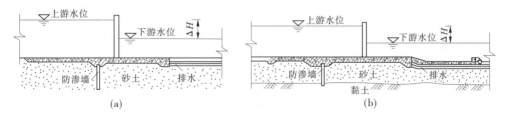

（a）　　　　　　　　　　　　　　　（b）

ΔH—上、下游水位差。

图 6-6-12　地下轮廓布置形式 Ⅱ

Ⅲ型:双向水头水闸的防渗布置形式,如图6-6-13所示。

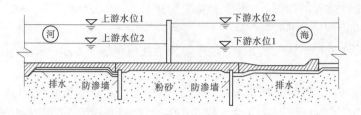

图 6-6-13　地下轮廓布置形式Ⅲ

6.6.6.2　防渗设施

防渗设施有铺盖、防渗墙和齿墙等。

1. 铺盖

1）铺盖材料要求和常见形式

铺盖用以延长渗径，降低闸底的渗透压力和渗透坡降（$J = H/L$），材料要求如下：

（1）具有相对不透水性，$\dfrac{\text{铺盖渗透系数}}{\text{地基渗透系数}} < \dfrac{1}{100}$。

（2）有一定的柔性以适应地基的变形。

（3）长度多为闸上水头的 3~6 倍。

常用形式有黏土铺盖、混凝土和钢筋混凝土铺盖等。铺盖与闸底板和上游翼墙的连接处用缝分开，缝中设止水设备。

2）黏土铺盖

黏土铺盖长度为闸上水头的 2~4 倍；厚度由 $\delta = \Delta H/J$ 确定，ΔH 为该断面铺盖顶底面的水头差，J 为材料的容许坡降（黏土取 4~8，壤土取 3~5）。

黏土铺盖前端最小厚度为 0.6 m，逐渐向闸室方向加厚至 1.0~1.5 m。在任一铅直断面上的厚度不应小于（1/6~1/10）ΔH。铺盖表面应筑浆砌块石、混凝土预制板等保护层和砂砾石垫层。铺盖与闸底板之间做好防渗接头。

3）混凝土或钢筋混凝土铺盖

混凝土或钢筋混凝土铺盖应用最广泛，混凝土或钢筋混凝土铺盖最小厚度宜大于 0.4 m，其顺水流向的永久缝缝距可采用 8~20 m，靠近翼墙的铺盖缝距宜采用小值。缝宽可采用 2~3 cm。

2. 防渗墙

（1）防渗墙布置。浅透水层宜采用截断式防渗墙，并深入相对不透水层至少 1.0 m。深透水层防渗墙深度一般为上、下游水位差的 60%~100%。

防渗墙防渗作用与布置位置、透水地基深度和土层分布等有关。防渗墙布置要点：①透水地基较浅，防渗墙应布置在铺盖或者闸底板上游一侧；②同时布置两道防渗墙时，其单位长度的水头损失比总长相等的一道防渗墙大；③防渗墙长度接近相对不透水层时，水头损失更大；④防渗墙效果随透水地基深度增加而渐减；⑤垂直水流向总宽度较小的水闸受三向的渗流影响较大，防渗墙的作用显著降低；⑥闸底板下游一侧设置短防渗墙有益于降低渗流出口坡降；⑦下游侧防渗墙较长会显著增加底板扬压力，设计地下轮廓时应做出全面比较核算。

（2）防渗墙材料。防渗墙材料有水泥土、素混凝土、钢筋混凝土、高压喷射水泥浆及木结构、钢板桩等。钢筋混凝土板桩墙、混凝土防渗墙的最小有效厚度宜大于 0.2 m，水泥土搅拌桩防渗墙的最小有效厚度宜大于 0.35 m，水泥砂浆帷幕或高压喷射灌浆帷幕的最小有效厚度宜大于 0.1 m。

3. 齿墙

闸底板的上、下游端均应设有浅齿墙，以增强闸室稳定，延长渗径。其深度不小于 0.5~1.0 m。当地基为粒径较大的砂砾石或卵石，且不宜打板桩时，可采用深齿墙或防渗墙与埋藏不很深的不透水层连接。深齿墙宜布置在底板或铺盖的上游侧。深齿墙与底板或铺盖连接处均用接缝分开，接缝中设置止水，以保证其不透水。

6.6.6.3 分缝与止水

1. 分缝

水闸需设缝，以防止结构物因地基不均匀沉降和温度变形而产生裂缝。缝的间距为 10~30 m，缝宽为 2.0~2.5 cm，使相邻结构物的沉降互不影响。有抗震要求时，缝宽将更大，应做专门设计。

土基水闸，凡相邻结构沉降量不同处都应设缝分开。混凝土铺盖和护坦因面积较大，本身也应设缝。分缝内应设填缝材料，常用的填缝材料有沥青木板、沥青油毛毡、挤塑板或闭孔泡沫板等。

2. 止水

凡有防渗要求的伸缩缝和沉降缝，均应设止水结构。止水分铅直止水和水平止水（见图 6-6-14、图 6-6-15）。

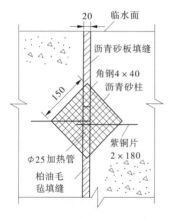

图 6-6-14 铅直止水构造 （单位:mm）

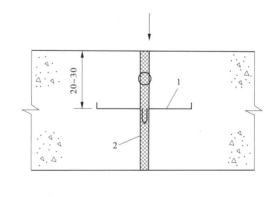

1—金属止水片;2—接缝填充料(沥青杉板或油毡止水片)。

图 6-6-15 水平止水构造 （单位:mm）

铅直止水的位置应靠近临水面，距临水面 0.2~0.5 m。缝墩内的铅直止水位置宜靠近闸门，并略近上游。重要的水闸在设置铅直止水后，应加做检查井，用以检查止水和缝的工作情况。

水平止水的位置应靠近底板（铺盖、消力池底板或护坦底板）顶部，距顶部 0.15~0.2 m。

6.6.6.4　排水及反滤设施

1. 排水体

排水体的位置直接影响闸底渗透压力的大小。排水体由透水性较强的大颗粒砂石料组成。土基水闸多采用平铺式排水体。为防止发生渗透变形,平铺式排水体在渗流进入处应设反滤层。排水设施的上面是混凝土护坦时,应在护坦后面留排水孔。岩基上建闸,通常在护坦接缝和排水孔的下面铺筑沟状排水体,纵横呈网格状排列。

2. 反滤层

反滤层(见图6-6-16)是用2~3层粒径不同、经过选择的砂石料(砂、砾石、卵石或碎石等)铺成。遇到粉土地基时,甚至需铺4层。

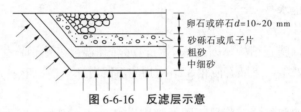

图 6-6-16　反滤层示意

反滤层每层厚度为20~25 cm。反滤层的铺设长度,应使其末端地基中的渗流坡降小于闸基土料的容许坡降。反滤层在水闸运行过程中可能部分堵塞,设计、施工时应考虑这一因素。

6.6.6.5　侧向绕渗布置

水闸渗流有闸基渗流和侧向绕渗两类,前者为有压渗流,后者为无压渗流,如图6-6-17所示。侧向绕渗一般通过以下措施解决:

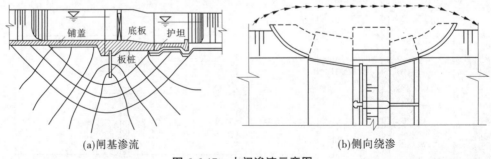

(a)闸基渗流　　　　　　　　　　　(b)侧向绕渗

图 6-6-17　水闸渗流示意图

(1)建筑物与土堤岸坡相接,应采取延长渗径的防渗措施适应侧边绕渗,效果较好的是垂直防渗措施,即闸墙外水平向伸入土堤的刺墙。刺墙插入两岸的长度,应按侧向绕渗要求确定,初拟时可取为1~2倍水头值,厚度一般为0.4~0.8 m,顶部等于或略低于最高挡水位,底部一般与闸室底板底面相平,并与底板防渗轮廓线相适应。

(2)在涵闸进出口衔接较长的前墙和翼墙,延长渗径以适应绕渗。

(3)绕渗水流会使防渗墙或帷幕等防渗措施对于砂基的截渗效果大减,做好下游排渗布局(排水井及排水孔)是减轻绕渗危害的重要措施,既可减小建筑物基底的扬压力和出渗坡降,也可降低下游岸墙、翼墙墙后绕渗的渗流水位,从而降低侧岸陡坡滑塌的风险。值得注意的是,必须做好排渗出口的滤层保护。

6.6.7 两岸连接建筑物

6.6.7.1 两岸连接建筑物

水闸上、下游段两岸连接建筑物的常用形式,如图 6-6-18 所示。上游翼墙的收缩角每侧不宜大于 18°,下游翼墙的扩散角每侧宜采用 7°~12° 的翼墙和导墙沿水流方向的长度,上游为水深的 4~6 倍,下游不应小于消力池的长度。

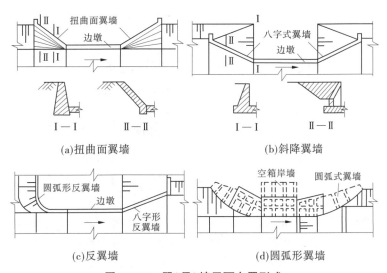

(a)扭曲面翼墙　　　　　　(b)斜降翼墙

(c)反翼墙　　　　　　(d)圆弧形翼墙

图 6-6-18　翼(导)墙平面布置形式

(1)扭曲面翼墙连接。这种形式水流条件好,工程量省,但施工复杂,应特别注意墙后填土的质量。

(2)斜降翼墙连接。这种形式工程量省,施工简单,但水流在闸孔附近易产生立轴旋涡,所以大、中型水闸较少采用。

(3)反翼墙连接。翼墙自闸室向上、下游延伸一定距离,然后垂直于水流方向插入河岸。转角可做成圆弧形或折线形,圆弧形转角的半径可取为 2~5 m,插入河岸部位的翼墙底部,也可分段做成台阶形。这种形式水流条件和防渗效果都较好,但工程量大。

(4)圆弧形翼墙连接。水闸上、下游用圆弧形的直立翼墙与两岸连接。上游圆弧半径一般为 15~30 m,下游圆弧半径一般为 35~40 m,翼墙多采用扶壁式、空箱式或连拱空箱式结构。这种布置形式水流条件好,适用于单宽流量大的大、中型水闸。

在上述各种连接形式的上、下游均应设置护坡结构与河道自然岸坡相连。为了防止表层流速对河岸的冲刷,一般上、下游护坡均比护底略长一些。

6.6.7.2 两岸连接段结构设计

两岸岸墙、翼墙的受力状态和结构形式与一般挡土墙相似,其设计方法可参照《水工挡土墙设计规范》(SL 379—2007)。在高度大、孔数少的水闸工程中,岸墙、翼墙的工程量在水闸总工程量中占很大的比例,选择安全可靠、经济合理的结构断面形式,是水闸设计中不可忽视的一个重要方面。

(1)重力式。重力式结构主要依靠本身重量维持稳定,是一个梯形的实体结构。重力式墙最常见的形式是墙背垂直和墙背俯斜两种结构形式,墙背仰斜的断面实际上是处于挡土墙和护坡间的过渡形式,虽然较经济,但因施工不便,填土难以压实,较少使用,重力式挡土墙示意见图 6-6-19。

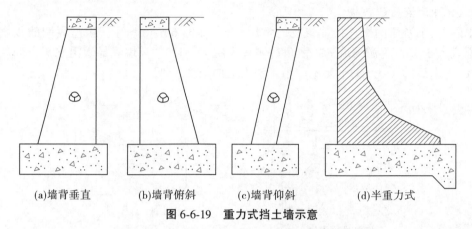

(a)墙背垂直　　　(b)墙背俯斜　　　(c)墙背仰斜　　　(d)半重力式

图 6-6-19　重力式挡土墙示意

挡土墙底板和压顶一般采用混凝土浇筑,而墙身多数采用浆砌块石砌筑,以节省工程造价,挡土墙顶宽一般为 0.4~0.6 m,一侧为直立面,另一侧坡度为 1:0.3~1:0.5。

重力式挡土墙断面较大,工程造价较高。为了节省工程造价,可采用半重力式结构。保留重力式挡土墙所需要的底部宽度甚至适当放宽,大幅度缩小上部墙身断面。一般墙面保持垂直,墙背坡度改陡,做成半重力式,通常用混凝土浇筑,局部强度不够的地方适当配置钢筋。这样可以较好地发挥材料的强度,利用填土重量维持稳定,显著地减少工程量。

由于重力式挡土墙结构断面大,用材多和质量重,限制了它在松软地基上的建筑高度,一般墙高不宜超过 5~6 m,墙身过高,软基承载力可能不够,经济上也不合算。

(2)衡重式。维持重力式墙的顶部断面,在一定深度处墙身突然放宽,形成衡重平台,而墙底则适当缩小,墙面保持直立,墙背底部形成倒坡,形成衡重式挡土墙结构(见图 6-6-20)。衡重平台的高度应根据原状土高度及边坡开挖的可能性确定,平台宽度可按计算需要进行适当调整。衡重式挡土墙墙身一般采用浆砌块石砌筑,与一般重力式挡土墙比较,材料可以节省 10%~15%(墙身越高越节省)。

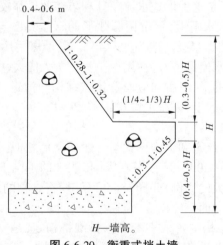

H—墙高。

图 6-6-20　衡重式挡土墙

（3）悬臂式和扶壁式。悬臂式和扶壁式挡土墙通常采用钢筋混凝土结构（见图6-6-21）。悬臂式挡土墙由直立悬臂墙和水平底板组成，具有厚度小、自重轻等优点。扶壁式挡土墙则在直立悬臂墙后间隔增加一个扶壁，多用于大型水闸的高大岸墙、翼墙和刺墙，它的工程量小，但用的模板较多。二者均属于轻型结构，墙体稳定主要利用底板上的填土重维持稳定。悬臂式挡土墙挡土高度不宜超过7 m，扶壁式挡土墙一般不宜超过10 m。

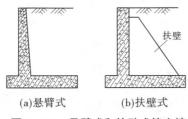

(a)悬臂式　　　　　(b)扶壁式

图6-6-21　悬臂式和扶壁式挡土墙

（4）空箱式。空箱式结构由底板、前墙、后墙、扶壁和隔板等组成，可以利用前、后墙之间形成的空箱充水或填土，来调整地基压力（见图6-6-22）。其主要特点是重量轻，地基应力较小，分布比较均匀，但结构复杂，模板量大，施工不便和造价高，适用于挡土墙高度比较大且地基松软的情况。

(a)　　　　　　　　(b)

图6-6-22　空箱式挡土墙

6.6.8　桥闸一体结构形式

6.6.8.1　概述

桥闸工程是集城市交通和城市景观于一体的大型综合性城市基础设施项目，既可以挡水、泄水，发挥水闸调节水位和控制泄流的作用，又可以利用水闸建筑物建设市政道路，发挥交通功能。

6.6.8.2　典型案例

1. 水闸案例1

某水闸为大（2）型水闸，以排洪、挡洪（潮）为主，结合通航、截污、交通及观光等任务。

水闸包括进水渠、闸室、消力池、海漫等部分。新建水闸共4孔及船闸下闸首，其中水闸每孔净宽12 m，水闸顺水流方向长34 m，垂直水流方向设4道缝，每一缝段一孔一联，边墩厚2.5 m，缝墩厚1.5 m，边孔联宽21 m（含踵板宽5 m），中孔联宽15 m，共66.2 m；船闸下闸首闸孔净宽12 m，两侧闸墩均厚8.0 m，顺水流方向长度37.13 m，船闸闸室、上闸首及上游引航道待上游河道扩建完成后再实施。堤顶上游侧连接堤顶市政道路。水闸近景效果图1见图6-6-23。

图 6-6-23　水闸近景效果图 1

2. 水闸案例 2

该闸位于外江堤防上,属于穿堤建筑物,水闸的布置需要考虑排洪要求,同时需要恢复堤顶交通要求。水闸近景效果图 2 见图 6-6-24。

图 6-6-24　水闸近景效果图 2

3. 水闸案例 3

汉中市汉江城市桥闸工程是集城市交通和城市景观为一体的大型综合性城市基础设施项目。工程由交通大桥和拦河闸两部分组成。交通大桥桥面总长 1 020 m,主桥宽 28.1 m,引桥宽 28.5 m。拦沙闸的主河槽和低漫滩不同高程部分分别采用 30 孔 17.5 m× (5.5~3.5)m 不同孔口尺寸的开敞式平底闸。

桥闸建成后,既可成为西汉高速公路出入汉中市区、连接汉江两岸的重要交通枢纽,又可通过调节水位,在汉中城区汉江段形成一个宽 400~800 m、长 6 km、面积 3 km² 的人工湖泊。

6.7 水闸地基处理

南沙区地处珠江三角洲软土地区,主要为第四纪沉积物,土层多淤泥、淤泥质土及淤泥质粉砂,具有含水量高、抗剪强度低、压缩性高、承载力低等特性。常用的基础处理方式有以下几种。

6.7.1 水泥土搅拌桩

水泥土搅拌桩是用于加固饱和软黏土地基的一种方法,它利用水泥作为固化剂,通过特制的搅拌机械,在地基深处将软土和固化剂强制搅拌,利用固化剂和软土之间所产生的一系列物理化学反应,使软土硬结成具有整体性、水稳定性和一定强度的优质地基。

水泥土搅拌法适用于处理正常固结的淤泥与淤泥质土、素填土、黏性土、粉土以及无流动地下水的饱和松散至稍密状态的砂土等地基。水泥土搅拌桩造价低,是软土地区广泛采用的基础处理方式。但常常由于感潮地区地下水位变动影响,施工工艺不到位,淤泥及淤泥质砂土中含有有机质,桩身质量不易保证,同时施工工期相对较长,质量检测耗时耗力,沉降可控性较差。

6.7.2 高压旋喷桩

高压旋喷桩是以高压旋转的喷嘴将水泥浆喷入土层与土体混合,形成连续搭接的水泥加固体。其适用于处理淤泥、淤泥质土、流塑、软塑或可塑黏性土、粉土、砂土、黄土、素填土和碎石土等地基。

高压旋喷桩施工占地少、振动小、噪声较低,但容易污染环境,成本较高,对于特殊的不能使喷出浆液凝固的土质不宜采用。

6.7.3 CFG桩(水泥粉煤灰碎石桩)

CFG桩又叫水泥粉煤灰碎石桩,它是由碎石、石屑、砂、粉煤灰掺水泥加水拌和,用各种成桩机械制成的具有一定强度的可变强度桩。CFG桩可充分利用桩间土的承载力共同作用,并可传递荷载到深层地基中去,具有较好的技术性能和经济效果。CFG桩法适用于处理黏性土、粉土、沙土和桩端具有相对硬土层、承载力标准值不低于70 kPa的淤泥质土、欠固结人工填土等地基。

6.7.4 换填垫层法

换填垫层法适于浅层地基处理,处理深度可达2~3 m。在饱和软土上换填砂垫层时,砂垫层具有提高地基承载力、减小沉降量和加速软土排水固结的作用。换填垫层的主要问题是工后沉降大,同时换填深度大,增加基坑支护和开挖费用。

6.7.5 预应力混凝土管桩

预应力混凝土管桩是采用先张法或后张法预应力工艺和离心成型法制成的一种空心

筒体细长混凝土预制构件,主要由圆筒形桩身、端头板和钢套箍等组成。适用地质条件为穿越一般黏性土、中密以下的砂类土、粉土,持力层进入密实的砂土、硬黏土。对稍密、密实的中间夹层或碎石土,预应力管桩难以穿越,且不能穿越冻胀性质明显土层。

相比灌注桩,预应力管桩桩身质量有保证,强度极高,承载力高,抗腐蚀能力强,最特别的优点是大面积作业下成桩速度极快。但预制桩存在挤土效应,且水平承载力不是很高,故桩间距一般都较小。另外,受地质条件、施工工艺问题容易产生断桩、斜桩、上浮桩、接桩或截桩,影响桩的质量和造成浪费,锤击打入还会产生高噪声,城区一般禁止使用。

6.7.6 灌注桩

灌注桩是一种就位成孔,灌注混凝土或钢筋混凝土而制成的桩。由于具有施工时无振动、无挤土、噪声小、宜在城市建筑物密集地区使用等优点,灌注桩在施工中得到较为广泛的应用。根据成孔工艺的不同,灌注桩可以分为干作业成孔的灌注桩、泥浆护壁成孔的灌注桩和人工挖孔的灌注桩等。

灌注桩适用于不同地层,承载力高,能够很好地满足工程地基承载力和沉降变形的要求。灌注桩施工工艺较复杂,容易出现断桩、缩颈、混凝土离析和孔底虚土或沉渣过厚等质量问题,也容易生成扩颈桩。如持力层为中风化以上基岩,成孔速度慢,工期长。采用泥浆池循环法施工,占用场地大且脏乱。采用冲孔工艺时,振动大。另外,灌注桩造价相对较高。

基础处理方案需要根据具体的结构安全、功能需求、场地条件来确定,一般遵循以下原则:

(1)根据上部结构的部位及其重要性来确定。对于闸室、泵室等主体结构及沉降敏感结构(如分离式底板)等重要建筑物,宜采用可靠度较高的基础处理工艺,刚性桩>复合地基>换填基础。

(2)根据功能需求来确定。如用作止水帷幕,常用水泥土搅拌桩形成单排或双排的搭接结构。如用作坑中坑支护,可用插型钢水泥土搅拌桩搭接,形成格栅结构,既做支护也做止水帷幕。如需承担较大水平力,则不宜用预应力管桩和粉体桩等。

(3)根据场地条件来确定。如场地基础较好,软弱层较浅,且地基承载力要求不高,可直接挖除换填。如软土层厚度不超过 15 m,可采用刚性桩基础,结构承载力要求高、沉降敏感的建筑物,可采用灌注桩基础,结构承载力、沉降控制要求不高的建筑物,可采用预应力管桩基础。如场地软土层深厚,可采用复合地基大范围加固,提高整体承载能力。如周边场地狭小,上部净空受限,大型机械难以进场,也可以采用小型机械施工的旋喷桩等。

(4)地基处理方案宜搭配使用,一般采用不超过 3 种方案的组合。可采用主体结构刚性桩+次要结构柔性桩+水泥土搅拌桩止水帷幕,也可以采用全部水泥土搅拌桩,还可以采用刚柔性桩复合地基或长短桩复合地基,根据前述原则进行方案组合,兼顾经济因素。

6.8　金属结构

6.8.1　闸门及启闭机选型

水闸是功能性较强的水工建筑,而闸门和启闭机是实现水闸功能的重要金属结构,因此既要实现水闸的功能,还能展现出较好的景观效果,闸门和启闭机形式要配合水工结构形式共同选定,前文已就闸室选型做过闸门和启闭机的选型论述,这里不再赘述。

6.8.2　金属结构制造

在闸门的制造过程中,对复杂结构的下料应进行放样,各项金属结构的加工、拼装与焊接应按事先编制好的工艺流程和焊接工艺进行,制造过程中应随时进行检测,严格控制焊接变形和焊缝质量,并根据实践对工艺流程和焊接工艺进行修正。对于焊接变形超差部位和不合格的焊接,应逐项进行处理,直至合格后才能进行下一道工序。不合格焊缝处理次数不得超过 2 次。

6.8.3　金属结构防腐

金属结构的合理使用年限:1 级、2 级永久性水工建筑物中闸门的合理使用年限应为50 年,其他级别的永久性水工建筑物中闸门的合理使用年限应为 30 年。

(1)水工金属结构设计、制造、安装及验收各阶段的防腐蚀技术、工艺和验收等应严格按照《水工金属结构防腐蚀规范》(SL 105—2007)等相关规范及相关技术要求进行。

(2)南沙水域的水闸受咸潮及湿气影响,需要对金属结构的防腐特别注意。金属结构的防腐采用喷砂处理加封闭漆保护方式,铰轴、紧固件全部采用不锈钢材料,支铰轴承采用耐磨损自润滑轴承,无须加油润滑。同时,对于水下部分金属结构还可以外加牺牲阳极阴极保护系统进行保护。

(3)阴极保护系统。为了有效地控制钢铁的腐蚀,延长钢闸门的使用寿命,确保水闸的完整和安全,钢闸门的长效防腐问题应结合其他并行的防腐方式将更为有效。近年来,随着电化学保护技术不断提高,作为闸门保护方法之一的电化学保护方法逐步地应用到闸门的防腐蚀技术中,逐渐发挥越来越大的作用。

阴极保护的原理是通过阴极保护系统源源不断地向钢铁表面提供直流电流,从而使钢铁表面发生阴极极化,钢铁的电位负移,达到保护电位区。在此电位区,钢板的腐蚀非常轻微。阴极保护系统与上述涂层系统联合使用来保护闸门免于腐蚀。

6.9　电　气

水闸电气设计主要包括供(配)电系统、监控(测、视)系统、保护系统、设备线路选型及布置敷设等。

水闸电气专业设计应以金属结构和机械专业设计为依据,在水闸控制方式明确的条件下进行,兼顾配备功能性房间建筑物的电气设计。

6.9.1 供(配)电方式

(1)供电系统电压等级根据南沙区配电网系统电压和水闸启闭机用电负荷的实际情况确定。

根据中国南方电网有限责任公司《10 kV 及以下业扩受电工程技术导则(2018 版)》一般原则,水闸用电容量 100 kVA(含)以上,由 10 kV 电压等级供电;用电容量 10 kVA(含)至 100 kVA(不含),需设置专变,可采用 10 kV 电压等级供电;用电容量 15 kW(含)至 100 kW(不含),不需设置专变,采用 380 V 电压等级供电;用电容量 15 kW(不含)以下且无须三相供电,采用 220 V 供电。

(2)确定水闸负荷等级。具有防洪功能的泄水和水闸枢纽工作闸门的启闭机必须设置备用电源。

(3)水闸电气主接线设计应根据供电系统设计要求以及水闸规模、运行方式重要性等因素合理确定。10 kV 母线宜采用单母线接线,0.4 kV 母线宜采用单母线或分段单母线,见图 6-9-1~图 6-9-3。

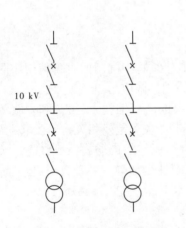

图 6-9-1　高压 10 kV 单母线

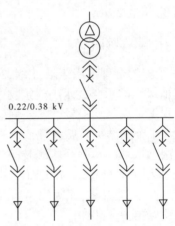

图 6-9-2　低压 0.4 kV 单母线

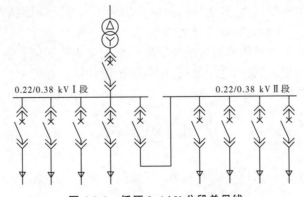

图 6-9-3　低压 0.4 kV 分段单母线

(4)根据水闸启闭机形式、电机容量及运行模式等,合理选择启闭机电机起动方式。在正常工作条件下,供电系统在启闭机馈电接入处电压波动不应大于10%。液压启闭机可采用降压启动,螺杆式启闭机、链式启闭机和卷扬式启闭机等要求满足电机输出扭矩的可采用直接启动或变频启动。

6.9.2 监控(测、视)系统

(1)水闸控制方式应在综合分析闸门操作要求、运行调度、管理方式和经济指标后确定。

(2)水闸电气控制宜采用可编程控制器(PLC),根据启闭机的控制点数(AI/AO、DI/DO)和电压等级及其他特殊功能要求设计。集中(或远方)控制系统采用计算机监控系统。

(3)闸门极限位置、启闭超速限制、超荷限制等用于安全保护联锁信号,应有直接的继电保护联锁线路。

(4)水闸控制一般分为现地控制和集中(或远方)控制两种方式。其中水闸应能现地控制,且具有优先权。现地或集中(或远方)控制之间应闭锁,控制权在现地切换。快速(事故)闸门应在中控室设置紧急关闭闸门的控制按钮。

为确保闸门启闭过程稳定可靠,避免安全隐患发生,应设置现地监视(如闸上下游视频图像等)和监测(闸门开度、限位、水位参数等)设备,信号同步传输至水闸集中(远程)控制系统。

(5)水闸运行调度、控制操作通信可按下列方式选取:
①控制开关量可采用硬接点接线,通信距离满足电压降要求。
②通信线路距离(长度)约100 m以内,通信线路可采用网线。
③通信线路距离(长度)超过100 m,宜采用通信光缆。

(6)移动式启闭机根据其形式和运行要求,选择司机室控制、地面有线控制、现地无线遥控等。

6.9.3 保护系统

(1)水闸启闭机配置常规保护:短路、过流、失压、过载、限位、接地和防雷保护等。
(2)液压启闭机设置限压保护、高低油位保护和下沉复位保护。
(3)移动式启闭机设置零位保护和行程保护。涉及人身安全的通道门装设开关,当门打开时需断开相应机构电源。
(4)水闸电气设备设置防触电的防护设施,室外水闸启闭机和控制箱安装位置应避免一般人员常规可触及。
(5)水闸各配电单元、控制单元及检测装置的防护等级应满足现场工作环境要求。
(6)水闸设备金属结构和启闭机所有电气设备金属外壳、金属导管、各类金属构件等均良好接地。

6.9.4 设备、线路选型及布置敷设

（1）室内设备布置应紧凑，并有利于主要电气设备之间的电气连接和安全运行，且检修维护方便。一般性水闸控制柜柜前操作面约为1.5 m，设备四周检修通道约为0.8 m。

（2）各配电房设置（高压室、变压器室和低压室等）除满足国标规范外，还应满足中国南方电网相关电房技术导则或建设标准等及南沙区供电局审批要求。

（3）室外用电设备布置基础抬高，不宜低于该区域历史水淹的最高位置，且高出地面不应低于0.5 m，并配备防水措施。各箱体防护等级不低于IP54。

（4）水闸动力和控制信号线路导体宜采用铜质材料，应敷设在金属线槽或金属管中。不便敷设金属线槽、导管或有相对移动的场合，线路穿金属软管敷设，需要移动。

6.10 施工围堰

珠江三角洲地区常用的围堰形式有以下几种。

6.10.1 土石围堰

土石围堰是应用最广泛的形式，由土石填筑而成，多用作上下游横向围堰，它能充分利用当地材料，对地基适应性强，施工工艺简单。土石围堰的防渗结构形式有土质心墙和斜墙、混凝土心墙和斜墙、钢板桩心墙及其他防渗心墙结构，其中钢板桩心墙和旋喷桩心墙采用较多。土石围堰一般多用于不过水围堰，如用于过水围堰，允许汛期过水，应予以妥善保护，需要做好溢流面、围堰下游地基和两岸接头的防冲保护。土石围堰允许防冲流速较小，一般小于或等于0.5 m/s，一般均需对临水坡面进行防护，采用抛石或沙袋压脚。

6.10.2 砂包围堰

砂包围堰是土石围堰的一种，多用于围堰高度不大、空间受限、环保要求高等情况，经常用于应急。

6.10.3 钢板桩围堰

钢板桩围堰是最常用的一种板桩围堰。钢板桩围堰适用于深水或深基坑，流速较大的砂类土、黏性土、碎石土及风化岩等坚硬河床。钢板桩围堰防水性能好，整体刚度较强，施工速度快。但遇到深厚中粗砂层，桩打入困难，截水效果不理想，需要慎重采用。

钢板桩围堰一般有单排钢板桩围堰、单排钢板桩+钢管桩支撑围堰、双排钢板桩围堰等形式，根据挡水高度从低到高选用。

6.10.4 膜袋砂围堰

膜袋砂围堰适用于沿海地区软基上修筑，且截流后水位差不大的工程。具有堰型小、堰体轻、自身稳定性好、对淤泥地基变形适应性强、施工简单等特点，减少了施工难度和强度，缩短了工期，同时节约了投资。膜袋砂填筑工艺：清基整坡→膜袋铺设→张拉定位→

冲灌填料→防渗膜铺设闭气→砂袋或块石反压平台施工。

6.10.5 混凝土围堰

混凝土围堰结构可靠度高,抗冲刷能力强,施工快速,但造价较高,一般在永久工程与临时工程结合部位考虑,或者应急抢险中应用。

围堰一般根据施工截流要求、挡水高度、冲刷要求等选择方案,必要时要结合永久建筑物考虑。

6.11 水闸品质工程汇总

6.11.1 工程案例一

6.11.1.1 工程概况

S河水闸重建工程选址在旧闸下游易址重建,距离河口 0.7 km,与原流域内外围堤防形成闭合的防洪(潮)工程体系,保障 S 河流域的防洪(潮)、排涝安全,并可通过群闸联调引换水,改善水环境,形成可调控的湖面景观,是一个集防洪(潮)、排涝调蓄、生态蓄水补水、通航等功能于一体的综合水利枢纽。工程建设内容包括:新建水闸、船闸、管理区以及亲水平台等附属设施。

水闸和船闸成 T 形布置,水闸横断 S 河,船闸靠右岸堤岸布置(见图 6-11-1)。

图 6-11-1 S 河水闸总体鸟瞰效果图

水闸采用潜孔式平板闸,闸室采用 7 孔潜孔式平面钢闸门,总净宽 94.5 m。水闸上部交通采用风雨廊桥的形式,廊桥上设两座门楼、两座重檐方亭、四段单层景观廊和一座双层楼阁(碧波阁)。水闸闸门采用三主梁结构,采用顶升式液压启闭机操作。

6.11.1.2 周边环境及水闸选址选线

S河旧闸距 S 河出口约 2.8 km,河道宽度从 80 m 逐渐扩大为 190 m。在旧闸处河道顺直段长度约 200 m,河道左岸为工厂区,右岸有一条堤顶路,路边为厂区及库房。经比选,拟定闸址距离 S 河出口约 0.7 km,该处河道宽度约为 140 m。该闸址处河段上游相对顺直,水流流态平顺,左右岸均为果园用地,在施工过程中对居民生活基本无影响,施工场地较为开阔。

6.11.1.3　工程地质条件

1. 地形地貌

工程区属侵蚀一级台地地貌单元,拟建闸址邻近江河出海口地带,河涌宽约 140 m,河道高程为-0.20~4.9 m,堤防高程为 8.50~8.70 m。

工程区地震动峰值加速度为 0.10g,相应的地震基本烈度为Ⅶ度,为对建筑抗震不利的地段。

2. 工程地质条件

在勘探深度范围内,地基地层岩性从上而下主要由第四系全新统人工堆积(Q^s)、第四系全新统灯笼沙组海冲积相(Q_4^{3mc})、基岩残积(Q^{el})、震旦系(Z)组成。

其中,第四系全新统人工堆积(Q^s)根据土层性质的不同,可划分成 3 个亚层:②-1 淤泥质土、②-2 中粗砂、②-3 淤泥质土;基岩残积(Q^{el})为③残积土;震旦系(Z)岩土层为④全风化混合岩、⑤强风化混合岩、⑥弱风化混合岩。

6.11.1.4　水闸选型

1. 门型选用建议

S 河属于感潮河段,新建水闸的功能定位为挡潮、排涝、景观蓄水及引调水。其中引调水比较频繁(S 河为一日两次),故水闸需要经常性启闭。

挡潮闸具有双向挡水,操作频繁等特点。闸室一般采用胸墙式。当兼有泄水和通航任务时,宜采用开敞式。由于潮汐影响,闸门上承受强烈的涌潮冲击力,故宜采用平面闸门。

挡潮闸下游存在淤积问题比较普遍,由于沿海各地的潮汐类型及其挟沙能力,与河道的来水量及含沙量等各不相同,造成河口及海岸的淤积变化也不一样,情况较为复杂,需充分考虑采取妥善措施解决闸下淤积问题。

综合以上原因,闸门形式推荐采用平板门,可采用带胸墙的潜孔式或开敞式,拱形或弧形闸门可作为参考。下卧式平板门存在清淤难度大,冲淤设施费用较高的问题,故不推荐采用。

2. 闸门相关高程确定

水闸设计挡外江 200 年一遇潮位 7.91 m,根据《水闸设计规范》(SL 265—2016)的规定:

(1)露顶开敞式,闸门顶部高程安全超高取 0.3~0.5 m(本工程取 0.5 m),加之闸上部设工作桥,工作桥梁高一般在 0.8 m 以上,加桥面铺装约 0.2 m,故闸墩高程应在 9.41 m 以上。

(2)若为带胸墙潜孔式,闸墩高度可不考虑安全超高,适当降低。因外江枯水期 20 年一遇最高潮位为 6.45 m,内涌校核水位为 6.21 m,在不影响内涌排水及外江引水的情况下,确定胸墙底高程为 6.5 m。因为闸门不露顶,可不按考虑安全 0.3~0.5 m 的安全超高,故闸墩高程可取 9.0 m。

3. 水闸方案

根据上述选定的闸址场地条件和工程规模,对水闸从闸门形式及闸孔尺寸上进行比选,本工程采用顶升平板门,由于本工程在右岸建设了船闸,水闸无通航要求,故采用带胸墙潜孔式建设方案。

此方案在水闸外江侧设挡水胸墙,底板高程1.0 m(与河床基本一致),胸墙底高程6.5 m,闸墩顶高程9.0 m。

在闸门后设8.0 m宽工作桥,桥面高程9.0 m,提供日常检修及交通需要,工作桥上可根据需要做上部建筑物。水闸前后设检修门槽,宽度0.5 m,深度0.6 m。

该方案采用7孔平板闸,适宜在因为水位变化闸门受力变化大的感潮河道采用。为满足引排水的需要,闸门也要频繁启闭,多孔闸门可根据需要开启不同数量的闸孔,便于控制流量。设置的胸墙会在外江高水位引水时,造成一定的阻碍,但通过水文计算,并不会影响引水效果。该方案水闸前后均设检修门槽,方便以后闸门设备检修。

7孔液压顶升平板门在关闸时在工作桥下,开启时会顶出部分门体在闸墩上,采用的是带胸墙潜孔闸形式,胸墙底高程6.5 m,可以降低闸门高度及闸墩高度,同时闸门升起时高度比露顶式闸门低,对闸后工作桥上部建筑景观遮挡较少。

6.11.1.5　水闸地基基础设计

根据拟建水闸地质资料、各土层的分布情况及其土工物理力学性质,由于软土层埋深浅,厚度大,承载力低,变形大,天然地基不能作为拟建建筑物地基,其承载能力和沉降变形均不满足要求,故需对地基进行加固处理。按拟建场地地震基本烈度为Ⅶ度,并结合拟建地基上部结构特点,进行水闸地基处理设计计算。

S水闸闸址处淤泥质土:灰黑色、深灰色,流塑—软塑,富含有机质,局部夹粉砂及贝壳碎块,具腥臭味。该层广泛分布,在钻探深度范围内所有钻孔均有揭露。层顶标高0.50~6.44 m,层底标高-8.10~1.1 m,层厚1.70~12.70 m。

本工程对水泥搅拌桩复合地基、预制管桩和冲孔灌注桩3种地基处理方案比较选用。由于本工程是以闸桥形式结合,桥梁沉降要求高,故本工程水闸闸室采用冲孔灌注桩的基础方案。该方法技术可行、经济合理,是符合工程实际要求的。

水闸基础混凝土灌注桩的持力层选在弱风化岩层,按摩擦端承桩设计,桩端进入弱风化岩层。

6.11.1.6　基坑支护

在基坑施工过程中,可采用基坑支护与放坡开挖两种形式,若采取放坡开挖形式,开挖边线要在岸线后约15 m范围,占用两岸果园范围偏大,扰动土体面积偏大,切断两岸堤顶路交通,也会对管理区的施工造成影响,故考虑采用基坑支护方案。

本工程基坑顺延河道堤岸整治线,基坑深度为8.9~10.5 m。本工程基坑支护的主要目的是控制支护结构的变形以保护基坑边的建筑物不致开裂破坏。考虑到基坑破坏后果的重要性及产生的社会影响,因此将本工程基坑支护的等级定为一级基坑。

根据基坑各区段的地质条件、开挖深度和周边环境等实际情况,基坑采用的支护方案为灌注桩+预应力锚索+旋喷桩止水帷幕。此支护形式能满足基坑挡土和止水的要求,并能很好地控制基坑的水平位移,以保护基坑周边的安全。

6.11.2 工程案例二

6.11.2.1 工程概况

X涌位于广州市某区某围中部,自西北向东南将该围分成两个社区,需在东南和西北出口各建设一座水闸,分别为东闸和西闸,水闸的任务主要是防洪(潮)、排涝,同时通过水闸的运行调度,可满足周边河涌景观补水、蓄水及通航的要求。本工程建设的水闸是一座将廊桥和水闸有机结合、景观与防洪(潮)、兼顾通航并凸显岭南特色的大型景观闸桥。

东闸为活动钢坝闸,即底轴驱动下卧式液压钢闸门。水闸共7孔,中孔净宽18.0 m,其余各孔净宽12.0 m,总净宽90.0 m。液压启闭设备设在闸墩内部,闸底板下设检修廊道。

西闸为平面顶升式液压钢闸门。水闸共3孔,中孔净宽8.0 m,两边孔净宽为3.0 m,总净宽14.0 m。两边孔为潜孔式闸门,设胸墙结构,中孔为开敞式结构,闸门为双扉门。

6.11.2.2 周边环境及水闸选址选线

1. 东闸闸址情况

根据建筑物功能、特点和运用要求,综合考虑地质、水流、潮汐、泥沙、施工、管理及周边环境等因素,水闸建筑物选址经技术比较后选定。

距离X涌东端口100 m,河涌两岸顺直,河道宽度约为140 m,地形条件较好,施工便利,适宜于布置水工建筑物,改善内涌水域面积最大,距离X涌东端口100 m是建设水闸工程最好的位置,为本工程东闸建筑物的推荐闸址。

2. 西闸闸址情况

X涌西闸合适的建闸河段为距涌约450 m河段,河道宽度20~50 m,河涌两岸顺直。从工程建设地形及场地条件、地质条件、施工条件和工程投资等方面进行综合比选,距离涌口335 m处,东西两岸均为一空地,现为绿地,场地满足施工要求,适宜工程总体布置,管理房布置在西岸,河道宽约20 m,两岸顺直,施工便利,不影响交通,是相对最合适的建闸场址。

6.11.2.3 东闸主体结构选型及布置

东闸布置7孔水闸,中孔为通航孔,净宽18.0 m,其余各边孔净宽12.0 m,闸门形式为底轴驱动下卧式钢闸门,液压启闭机启闭,液压启闭机均置于闸墩内,不外露,底板下设置廊道,用于电缆、液压管线布置和检修通道,可挡200年一遇的洪潮水位。闸墩上布置人行廊桥,建筑形式为亭廊结合,桥面宽8.5 m,通航孔桥面采用吊桥,通航时,将吊桥吊起过船,此时内外水位基本齐平。

对东闸推荐方案的主体结构和启闭方式进行比选,东闸闸墩上部采用独立亭阁形式,启闭方式选取穿墙式底轴驱动和不穿墙式底轴驱动。

在闸门的启闭形式方面,穿墙式底轴驱动的液压缸等设备置于闸墩内,不外露,景观效果较好,但要布置廊道以便提供设备检修和管线布置的通道,从而相应增加工程投资。

6.11.2.4 西闸主体结构选型及布置

结合河道的地形和地质,同时按照社区每年在X涌举办龙舟盛会的习俗,西闸有过龙舟的要求,确定水闸总净宽14.0 m,共3孔,中孔净宽8.0 m,两边孔净宽3.0 m,闸室长度 10.0 m,其中中孔可过龙舟,设计尺寸满足常水位和汛期较高潮位时过龙舟的要求。

闸门形式为平面顶升式液压钢闸门,水闸的结构形式为中孔设置胸墙钢结构活动闸门,边孔两孔,胸墙式闸门型式。

6.11.2.5　交通桥设计

X 涌水闸工程东、西闸各布置桥梁,满足工程管线布置和方便两岸人行,东闸设置人行廊桥,桥宽 8.5 m,长约 134 m,船闸上设置吊桥,桥面宽 4.5 m,桥梁建筑形式为廊桥,与周边环境协调一致,既能体现岭南特色,又能提升 X 涌的功能地位及周边环境;西闸在闸体上下游侧各布置一座人行拱桥,桥面宽 4 m。

6.11.2.6　X 涌水闸景观、建筑设计

1. 景观设计总体思路

(1)通过在 X 涌两头设置水闸,营造景观水面。

(2)设计与周边环境和城市规划相结合,将 X 涌东、西闸建成为靓丽的景观点。

(3)营造亲水平台和观景平台,将防汛堤顶道路与休闲绿道结合,提供多样化多尺度的城市滨水休闲空间,使东、西闸成为欣赏 X 涌美景的最佳观景点。

2. 景观总体布局

根据现场实际地形及未来周边用地规划,设置亲水平台,既可亲水、戏水,又可饱览珠江两岸美景,一举多得,并配以广场、路灯、园林小径、栏杆、景观绿化等景观元素,将管理区周边景观相融合。

此处可就地取材,充分挖掘当地既有资源,建立一个以田园风光为主题特色的生态休闲区,近岸设置亲水、戏水平台,使休闲与娱乐相结合。效果图见图 6-11-12 和图 6-11-13。

图 6-11-2　东闸独立亭阁形式效果

6.11.3　工程案例三——万顷沙八涌东水闸工程

6.11.3.1　工程概况

本项目位于南沙区万顷沙与珠江街范围内,规划区分布有沙尾一村和沙尾二村,生活用地沿八、九、十、十一涌分布,村庄建设用地面积 32.59 hm²,2 328 户。沙尾一村与沙尾

图 6-11-3　西闸效果

二村主要为农业生产,以种植优质岭南水果、蔬菜,养殖咸淡水鱼类为主。其中,本建设项目——八涌东水闸工程,主要任务是防洪治涝。

万顷沙镇排涝片现状用地有镇街、工厂、农田,规划为工业用地、商业金融用地、居住用地等,其排涝标准采用 20 年一遇 24 h 暴雨不成灾标准。排涝片现状地面高程为 4~7 m,现状东西向的八涌至十八涌为片内的骨干排水河涌,现状水面率约 6.81%,共有 22 座水闸与外部水道相连,无外排泵站,现状片内的河涌控制水位为 6.2 m。该片排涝选择"调蓄+自排+抽排+填高"相结合的模式,新建区域需对现有地面进行填高以适应河涌控制水位要求。

本工程排涝标准采用 20 年一遇 24 h 暴雨不成灾,涝区水位满足不超过控制水位的要求。内河涌整治标准相应采用 20 年一遇。

6.11.3.2　周边环境及水闸选址选线

1. 拟建万环东路工程

根据《自贸试验区万顷沙保税港加工制造业区块控制性详细规划修编》,将在八涌东水闸附近新建万环东路,同时修建跨八涌桥涵,该工程对八涌东水闸的设计和施工方案均造成较大影响。

万环东路工程规划为城市主干路,道路红线宽度为 40 m,双向六车道,设计行车速度为 50 km/h。

2. 万顷沙围海堤工程

根据《广州南沙新区防洪(潮)排涝专业规划》(2017 年 6 月),八涌东处万顷沙围海堤规划防洪标准为 200 年一遇,目前八涌东至十涌东海堤已按 200 年一遇标准加固达标(2018 年 2 月完工),设计断面如图 6-11-4 所示,防浪墙顶高程为 9.30 m(注:本项目的高程均采用广州城建高程)。而八涌东水闸左岸所在的七涌东至八涌东段海堤尚未开展相关加固达标工作。

6.11.3.3 工程地质条件

1.岩土分层及其特征

根据区域地质资料,结合本次钻探揭露,拟建工程场地勘察深度范围内主要分布有第四系人工堆积成因(Q_4^{ml})的填土;第四系全新统海陆交互相(Q_4^{mc})淤泥;第四系冲洪积成因的(Q_{3+4}^{al+pl})粉细砂、中粗砂、淤泥质粉质壤土、淤泥质壤土、粉质黏土、圆砾土;下伏基岩为中三叠系强风化、中风化花岗岩($T_2\eta\gamma$)。现将各岩土层有关特征、性质自上而下描述如下。

1)人工填土(Q_4^{ml})(地层编号〈1〉)

〈1-1〉素填土(Q_4^{ml}):黄褐色、灰褐色,松散—稍压实状,主要由中粗砂夹粉质黏土及少量碎石组成;素填土层厚1.80~4.60 m,平均厚度3.12 m,层底标高-0.57~5.39 m。

2)海陆交互相沉积层(Q_4^{mc})(地层编号〈2〉)

〈2-1a〉淤泥(Q_4^{mc}):黑灰色、灰褐色、深灰色,流塑状,主要由粉、黏粒组成,含较多有机质及腐殖质,具腐臭味,土质较均匀,手感细腻,局部夹1~3 mm薄层状粉细砂。本层分布广泛,层厚10.70~17.40 m,平均厚度11.33 m,层面埋深0.00~7.70 m,层顶标高-0.57~5.39 m。属高压缩性欠固结土。

〈2-2〉淤泥质壤土(Q_4^{mc}):深灰色,松散,饱和状,主要以粉细砂为主,砂质不纯,多夹有薄层粉质黏土或粉质壤土,具腐臭味及弱黏性,岩心呈砂土状。本层仅在钻孔ZK8-10有揭露,呈透镜状分布,层厚0.5 m,层面埋深19.70 m,层顶标高-12.05 m。

3)第四系冲洪积层(Q_{3+4}^{al+pl})(地层编号〈3〉)

①〈3-1〉粉细砂层,按其密实度分为两个亚层:〈3-1b〉稍密状、〈3-1c〉中密状。本次勘察揭露〈3-1〉粉细砂层如下:

〈3-1b〉粉细砂(Q_{3+4}^{al+pl}):灰黄色、灰白色,稍密状,饱和,颗粒成分以石英为主,局部含少量黏粒,砂质较纯,分选性较好,属不良级配土。该层呈层状分布。揭露层厚2.30~7.80 m,平均层厚4.39 m,层顶标高-13.37~-10.42 m。

〈3-1c〉粉细砂(Q_{3+4}^{al+pl}):灰白色、灰黄色,中密状,饱和,颗粒成分以石英为主,局部含少量黏粒,砂质较纯,分选性较好,属不良级配土。该层呈层状分布。揭露层厚0.50~4.20 m,平均层厚1.89 m,层顶标高-30.25~-13.11 m。

②〈3-2〉中粗砂层,按其密实度分为两个亚层:〈3-2b〉稍密状、〈3-2c〉中密状。本次勘察揭露〈3-2〉中粗砂层如下:

〈3-2b〉中粗砂(Q_{3+4}^{al+pl}):灰白色、黄褐色,饱和,稍密状,颗粒成分以石英、长石为主,砂质较纯,级配一般。该层呈层状分布,揭露层厚1.30~3.20 m,平均层厚2.20 m,层顶标高-11.49~-9.91 m。

〈3-2c〉中粗砂(Q_{3+4}^{al+pl}):灰褐色、灰白色,中密—密实状,饱和,颗粒成分以石英为主,砂质较纯,级配一般。该层呈层状分布。揭露层厚1.30~9.80 m,平均层厚5.71 m,层顶标高-32.15~-15.44 m。

③〈3-3〉淤泥质粉质壤土,按其状态分为两个亚层:〈3-3a〉流塑—软塑状、〈3-3b〉可塑状。本次勘察揭露〈3-3〉淤泥质土层如下:

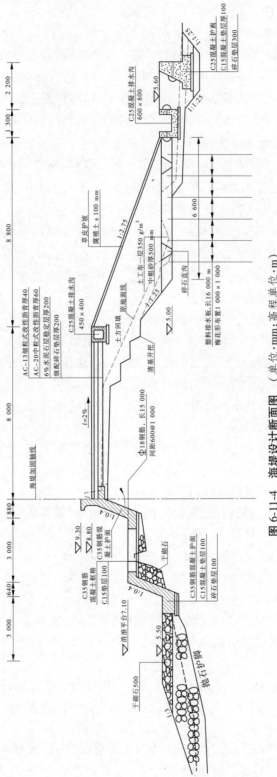

图 6-11-4 海堤设计断面图（单位：mm；高程单位：m）

〈3-3a〉淤泥质粉质壤土（Q_{3+4}^{al+pl}）：灰黑色，软塑状，局部呈可塑状，主要由粉、黏粒组成，含约 5% 有机质及腐殖质，具腥臭味，局部常夹 1～3 mm 薄层粉细砂，土质较为均匀。该层呈层状分布。揭露层厚 1.20～10.80 m，平均层厚 6.38 m，层顶标高 -26.14～-12.55 m。

④〈3-4〉淤泥质壤土层，按其密实度分为三个亚层：〈3-4a〉松散状、〈3-4b〉稍密状。本次勘察揭露〈3-4〉淤泥质粉细砂层如下：

〈3-4a〉淤泥质壤土（Q_{3+4}^{al+pl}）：灰色，饱和，松散状，颗粒成分以石英为主，砂质不纯，黏粒及腐殖质含量为 5%～15%，具腐臭味及弱黏性，局部夹薄层淤泥质粉质壤土。该层分布不甚广泛，揭露层厚 0.70～3.50 m，平均层厚 1.77 m，层顶标高 -22.56～-18.08 m。

〈3-4b〉淤泥质壤土（Q_{3+4}^{al+pl}）：灰色，饱和，松散状，颗粒成分以石英为主，砂质不纯，黏粒及腐殖质含量为 5%～15%，具腐臭味及弱黏性，局部夹薄层淤泥质粉质壤土。该层分布不甚广泛，揭露层厚 0.90～4.30 m，平均层厚 2.29 m，层顶标高 -27.99～-15.43 m。

⑤〈3-6〉黏土层，按其状态分为三个亚层：〈3-6a〉软塑状、〈3-6b〉可塑状。本次勘察揭露〈3-6〉黏土层如下：

〈3-6b〉黏土（Q_{3+4}^{al+pl}）：褐灰色，软塑—可塑状，主要以黏粒、粉粒为主，土质均匀，手感细腻，黏塑性好。该层呈层状分布，揭露层厚 0.50～4.60 m，平均层厚 2.58 m，层顶标高 -28.23～-22.78 m。

4）侵入岩—中三叠系花岗岩（$T_2\eta\gamma$）（地层编号〈5〉）

按照岩石风化程度及状态分为强风化、中风化花岗岩，本次勘察揭露各风化带描述如下：

〈5-3〉中风化花岗岩：青灰色，花岗结构，块状构造，矿物成分以石英、长石、黑云母为主，裂隙较发育，岩质硬，锤击声脆，岩心多呈块状、短柱状、柱状，节长 5～50 cm，RQD = 40%～80%。揭露厚度 3.20～5.80 m，平均厚度 4.58 m，层顶标高 -38.13～-35.48 m。岩体极破碎—破碎，属较坚硬岩。

2. 地基基础评价与建议

勘察场地地基土上覆素填土（层号 1），其下为淤泥（层号 2-1）等软弱土。素填土层厚 1.10～5.60 m，该层未经处理不能作为基础持力层；淤泥层厚 11.40～37.80 m，属软弱层，工程性能差，厚度及变化大，不能作为基础持力层的下卧层。

根据南沙地区软基处理经验，建议对淤泥层进行水泥土搅拌桩法处理，以加固处理后的复合地基作为内外消力池等构筑物（或管道）持力层或下卧层。

对于水闸闸室及管理房等建筑物，建议采用预应力混凝土管桩基础形式，以强—中风化花岗岩作为桩端持力层。

3. 主要工程地质问题

勘察区第四系地层岩性主要为人工堆积层（Q_4^{ml}）素填土，全新统海陆交互相（Q_4^{mc}）淤泥层，冲洪积相（Q_{3+4}^{al+pl}）粉细砂、中粗砂、淤泥质粉质壤土夹薄层粉细砂、淤泥质壤土、粉质黏土、重粉质壤土、粉质黏土。工程区第四系地层种类多，性质变化较大，可能引起的主要工程地质问题有沉降及不均匀沉降、抗滑稳定、渗透稳定、边坡及基坑稳定问题等工程地质问题。

1）沉降及不均匀沉降问题

工程区广泛分布〈2-1a〉〈3-3a〉软土层,软土天然含水率高,孔隙比大,压缩性高。在上部荷载作用下,容易产生沉降变形问题。

建(构)筑物基础下伏土层种类较多,分布不均匀,性质变化较大,在上部荷载作用下,容易产生不均匀沉降问题;另外,由于各种建(构)筑物上部的荷载差异,在公路与桥梁结合处、堤防与水闸结合处等部位,容易产生不均匀沉降问题。

建(构)筑物的过大沉降变形及不均匀沉降,易引起建(构)筑物的破坏,影响建(构)筑物的正常使用,因此建议进行沉降变形计算,并根据计算结果采取相应的工程处理措施。

2）软土地基抗滑稳定问题

水闸闸基开挖后,底部多分布有〈2-1a〉〈3-3a〉层软土,软土层抗剪强度低,若基础直接置于该层上,易发生剪切破坏,存在抗滑稳定问题。建议进行闸基抗滑稳定性验算,并根据验算结果采取相应的工程处理措施。

3）基坑稳定问题

闸基开挖后,水闸基坑边坡高度在9~12 m,边坡上部主要为填土及少量黏性土,下部主要为〈2-1a〉〈3-3a〉层软土层,软土层承载力低、抗剪强度低,极易导致边坡失稳破坏。建议对基坑边坡采取支护措施,建议避免在有开挖边坡的地面进行堆载。

6.11.3.4　水闸主体结构选型

现状八涌东水闸闸孔净宽为18 m,根据防洪排涝专项规划,拆除重建应不小于该宽度,根据航道局双线通航要求,闸室净宽应满足Ⅸ级航道要求,因此应保证两孔净宽10 m以上,或者单孔净宽20 m以上。同时应满足双向挡水功能,闸底板维持现状2.0 m高程,考虑2017年天鸽台风影响,南沙站最高潮水位达到8.13 m,因此门顶高程初拟8.6 m,因此闸门高度为6.6 m。

根据闸址、规模及功能要求,适宜的水闸形式包括直升平板闸门、钢坝、上卧式闸门,如图6-11-5所示。拟对如下3个方案进行比较。

1. 方案一:10 m×2孔直升平板钢闸门

此方案闸门为常规的平板钢闸门,闸门净尺寸10 m×6.6 m(2孔),闸墩上方布置排架柱和固定卷扬机启闭平台,闸门通过固定卷扬机进行垂直启闭,该方案管理方便,可靠性较强,土建和设备投资相对较小。由于门体较高,且要求满足通航净空要求,因此本工程启闭机房较高,高耸的启闭机房影响周边景观协调性。

2. 方案二:20 m×1孔钢坝闸门

此方案采用底轴驱动翻板闸门形式,工作闸门为底轴驱动翻板式钢闸门,通过液压启闭机进行无级启闭控制。液压启闭系统、电控设备及冲淤系统的高压水泵等均布置在两侧的空箱内,闸门净尺寸为20 m×6.6 m。该门型景观效果好,但门高过大,目前国内尚无应用经验,且两端需要设置传动室,土建投资较大,基坑开挖深度较大。

3. 方案三:12 m×2孔上卧式闸门

此方案采用双孔平面中枢上卧式闸门,门高6.6 m,该方案在启门时闸门平卧于闸室交通桥以下,门体绕铰轴转动,明珠湾起步区灵山岛尖均采用该种闸型。该方案闸孔地面

(a)直升平板闸门

(b)钢坝

(c)上卧式闸门

图 6-11-5 水闸形式

之上无须修建体量较大的水上建筑,可较好地满足水面通透的景观要求。受制于跨度,需布置为两孔、由于两侧启闭机平台、闸门中铰基座需占据一定宽度,因此每孔宽度确定为12 m。本方案景观效果相对较好,但液压启闭机维护成本较高。

各方案综合比选情况如表 6-11-1 所示。

表 6-11-1 各方案综合比选情况

内容	方案一 直升平板钢闸门	方案二 底轴驱动翻板闸门	方案三 上卧式闸门
检修便利性	好	一般	较好
安全稳定性	好	一般	较好
景观效果	差	好	好
运行管理	简单方便	相对复杂	稍简单
工程投资	小	最大	较大
推荐情况			推荐

上述 3 个方案中影响闸门选型的因素主要是景观效果和工程投资,本工程位于万顷沙保税港区块滨江景观带,景观要求较高,平面直升门方案虽然检修便利性、安全稳定性

及工程投资均最优,但其高耸的建筑严重影响滨江景观带效果,故本项目推荐景观效果好的方案三,即上卧式闸门。

6.11.3.5 水闸地基基础设计

参考场地地质勘察成果及本地区类似工程的经验,建筑物地基多为深厚的淤泥(质)软土地基。地基承载力低、压缩性大,不宜直接作为建筑物的基础,必须采取地基处理措施进行加固处理。

为解决水闸建筑物的地基承载力和竖向沉降变形问题,根据工程所在地区处理软土地基的成熟经验,水泥搅拌桩复合地基、钻孔灌注桩和预应力高强混凝土管桩三种技术较成熟,应用较广。

1. 处理效果

钻孔灌注桩与预应力高强混凝土管桩均有较强的穿透能力,能够打穿深厚的软土层,获得较高的单桩承载力。从现已施工的工程来看,两种桩在广东地区技术较成熟,处理效果均较理想。

2. 施工难度

本工程地基软弱,淤泥层深厚,在灌注桩施工过程中,易出现护壁泥浆浓度调控不及而塌孔,或因混凝土灌注质量难以保证而形成软弱夹层。钻孔灌注桩单桩成桩时间长,但可多桩同时施工,通过合理的施工组织安排,施工的总工期也能有效控制。

预应力高强混凝土管桩对施工场地要求低,施工速度快,施工质量较钻孔灌注桩更易保证。因此,两种桩型均能够满足施工要求,达到预期的设计效果,但预应力高强混凝土管桩在施工难度方面较优。

3. 工程造价

根据估算,相同处理范围内钻孔灌注桩的造价约为预应力高强混凝土管桩的1.5~2.0倍。

综上所述,相对于钻孔灌注桩,预应力高强混凝土管桩具有施工方便、投资节省的优点,故采用预应力高强混凝土管桩作为本工程水闸基础的承力桩。

本工程设计建筑物建基面高程最低处为-0.4 m,两侧地面高程最高处约为6.325 m,基坑开挖深度达到6.725 m,属深基坑,若不采取适当的处理措施,易发生滑坡现象,给基坑内施工带来一定的安全风险。由于预应力高强混凝土管桩间距较大,本工程所布置的预应力高强混凝土管桩对深层土体滑动所产生的水平荷载抵抗力较小。

为抵抗基坑两侧的水平荷载,避免因边坡深层滑动而破坏基坑,同时为加固基坑内的淤泥地基,防止基坑隆起,提供管桩施工所需的桩基作业面,确保预应力高强混凝土管桩机的正常施工及管桩质量,减小桩间软土的负摩阻影响,参考本地区同类工程的处理措施,采用预应力高强混凝土管桩与水泥搅拌桩相结合的处理方式。

主要建筑物基础采用直径500 mm预应力管桩作为增强体,采用锤击法施工。桩数根据各建筑物基础荷载大小确定,并根据建筑边界轮廓尺寸确定桩间、排距。管桩顶与建筑物底板间设300 mm厚砂垫层,管桩顶设置500 mm厚C30混凝土桩帽。管桩设计桩长根据承载力和沉降要求确定,施工时根据贯入度进行修正。

预应力高强混凝土管桩之间和基坑边坡均采用直径500 mm水泥搅拌桩进行处理。

搅拌桩总桩长暂定为 15 m,格栅状布置,消力池基础采用散点状水泥搅拌桩进行处理。

根据水闸稳定应力计算成果,本工程水闸建筑物地基处理主要方案为桩基础,采用直径 500 mmPHC 桩布置,根据《水闸设计规范》(SL 265—2016),桩基础宜采用摩擦型桩(包括摩擦桩和端承摩擦桩)。

7　泵站工程设计要点

7.1　泵站设计原则

7.1.1　泵型一般原则

（1）泵站的总体布置应根据站址的地形、地质、水流、泥沙、冰冻、供电、施工、征地拆迁、水利血防、环境等条件，结合整个水利枢纽或供水系统布局、综合利用要求、机组形式等，做到布置合理、有利施工、运行安全、管理方便、少占耕地、投资节省和美观协调。

（2）泵站的总体布置应包括泵房，进、出水建筑物，变电站，枢纽其他建筑物和工程管理房，内外交通，通信以及其他维护管理设施的布置。

（3）站区布置应满足劳动安全与工业卫生、消防、环境绿化和水土保持等要求。

（4）泵站室外专用变电站宜靠近辅机房布置，满足变电设备的安装检修、运输通道、进线出线、防火防爆等方面的要求。

（5）站区内交通布置应满足机电设备运输、消防车辆通行的要求。

（6）具有泄洪任务的水利枢纽，泵房与泄洪建筑物之间应有分隔设施；具有通航任务的水利枢纽，泵房与通航建筑物之间应有足够的安全距离及安全设施。

（7）进水处有污物、杂草等漂浮物的泵站应设置拦污清污设施；其位置宜设在引渠末端或前池入口处。站内交通桥宜结合拦污栅设置。

（8）泵房与铁路、高压输电线路、地下压力管道、高速公路及一级和二级公路之间的距离不宜小于 100 m。

（9）进出水池应设有防护和警示标志。

（10）对水流条件复杂的大型泵站枢纽布置，应通过水工整体模型试验论证。

7.1.2　南沙地区常用泵站类型

随着国家对城乡基础设施建设的投资力度逐渐加大，水利基础设施数量日益增加。南沙地处滨海地区，外江（海）属于感潮河段，在南沙地区建设的泵站工程绝大部分属于排涝泵站，本书主要针对南沙地区的排涝泵站的前期设计常见做法做论述。

排涝泵站作为城乡水利基础设施的重要组成部分，担负着城市排水、防涝和防洪等重任，在改善城乡生态环境、促进经济发展和提高人们生活水平等方面发挥着不可替代的作用。目前，排涝泵站由于分布广、流域面积小、水位变化大、管理要求高和运行年限长等特点，许多泵站存在水位和扬程变幅大等情况，给泵站的水泵机组选型工作带来了诸多的困难，一旦水泵选型不当，不仅会影响到排涝泵站整体功能的有效发挥，而且会造成不可挽回的损失。因此，建设单位必须重视泵站水泵机组的选型工作，从而最大限度确保排涝泵站的运行安全。

不同类型泵站的调度运行原则不同,水泵的选型首先应满足泵站调度运行的要求。对于排水泵站,开展设计前需着重厘清其调度运行原则。排水泵站的调度运行可分为两种:降雨前的预排和降雨期间的排涝。

降雨前预排在城市河网中出现比较多,因城市河网汇水能力不足,往往会根据控制点的水位,提前预排,在降雨前尽可能腾出河道库容,以缓解排涝防洪压力。

降雨期间的排涝调度相对预排较为复杂。当前池水位或者控制点的水位达到不同的水位时,开启相应台数的泵组进行排涝,当其回落至停排水位时,排涝结束。而当遇到超标准洪水,前池、出水池水位超过最高运行水位时,可根据泵站运行条件,选择是否需要停机。

在进行水泵选型的过程中,其最主要的内容,就在于水泵型式、台数等的选择。而在选型方案设计的过程中,需要相应设计人员重点关注的就是要注意水泵、电动机等设备之间的配套,这样才能够保证工程投资的有效节约,并促进水泵运行效率的明显提升。由此也就能够得出:水泵选型工作的开展,对于整个泵站设计工作的进行是至关重要的。

7.2 泵站等级及防洪(潮)标准

7.2.1 泵站等级

泵站建筑物应根据泵站所属等别及其在泵站中的作用和重要性分级,其级别应按表 7-2-1 确定。

表 7-2-1 泵站等级

泵站等别	永久性建筑物级别		临时性建筑物级别
	主要建筑物	次要建筑物	
Ⅰ	1	3	4
Ⅱ	2	3	4
Ⅲ	3	4	5
Ⅳ	4	5	5
Ⅴ	5	5	—

泵站与堤身结合的建筑物,其级别不应低于堤防的级别。

(1)治涝、排水工程中的泵站永久性水工建筑物级别,应根据设计流量及装机功率按表 7-2-2 确定。

表 7-2-2　治涝、排水工程中的泵站永久性水工建筑物级别

设计流量/(m³/s)	装机功率/MW	主要建筑物	次要建筑物
≥200	≥30	1	3
<200 且 ≥50	<30 且 ≥10	2	3
<50 且 ≥10	<10 且 ≥1	3	4
<10 且 ≥2	<1 且 ≥0.1	4	5
<2	<0.1	5	5

注:1. 设计流量指建筑物所在断面的设计流量。

　　2. 装机功率指泵站包括备用机组在内的单站装机功率。

　　3. 当泵站按分级指标分属两个不同级别时,按其中的高者确定。

　　4. 由连续多级泵站串联组成的泵站系统,其级别可按系统总装机功率确定。

（2）供水工程中的泵站永久性水工建筑物级别,应根据设计流量及装机功率按表 7-2-3 确定。

表 7-2-3　供水工程中的泵站永久性水工建筑物级别

设计流量/(m³/s)	装机功率/MW	主要建筑物	次要建筑物
≥50	≥30	1	3
<50 且 ≥10	<30 且 ≥10	2	3
<10 且 ≥3	<10 且 ≥1	3	4
<3 且 ≥1	<1 且 ≥0.1	4	5
<1	<0.1	5	5

注:1. 设计流量指建筑物所在断面的设计流量。

　　2. 装机功率指泵站包括备用机组在内的单站装机功率。

　　3. 泵站建筑物按分级指标分属两个不同级别时,按其中的高者确定。

　　4. 由连续多级泵站串联组成的泵站系统,其级别可按系统总装机功率确定。

7.2.2　泵站建筑物防洪标准

（1）泵站建筑物防洪标准应按表 7-2-4 确定。

表 7-2-4　泵站建筑物防洪标准

泵站建筑物级别	防洪标准（重现期/年）	
	设计	校核
1	100	300
2	50	200
3	30	100
4	20	50
5	10	30

注:1. 平原、滨海区的泵站,校核防洪标准可视具体情况和需要研究确定。

　　2. 修建在河流、湖泊或平原水库边与堤坝结合的建筑物,其防洪标准不应低于堤坝防洪标准。

（2）治涝、排水、灌溉和供水工程中泵站永久性水工建筑物的防洪标准,应根据其级别按表 7-2-5 确定。

表 7-2-5 治涝、排水、灌溉和供水工程中泵站永久性水工建筑物的防洪标准

永久性水工建筑物级别		1	2	3	4	5
洪水标准 （重现期/年）	设计	100	50	30	20	10
	校核	300	200	100	50	20

泵站与堤身结合的建筑物,泵房与堤防同起挡水作用,且一旦失事修复困难甚至只好重建,故规定其级别不应低于防洪堤的级别,可根据泵站规模和重要性确定等于或高于堤防本身的级别。在执行本条规定时,还应注意堤防规划和发展的要求,应避免泵站建成不久因堤防标准提高,又要对泵站进行加固或改建。

7.2.3 受潮汐影响的泵站建筑物防洪标准

受潮汐影响的泵站建筑物,其挡潮水位的重现期应根据建筑物级别,结合历史最高潮水位,按表 7-2-6 规定的设计标准确定。

表 7-2-6 受潮汐影响的泵站建筑物防洪标准

建筑物级别	1	2	3	4	5
防潮标准（重现期/年）	≥100	100~50	50~30	30~20	<20

7.3 泵站流量及扬程

7.3.1 泵站流量

7.3.1.1 概述

（1）灌溉泵站设计流量应根据设计灌溉保证率、设计灌水率、灌溉面积、灌溉水利用系数及灌区内调蓄容积等进行综合分析计算确定。

灌溉泵站设计流量应根据灌区规划确定。由于水泵提水需耗用一定的电能,对提水灌区输水渠道的防渗有着更高的要求。因此,灌溉泵站输水渠道渠系水利用系数的取用可高于自流灌区。灌溉泵站机组的日开机小时数应根据灌区作物的灌溉要求及机电设备运行条件确定,一般可取 24 h。

对于提蓄结合灌区或井渠结合灌区,在计算确定泵站设计流量时,应先绘制灌水率图,然后考虑调节水量或可能提取的地下水量,削减灌水率高峰值,以减少泵站的装机功率。

（2）排水泵站排涝设计流量及其过程线,可根据排涝标准、排涝方式、设计暴雨、排涝面积及调蓄容积等综合分析计算确定;排水泵站排渍设计流量可根据排渍模数与排渍面积计算确定;城市排水泵站排水设计流量可根据设计综合生活污水量、工业废水量和雨水量等计算确定。

排水泵站的设计流量应根据排水区规划确定。对主要服务于农作物的,其排涝和排渍设计流量具体方法参见《灌溉与排水工程设计标准》(GB 50288—2018)。对城镇、工业企业及居住区的排水泵站,其排水设计流量的计算应符合《室外排水设计标准》(GB 50014—2021)的有关规定。

(3)工业与城镇供水泵站设计流量应根据设计水平年、设计保证率、供水对象的用水量、城镇供水的时变化系数、日变化系数、调蓄容积等综合确定。用水量主要包括综合生活用水(包括居民生活用水和公共建筑用水)、工业企业用水、浇洒道路和绿地用水、管网漏损水量、未预见用水、消防用水等。

工矿区工业供水泵站的设计流量应根据用户(供水对象)提出的供水量要求和用水主管部门的水量分配计划等确定,生活供水泵站的设计流量一般可由用水主管部门确定。设计流量的计算还应符合《室外给水设计标准》(GB 50013—2018)的有关规定。

7.3.1.2　流量确定概述

水泵的流量,即出水量,一般不宜选得过大,否则,会增加购买水泵的费用。应具体问题具体分析,如用户自家吃水用的自吸式水泵,流量就应尽量选小一些的;如用户灌溉用的潜水泵,就可适当选择流量大一些的。对于排涝泵站,排涝流量的确定主要依据下述几类内容。

(1)对于排涝泵站设计理论:要根据控制水位高度、排涝流量特性、排涝时间等,确定控制面积、排涝时间及排涝调节量等主要参数以确定最佳排涝流量。

(2)现场检测或配套设计流量:要根据排涝泵站的实际情况,通过水位计、汛期水量测定等,对排涝泵站的排涝能力进行测试,以确定实际的最佳排涝流量。

(3)排涝设计计算:按控制水位高度、汛期水量及消能度等指标,采用综合评估的方法,以确定泵站内的排涝流量。

(4)允许的排涝调整量:如排涝泵站出口水位高于控制水位,则降低排涝流量,若排涝泵站出口水位低于控制水位,则加大排涝流量,以维持妥善的排涝工作。

在实际施工中,确定排涝流量要在确定排涝泵站技术参数及测定排涝过程中做到规范、合理,在确定洪水强度和安全防洪要求的基础上,确定排涝流量,从而建立规范有效的、具有良好把控能力的排涝泵站。

7.3.2　泵站扬程

7.3.2.1　概述

(1)设计扬程应按泵站进、出水池设计运行水位差,并计入水力损失确定,在设计扬程下,应满足泵站设计流量要求。

(2)平均扬程可按加权平均净扬程,并计入水力损失确定;或按泵站进、出水池平均水位差,并计入水力损失确定。在平均扬程下,水泵应在高效区工作。

计算平均扬程工作量较大,需根据设计水文系列资料按泵站提水过程所出现的分段扬程、流量和历时进行加权平均才能求得,但由于这种方法同时考虑了流量和运行历时的因素,即总水量的因素,因而计算成果比较精确合理,符合实际情况。

（3）最高扬程宜按泵站出水池最高运行水位与进水池最低运行水位之差，并计入水力损失确定；当出水池最高运行水位与进水池最低运行水位遭遇的概率较小时，经技术经济比较后，最高扬程可适当降低。

水泵在最高扬程工况下运行，其提水流量虽小于设计流量，但应保证其运行的稳定性。对于供水泵站，在最高扬程工况下，应考虑备用机组投入，以满足供水设计流量要求。

对排水泵站，当承泄区水位变化幅度较大时，可对泵站运行时的水位组合概率进行分析，经论证后，最高扬程可适当降低。广东省以泵站的主要特征参数即进水池和出水池的各种水位结合水泵的特性和运行范围合理推算。

（4）最低扬程宜按泵站出水池最低运行水位与进水池最高运行水位之差，并计入水力损失确定；当出水池最低运行水位与进水池最高运行水位遭遇的概率较小时，经技术经济比较后，最低扬程可适当提高。

当水泵选型困难时，也可适当提高最低扬程，尤其是出现负扬程时。广东省以泵站的主要特征参数即进水池和出水池的各种水位结合水泵的特性和运行范围合理推算。

7.3.2.2　选择满足扬程要求的水泵

1. 水泵扬程选择

所谓扬程是指所需扬程，而不是提水高度，明确这一点对选择水泵尤为重要。水泵扬程为提水高度的 1.15～1.20 倍。如某水源到用水处的垂直高度 20 m，其所需扬程为 23～24 m。选择水泵时应使水泵铭牌上的扬程与所需扬程接近，这样的情况下，水泵的效率最高，使用会更经济。但并不是一定要求绝对相等，一般偏差只要不超过 20%，水泵都能在较节能的情况下工作。

2. 铭牌扬程多大为好

选择铭牌上扬程远远小于所需扬程的一台水泵，往往不能满足用户的愿望，即便是能抽上水来，水量也会小得可怜，甚至会变成一台无用武之地的"闲泵"。水泵扬程也不是越高越好，高扬程的泵用于低扬程，便会出现流量过大，导致电机超载，若长时间运行，电机温度升高，绕组绝缘层便会逐渐老化，甚至烧毁电机。

7.4　泵　型

7.4.1　泵的工作原理

以排水泵常用的叶片泵的工作原理进行论述。

7.4.1.1　离心泵的工作原理

水泵开动前，先将泵和进水管灌满水，水泵运转后，在叶轮高速旋转而产生的离心力的作用下，叶轮流道里的水被甩向四周，压入蜗壳，叶轮入口形成真空，水池的水在外界大气压力下沿吸水管被吸入，补充了这个空间。继而吸入的水又被叶轮甩出，经蜗壳而进入出水管。基本原理见图 7-4-1。

离心泵是由于在叶轮高速旋转所产生的离心力的作用下，将水提向高处的，故称离心泵。

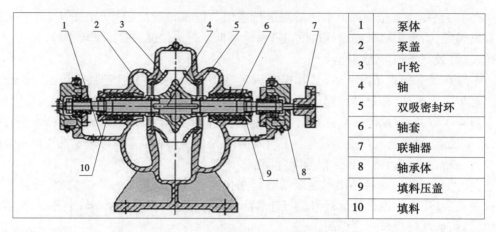

1	泵体
2	泵盖
3	叶轮
4	轴
5	双吸密封环
6	轴套
7	联轴器
8	轴承体
9	填料压盖
10	填料

图 7-4-1　单级双吸离心泵结构原理

7.4.1.2　轴流泵的工作原理

轴流泵与离心泵的工作原理不同,它主要是利用叶轮的高速旋转所产生的推力提水。轴流泵叶片旋转时对水所产生的升力,可把水从下方推到上方(见图 7-4-2)。

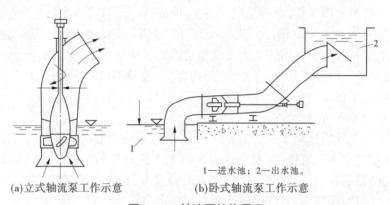

1—进水池;2—出水池。

(a)立式轴流泵工作示意　　　　(b)卧式轴流泵工作示意

图 7-4-2　轴流泵结构原理

轴流泵的叶片一般浸没在被吸水源的水池中。由于叶轮高速旋转,在叶片产生的升力作用下,连续不断地将水向上推压,使水沿出水管流出。叶轮不断旋转,水也就被连续压送到高处。

轴流泵的一般特点:

(1)水在轴流泵的流经方向是沿叶轮的轴向吸入、轴向流出,因此称轴流泵。

(2)扬程低(1~13 m)、流量大、效益高,适于平原、湖区、河网区排灌。

(3)起动前不需灌水,操作简单。

7.4.1.3　混流泵的工作原理

由于混流泵的叶轮形状介于离心泵叶轮和轴流泵叶轮之间,因此混流泵的工作原理既有离心力又有升力,靠两者的综合作用,水则以与轴成一定角度流出叶轮,通过蜗壳室和管路把水提向高处,见图 7-4-3。

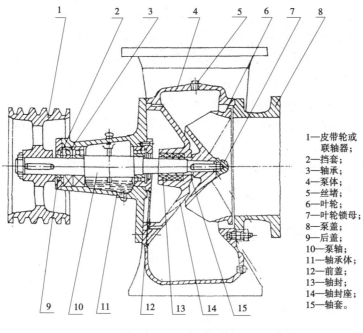

1—皮带轮或
联轴器;
2—挡套;
3—轴承;
4—泵体;
5—丝堵;
6—叶轮;
7—叶轮锁母;
8—泵盖;
9—后盖;
10—泵轴;
11—轴承体;
12—前盖;
13—轴封;
14—轴封座;
15—轴套。

图 7-4-3　混流泵结构原理

7.4.2　泵型选型原则

（1）所选水泵应满足泵站设计流量、设计扬程及不同时期排水要求;在平均扬程下水泵应处在高效区内运行,并同时满足在泵站扬程范围内水泵能安全、稳定运行。水泵选型必须首先符合相关标准规定。《泵站设计标准》(GB 50265—2022)相关章节中对水泵选型做出了许多具体规定,此不详述,仅就几个关键性的或可能有争议的问题谈一些看法。①关于泵站平均扬程问题。该工程泵站运行时间长,建议按《泵站设计标准》(GB 50265—2022)中给出的公式计算出的加权平均净扬程,并计入水力损失确定平均扬程。②所选泵型必须具有完整可信的模型试验资料,进口产品也不例外。③装置效率是泵站的主要经济指标,对于南水北调东线工程这样运行时间长的泵站尤其重要,应引起高度重视。

主泵选型最基本的要求是满足泵站设计流量和设计扬程的要求,同时要求在整个运行范围内,机组安全、稳定,并且有最高的平均效率。

要求在泵站设计扬程时,能满足泵站设计流量的要求;在泵站平均扬程时,水泵应尽量达到最高效率;在泵站最高或最低扬程时,水泵能安全、稳定运行,配套电动机不超载。根据泵站设计扬程初选水泵。这实际上涉及各种泵型的适用范围。在这方面,没有一个严格的界限。对南水北调东线工程这样的低扬程大流量泵站,大致情况是:卧式轴流泵,设计扬程 3 m 以下;立式轴流泵,5 m 以下;卧式混流泵,3~7 m;立式混流泵,4 m 以上;斜式泵介于立式和卧式之间;贯流泵应视为卧式轴流泵。

排水泵站的利用率比较低,当需要运行时,又要求在最短时间内排除积水,所以水泵选型时应与一般泵站有所区别,强调在保证机组安全、稳定运行的前提下,水泵的设计流量宜按最大流量计算。

（2）应优先选用技术成熟、性能先进、高效节能的产品，同时应满足厂房水工及建筑物结构简单、占地面积小、美观大方、噪声低、维护管理方便的要求。

（3）根据水文规划及计算成果，本区域内泵站扬程均在 3 m 以内，应选用轴流泵机组。潜水轴流泵具有结构紧凑、布置简单、辅助设备少、运行噪声小、水工及建筑物结构简单等特点，选型时宜优先考虑潜水轴流泵结构形式。

通过综合经济分析初定水泵类型。仅根据泵站设计扬程，常常无法确定出唯一适用的泵型。例如，该工程相当一部分泵站的设计扬程为 5 m 左右，则立式轴流泵、卧式混流泵、立式混流泵以及斜式轴流泵和混流泵都在适用范围以内，这时就需要从经济上对它们进行综合对比分析，才能筛选出最适宜的泵型。经济分析的内容不仅应包括一次性投资的设备费和土建工程费，也应包括运行动力费和维护管理费。

从经济角度考虑，各种泵型的大致优选排序为：卧式轴流泵→卧式混流泵→立式轴流泵→立式混流泵。

（4）进行气蚀性能校核，最终确定泵型。水泵一旦发生气蚀，不但会产生振动和噪声，对过流部件的某些部位产生腐蚀，也会引起性能曲线下降，严重时甚至出现断流。另外，泵站一旦建成，如果发生气蚀，想采取增大输水管直径、降低水泵安装高度等对策几乎是不可能的；即使采取将水泵限制到小流量工况运行，或将叶轮材质更换成高抗气蚀性能材料等措施，也要以牺牲泵站的容量为代价，都是不可取的。因此，必须严把气蚀校核这一关。

要想使水泵不发生气蚀，首先应尽可能选择抗气蚀性能好的水泵。但水泵的抗气蚀性能不可能无限度地提高。另外，过度提高水泵的抗气蚀性能，常常以降低效率为代价。实际上，对大型泵站而言，在水泵抗气蚀性能难以大幅度提高的情况下，泵站设计者常常只能通过改变安装形式和吸入方式来避免水泵发生气蚀。

7.4.3 泵型优缺点分析

7.4.3.1 卧式泵

卧式泵的主要优点是：①水泵的主要部件经常处于水面以上，比立式泵受腐蚀的影响小；②检查、维修和保养方便，拆卸时不必像立式泵那样搬移电动机；③单位面积上的荷重小，对软地基有利；④起重机的起吊荷重小，提升高度小，泵房结构简单。其主要缺点是：①占地面积较大；②起动时必须进行灌引水（排气）操作；③受吸入性能（气蚀）限制，水泵安装层不能太高并需采取措施保证进水池处于高水位时动力机房内不进水。

7.4.3.2 立式泵

立式泵的主要优点：①叶轮淹没在水里，有利于保证不发生气蚀；②起动时不必灌引水（排气），上水快，有利于实现自动运行；③占地面积少。其主要缺点：①主要部件浸没在水里，表面有水垢附着，容易被腐蚀；②拆卸时需移动电动机；③拆卸时起吊高度大，泵房高度也随之增高；④荷载集中，单位面积地基上的荷重大，对软地基不利；⑤泵房结构比较复杂；⑥水泵本身的价格一般也比卧式泵高。

立式潜水轴流泵的水泵和电机一体，通过行星齿轮传动，可减小电机体积，使水泵结构紧凑，一定程度上节省空间、方便安装，且电机潜于水中，通过周围水体散热，减少辅助机械设备,水泵与电机同轴,结构紧凑提高刚度,运行时振动小、噪声低、发展历史悠久、技术成熟、应用广泛,适用于流量大、高扬程情况。

7.4.3.3 斜式泵

斜式泵是近年来发展起来的一种安装布置方式,使用量有逐渐增长的趋势。国内外关于斜式泵研究的文献相对较少,一般认为它的主要优点是进出水流道弯度小,水力损失小,因而装置效率高于立式泵和卧式泵,并且水工建筑物的投资也比较低。其缺点是泵轴斜置后,受力复杂,对导轴承的要求较高,且安装不便。

7.4.3.4 贯流泵

贯流泵在我国的应用已有20多年的历史(主要是中小型),但对其研究,尤其是装置性能方面的研究却相对较少。一般认为该泵型的主要优点是:①进出水流道为一近似直线,水力损失小,装置效率高,尤其适用于设计扬程低、运行时间长、重视运行成本的场合;②水工建筑物简单,泵站投资低;③载荷分散,单位面积地基上的荷重小,适用于地基不良的场合。其主要缺点是:①对密封要求较高;②为了减少灯泡比,需采用行星齿轮减速器传动,水泵结构比较复杂。另外,有学者认为贯流泵的机组效率并不像人们期望的那样高。

1. 卧式潜水贯流泵

卧式潜水贯流泵具有占地面积小、运行水力条件较优、机组起吊高度小、检修维护方便(便于直观观察其振动、发热技术性能),泵站管理人员能及时发现和处理机泵运行中出现的问题等优点,建筑总体布置协调。潜水贯流泵具有进出水流道近似直线(流道顺直),进出水扬程(水力)损失小,泵站装置效率高,相同工况下,电机功率配置小,运行费用低等优点,特别适用于低扬程、大流量泵站,泵机结构采用干式全封闭潜水三相异步电机,防护等级为IPX8,满足长期浸入水中运行。

2. 轴伸贯流式泵

轴伸贯流式机组分为平面轴伸和立面轴伸(见图7-4-4、图7-4-5)。平面轴伸的特点是,具有一个水平轴,电动机和齿轮箱布置于流道之外,进出水流道呈"S"形布置,轴伸式贯流泵外部支撑点多,单位面积支撑受力较小,泵的整体刚度好,运行平稳。该泵型主要用于低扬程、大流量的工作场所,常用于防洪排涝、引水调水、排灌等。

对本工程上下游水位差而言,泵机的形式决定了其流道型线较差,机组的装置效率较低,且平面尺寸较大,较不经济。立面轴伸式机组进水流道位于电机基础下部,叶轮中心与出水流道中心在同一高程,此结构的特点是平面尺寸较小(电机和水泵在同一平面),但立面挖深较大(为满足叶轮淹深的需要),增加了土建的投资,也不经济。

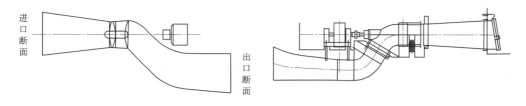

图 7-4-4 平面轴伸式贯流泵装置示意　　　　图 7-4-5 立面轴伸式贯流泵装置示意

7.5 工程总体布置

7.5.1 泵站站址选择

（1）由河流、湖泊、感潮河口、渠道取水的灌溉泵站，其站址宜选择在有利于控制提水灌溉范围，使输水系统布置比较经济的地点。灌溉泵站取水口宜选择在主流稳定靠岸，能保证引水，有利于防洪、防潮汐、防沙、防冰及防污的河段。由潮汐河道取水的灌溉泵站取水口，宜选择在淡水水源充沛、水质适宜灌溉的河段。

（2）从水库取水的灌溉泵站，其站址应根据灌区与水库的相对位置、地质条件和水库水位变化情况，研究论证库区或坝后取水的技术可靠性和经济合理性，选择在岸坡稳定，靠近灌区，取水方便，不受或少受泥沙淤积、冰冻影响的地点。

（3）排水泵站站址宜选择在排水区地势低洼、能汇集排水区涝水，且靠近承泄区的地点。排水泵站出水口不应设在迎溜、崩岸或淤积严重的河段。

（4）灌排结合泵站站址，宜根据有利于外水内引和内水外排，灌溉水源水质不被污染和不致引起或加重土壤盐渍化，并兼顾灌排渠系的合理布置等要求，经综合比较选定。

（5）供水泵站站址宜选择在受水区上游、河床稳定、水源可靠、水质良好、取水方便的河段。

（6）梯级泵站站址应结合各站站址地形、地质、运行管理，总功率最小等条件，经综合比较选定。

7.5.2 泵站枢纽布置

7.5.2.1 一般规定

服从地区治理规划要求；要创建良好的水流条件，引水、进水流态平稳，不能产生回流、死水区旋涡；充分发挥各建筑物的最大作用；各建筑物要互相协调，保证运行安全，管理方便；尽量减少开挖，压占农田及原有建筑物的拆迁；尽可能满足综合利用的要求，排灌结合，自流与排水结合。

泵站枢纽的布置形式按照自流排水建筑物和泵房的相对关系，排水泵站建筑物布置形式可分为合建式和分建式。

按照泵房与围堤的相对位置，泵房建筑物布置分为堤后式和堤身式。泵站枢纽总体布置形式见表7-5-1。

表 7-5-1 泵站枢纽总体布置形式

布置形式	优点	缺点	说明
分建式	进水平顺，出水池易于布置	管理不便，投资大	
合建式	布置简单，管理方便，投资低	结构复杂，施工期较长	
堤身式	出水流道短，泵房与出水建筑物浇筑在一起，整体性强，操作、运行管理集中	建筑标准高，工程量大，通风、采光、防潮不好	

续表 7-5-1

布置形式	优点	缺点	说明
堤后式	建筑标准低,容易满足抗滑、稳定的要求,基础应力分布比较均匀,有利于施工场地布置和施工组织工作	操作、运行管理分散	

对于各种布置形式,泵站枢纽的布置一般要求包括:

(1)泵站的总体布置应包括泵房,进、出水建筑物,变电站,枢纽其他建筑物和工程管理用房,内外交通、通信以及其他维护管理设施的布置。

(2)站区布置应满足劳动安全与工业卫生、消防、环境绿化和水土保持等要求。

(3)泵站室外专用变电站宜靠近辅机房布置,满足变电设备的安装检修方便、运输通道、进线出线、防火防爆等要求。

(4)站区内交通布置应满足机电设备运输、消防车辆通行的要求。

(5)具有泄洪任务的水利枢纽,泵房与泄洪建筑物之间应有分隔设施;具有通航任务的水利枢纽,泵房与通航建筑物之间应有足够的安全距离及安全设施。

(6)进水处有污物、杂草等漂浮物的泵站,应设置拦污、清污设施,其位置宜设在引渠末端或前池入口处。站内交通桥宜结合拦污栅设置。

(7)泵房与铁路、高压输电线路、地下压力管道,高速公路及一、二级公路之间的距离不宜小于 100 m。

(8)进、出水池应设有防护和警示标志。

(9)对水流条件复杂的大型泵站枢纽布置,应通过水工整体模型试验论证。

7.5.2.2 进水渠

泵站引渠的线路应根据选定的取水口及泵房位置,结合地形地质条件,经技术经济比较选定,并应符合下列规定:

(1)渠线宜避开地质构造复杂、渗透性强和有崩塌可能的地段,也宜避开在冻胀性、湿陷性、膨胀性、分散性、松散坡积物以及可溶盐土壤上布置渠线。当无法避免时,则应采取相应的工程措施。渠身宜坐落在挖方地基上,少占耕地。

(2)渠线宜顺直。当需设弯道时,土渠弯道半径不宜小于渠道水面宽的 5 倍,石渠及衬砌渠道弯道半径不宜小于渠道水面宽的 3 倍,弯道终点与前池进口之间宜有直线段,长度不宜小于渠道水面宽的 8 倍,直线段长度小于 8 倍时,宜采取工程措施。

(3)渠线宜避免穿过集中居民点、高压线塔、重点保护文物、军用通信线路、油气地下管网以及重要的铁路、公路等。

7.5.2.3 拦污栅和拦污栅桥

(1)采用人工清污时,过栅流速宜取 0.6~0.8 m/s;采用机械清污时,过栅流速宜取 0.6~1.0 m/s。

(2)拦污栅宜采用活动式。栅体可直立布置,也可以倾斜布置。倾斜布置时,栅体与水平面的夹角宜取 70°~80°。采用机械清污方式的拦污栅可根据清污机的形式采用倾斜布置或直立布置。

（3）拦污栅设计水位差可按 1.0~2.0 m 选用，特殊情况可酌情增减。有流冰并于流冰期运用时，应计入壅冰影响。

（4）拦污栅栅条净距应根据水泵型号和运行工况确定，但最小净距不小于 50 mm。在满足保护水泵机组的前提下，拦污栅栅条净距可适当加大。

（5）拦污栅栅条宜采用扁钢制作。栅体构造应满足清污要求。

（6）机械清污的泵站，根据来污量、污染物性质及水工布置等因素可选用液压抓斗式、耙斗式或回转式清污机。清污机应运行可靠、操作方便、结构简单。

（7）清污机应设置过载保护装置和自动运行装置。

7.5.2.4 前池及进水池

（1）泵站前池布置应满足水流顺畅、流速均匀、池内不得产生涡流的要求，宜采用正向进水方式。正向进水的前池，扩散角应小于 40°，底坡不宜陡于 1:4。

（2）侧向进水的前池，宜设分水导流设施，可通过水工模型试验验证。

（3）多泥沙河流上的泵站前池应设隔墩，分为多条进水道，每条进水道通向单独的进水池。在进水道首部应设进水闸及拦沙或水力排沙设施。设有沉沙池的泵站，出池泥沙允许粒径不宜大于 0.05 mm。

（4）多级泵站前池顶高可根据上、下级泵站流量匹配的要求，在最高运行水位以上预留调节高度确定。前池或引渠末段宜设事故停机泄水设施。

（5）泵站进水池的布置形式应根据地基、流态、含沙量、泵型及机组台数等因素，经技术经济比较确定，可选用开敞式、半隔墩式、全隔墩式矩形池或圆形池。多泥沙河流上宜选用圆形池，每池供一台或两台水泵抽水。

（6）进水池设计应使池内流态良好，满足水泵进水要求，且便于清淤和管理维护。

（7）进水池的水下容积可按共用该进水池的水泵 30~50 倍设计流量确定。

（8）岸墙、翼墙、拦污栅桥等建筑物的稳定、应力分析可按《水闸设计规范》（SL 265—2016）、《水工挡土墙设计规范》（SL 379—2007）等的有关规定进行。

7.5.2.5 泵房

泵房设计要点：①机组间距确定；②泵房长度及宽度确定；③水泵层底板高程确定；④电机层高程确定；⑤厂房高度确定。详见 7.5.3。

7.5.2.6 出水池

（1）出水池布置应符合下列规定：池内水流应顺畅、稳定，水力损失小；出水池建在膨胀土或湿陷性黄土等不良地基上时，应进行地基处理；出水池底宽大于渠道底宽时，应设渐变段连接，渐变段的收缩角宜小于 40°；出水池池中流速不应超过 2.0 m/s，且不应出现水跃。

（2）出水塔应符合下列规定：出水塔应布置在稳定的基础上；塔身结构尺寸应满足出水管布置及检修要求，出水管口高程宜略高于塔内水位；应进行基础和塔身稳定计算。

（3）压力水箱应建在坚实基础上，并应与泵房或出水管道连接牢固。压力水箱的尺寸应满足前门安装和检修的要求。

7.5.3　泵站泵房设计

7.5.3.1　一般要求

泵房设计包括泵房结构类型的选定、泵房地基处理、泵房内部布置形式和各部尺寸的拟定、泵房整体稳定校核以及各部分构件的结构设计和计算等。一般遵循的原则有：

（1）在满足设备安装、检修及安全运行的前提下，机房的尺寸和布置尽量紧凑、合理，以节约工程投资。

（2）泵房在各种工作条件下应满足稳定要求，构件应满足强度和刚度要求，抗震性能良好。

（3）泵房应坐落在稳定的地基基础上，避开滑坡区。

（4）充分满足通风、采光、散热及低噪声要求。

（5）泵房水下结构部分应进行抗裂校核及防渗处理。

（6）在条件许可下，应讲求建筑艺术，力求整齐美观，为此可适当提高泵房的建筑标准。

7.5.3.2　建筑泵房结构类型

泵房的主要类型有：分基型、干室型、湿室型及块基型等。分基型的主要特点是房基与机墩分开，设备的基础与泵房基础分开，无水下结构，适用于卧式及斜式水泵；干室型的主要特点是四周墙壁和底板形成一个干燥的不透水的地下室，适用于水源水位变幅较大的情况下；湿室型的结构特点是水泵的进水池与泵房合并建筑，分为上下两层，叶轮多淹没在水中，形成一个湿室，适用于中小型的立式轴轮泵和中小型立式离心泵；块基型的结构特点是水泵的进水流道与泵房的底板用钢筋混凝土浇成一个整体，适用于大型水泵。

分析当地的地基情况及土壤、地质等条件，湿室型泵房较为适合。结构特点：水泵的进水池与泵房合建共用一底板，泵房分为上下两层，上层为电机层，安装电动机及配电设备；下层为水泵层，安装水泵，叶轮淹没于水中，形成一个湿室。

湿室型结构分为墩墙式、排架式、箱形结构式和圆筒式等。墩墙式结构，水泵工作互不干扰，水流条件好，便于单台检修，墩墙和底板可采用浆砌石结构，可就地取材，施工简单，因此决定采用墩墙式湿室型泵房。

7.5.3.3　泵房布置

泵房的厂房一般由三部分组成，即主厂房（主要布设主机组）、副厂房（布设电器设备）、检修间（布设检修机组及电器设备等）。

泵站泵房布置包括主厂房、副厂房及检修间。

（1）主厂房与副厂房及检修间的相对位置有一端式和一侧式。主要根据泵站的地形和地质条件、高压线路的来向、进厂公路的位置等加以确定。

（2）主机组的布置有一列式和双列式交错排列两种形式。

泵站布置形式比较如表 7-5-2 所示。

表 7-5-2　泵站布置形式比较

布置形式	优点	缺点	说明
一端式	可减小泵房跨度,主厂房、进出水侧可以开窗,有利于自然通风和采光	机组台数较多,主厂房纵向长度较大时,运行管理不便	
一侧式	缩短泵房长度,便于运行管理	主厂房出水侧无窗,影响泵房的自然通风和采光	
一列式	布置整齐,主厂房跨度小	机组数目多时,主厂房长度过长,对泵房基础稳定不利	
双列式	可减小工程开挖量	增加了主厂房跨度,厂房内部不整齐,运行管理不便	

7.5.3.4　确定泵房尺寸

泵房尺寸包括平面尺寸和立面尺寸。根据设备的合理布置要求,满足设备的安全运行及泵房的稳定要求,定出泵房的跨度和长度;根据机组及其起吊设备等条件定出泵房的高度。

1. 泵房平面尺寸

机组间距是控制泵房平面布置的一个重要特征指标,应根据机电设备和建筑结构的布置要求确定。机组间距应根据机电设备和建筑结构布置的要求确定,并应符合下列规定:

(1)立式泵机组的间距应取下列值的大值:

①电动机风道盖板外径与不小于 1.5 m 宽的运行通道的尺寸总和。

②进水流道最大宽度与相邻流道之间的闸墩厚度的尺寸总和。

当泵房分缝或需放置辅助设备时,可适当加大。

(2)卧式泵进水管中心线的距离应符合下列规定:

①一列布置时,相邻机组之间的净距不应小于 1.8~2.0 m。

②双列布置时,管道与相邻机组之间的净距不应小于 1.2~1.5 m。

③就地检修的电动机应满足转子轴芯的要求。

④应满足进水喇叭管布置、管道阀门布置及水工布置的要求。

(3)边机组段长度应满足设备吊装以及楼梯、交通道布置的要求。当机组的台数、布置形式(单列式或双列式布置)、机组间距、边机组段长度确定以后,主泵房长度即可确定,如安装检修间设在主泵房一端,则主泵房长度还应包括安装检修间的长度。

(4)安装检修间长度可按下列原则确定:

①立式机组应满足一台机组安装或扩大性大修的要求。机组检修应充分利用机组间的空地。在安装间,除放置电动机转子外,尚应留有运输最重件的汽车进入泵房的场地,长度可取 1.0~1.5 倍机组段长度。

②卧式机组应满足设备进入泵房的要求,但不宜小于 5.0 m。

主泵房电动机层宽度主要应满足电动机、配电设备、吊物孔、工作通道等布置,并考虑进、出水侧必需的设备吊运要求,结合起吊设备的标准跨度确定。当机组间距确定以后,再适当调整电动机、配电设备、吊物孔等的相对位置。当配电设备布置在出水侧,吊物孔布置在进水侧,并考虑适当的检修场地时,电动机层宽度需放宽一些;当配电设备集中布置在主泵房一端,吊物孔又不设在主泵房内,而是设在主泵房另一端的安装检修间时,则电动机层宽度可窄一些。水泵层宽度主要由进、出水流道(或管道)的尺寸,辅助设备、集水廊道、排水廊道和工作通道的布置要求等因素确定。

(5)主泵房宽度应按下列原则确定:

①立式机组泵房宽度应由电动机或风道最大尺寸、上下游侧设备布置及吊装、上下游侧运行维护通道所要求的尺寸确定。电动机层和水泵层的上下游侧均应有运行维护通道,其净宽不宜小于1.5 m;当一侧布置有操作盘柜时,其净宽不宜小于2.0 m。水泵层的运行通道还应满足设备搬运的要求。

②卧式机组泵房宽度应根据水泵、阀门和所配置的其他管件尺寸,并满足设备安装、检修以及运行维护通道或交通道布置的要求确定。

主泵房各层高度应根据机组及辅助设备、电气设备的布置,机组的安装、运行、检修、设备吊运以及泵房内通风、采暖和采光要求等因素确定。

(6)主泵房电动机层以上净高应符合下列规定:

①立式机组应满足水泵轴或电动机转子联轴的吊运要求。当叶轮调节机构为机械操作时,还应满足调节杆吊装的要求。

②卧式机组应满足水泵或电动机整体吊运或从运输设备上整体装卸的要求。

③起重机最高点与屋面大梁底部距离不应小于0.3 m。

(7)吊运设备与固定物的距离应符合下列要求:

①采用刚性吊具时,垂直方向不应小于0.3 m;采用柔性吊具时,垂直方向不应小于0.5 m。

②水平方向不应小于0.4 m。

③主变压器检修时,其轴芯所需的高度不得作为确定主泵房高度的依据。起吊高度不足时,应设变压器检修坑。

(8)水泵层净高不宜小于4.0 m,排水泵室净高不宜小于2.4 m,排水廊道净高不宜小于2.2 m。空气压缩机室净高应大于贮气罐总高度,且不应低于3.5 m,并有足够的泄压面积。

(9)在大型卧式机组的四周,宜设工作平台。平台通道宽度不宜小于1.2 m。

(10)装有立式机组的泵房,应有直通水泵层的吊物孔,尺寸应能满足导叶体吊运的要求。

(11)在泵房的适当位置应预埋便于设备搬运或检修的挂环,以及架设检修平台所需要的构件。

主泵房水泵层底板高程是控制主泵房立面布置的一个重要指标,底板高程确定合适与否,涉及机组能否安全正常运行和地基是否需要处理及处理工程量大小的问题,是一个十分重要的问题,应认真做好这项工作。

主泵房电动机层楼板高程也是主泵房立面布置的一个重要指标。当水泵安装高程确定后,根据泵轴、电动机轴的长度等因素,即可确定电动机层的楼板高程。

根据调查资料,已建成泵站内的辅助设备多数布置在主泵房的进水侧,而电气设备则布置在出水侧或中央控制室附近,这样可避免交叉干扰,便于运行管理。

辅机房布置一般有两种:一种是一端式布置,即布置在主泵房一端,这种布置方式的优点是进、出水侧均可开窗,有利于通风、采暖和采光;缺点是机组台数较多时,运行管理不方便。另一种是一侧式布置,通常是布置在主泵房出水侧,这种布置方式的优点是有利于机组的运行管理;缺点是通风、采暖和采光条件不如一端式布置好。

安装检修间的布置一般有三种:一种是一端式布置,即在主泵房对外交通运输方便的一端,沿电动机层长度方向加长一段,作为安装检修间,其高程、宽度一般与电动机层相同。进行机组安装、检修时,可共用主泵房的起吊设备。目前,国内绝大多数泵站均采用这种布置方式。另一种是一侧式布置,即在主泵房电动机层的进水侧布置机组安装、检修场地,其高程一般与电动机层相同。进行机组安装、检修时,也可共用主泵房的起吊设备。由于布置进水流道的需要,主泵房电动机层的进水侧通常比较宽敞,具备机组安装、检修场地的条件。例如,某泵站装机功率 10×1 600 kW,泵房宽度 12.0 m,机组轴线至进口侧墙的距离为 6.5 m,与电动机层的长度构成安装检修间所需的面积,并可设置一个大吊物孔。还有一种是平台式布置,即将机组安装、检修场地布置在检修平台上。这种布置必须具备机组间距较大和电动机层楼板高程低于泵房外四周地面高程这两个条件。例如,某泵站装机功率 8×800 kW,机组间距 6.0 m,安装间检修平台高于电动机层 5.0 m,宽1.8 m,局部扩宽至 2.7 m,作为机组安装、检修场地。安装检修间的尺寸主要是根据主机组的安装、检修要求确定,其面积大小应能满足一台机组安装或解体大修的要求,应能同时安放电动机转子连轴、上机架、水泵叶轮或主轴等大部件。部件之间应有 1.0~1.5 m 的净距,并有工作通道和操作需要的场地。

近年来,新建的大中型泵站大都建有中控室。这对于提高泵站自动化水平、减轻泵站运行人员受到噪声伤害十分有利。但是,中控室附近不宜布置容易发出强噪声或强振动的设备,如空气压缩机、大功率通风机等,以避免干扰控制设备或引起设备误动作。

立式机组主泵房自上而下分为:电动机层、联轴层、人孔层(机组功率较小的泵房无人孔层)和水泵层等,为方便设备、部件的吊运,各层楼板均应设置吊物孔,其位置应在同一垂线上,并在起吊设备的工作范围之内,否则无法将设备、部件吊运到各层。

当主泵房分为多层时,各层应设不少于 2 个通道。主楼梯宽度不宜小于 1.0 m,坡度不宜大于 40°,楼梯的垂直净空不宜小于 2.0 m。

立式机组主泵房内的水下各层或卧式、斜轴式、贯流式机组主泵房内,应设将渗漏水汇入集水廊道或集水井的排水沟。

主泵房顺水流向的永久变形缝(包括沉降缝、伸缩缝)的设置,应根据泵房结构形式、地基条件等因素确定。土基上的缝距不宜大于 30 m,岩基上的缝距不宜大于 20 m。缝的宽度不宜小于 20 mm。

当主泵房为钢筋混凝土结构,且机组台数较多,泵房结构长度较长时,为了防止和减少由于地基不均匀沉降、温度变化和混凝土干缩等产生的裂缝,应设置永久变形缝(包括沉降缝、伸缩缝)。永久变形缝的间距应根据泵房结构形式、地基土质(岩性)、基底应力分布情况和当地气温条件等因素确定。如辅机房和安装检修间分别设在主泵房的两端，因两者与主泵房在结构形式、基底应力分布情况等方面均有较大的差异，故其间均应设置永久变形缝。主泵房本身永久变形缝的间距则根据机组台数、布置形式，机组间距等因素确定，通常情况下是将永久变形缝设在流道之间的隔墩上，大约是机组间距的整倍数。严禁将永久变形缝设在机组的中心线上，以免影响机组的正常运行。因此，合理设置永久变形缝，是泵房布置中的一个重要问题。

泵房挡水部位顶部安全加高不应小于表 7-5-3 的规定。

表 7-5-3　泵房挡水部位顶部安全加高　　　　　　　　单位：m

运用情况	泵站建筑物级别			
	1	2	3	4、5
设计	0.7	0.5	0.4	0.3
校核	0.5	0.4	0.3	0.2

注：1. 安全加高是指波浪、壅浪计算顶高程以上距离泵房挡水部位顶部的高度。

2. 设计运用情况是指泵站在设计运行水位或设计洪水位时运用的情况，校核运用情况是指泵站在最高运行水位或校核洪水位时运用的情况。

7.6　外电设计

7.6.1　供电系统

（1）泵站负荷等级及供电方式应根据工程的性质、规模和重要性合理确定。采用双回路供电时，应按每一回路承担泵站全部容量设计。

（2）泵站的专用变电站，宜采用站、变合一的供电管理方式。

（3）泵站供电系统应设生活用电，并与站用电分开设置。

其他供（配）电方式同 6.9 节。

7.6.2　电气主接线

（1）电气主接线的电源侧宜采用单母线接线，多机组、大容量和重要泵站也可采用单母线分段接线。

（2）电动机电压侧宜采用单母线接线或单母线分段接线。

（3）电动机电压母线进线回路应设置断路器。母线分段时亦应采用断路器联络。

（4）站用变压器宜接在供电线路进线断路器的线路一侧，也可接在主电动机电压母线上；当设置 2 台及以上站用变压器，且附近有可靠外来电源时，宜将其中 1 台与外电源连接。

7.6.3　主电动机及主要电气设备选择

（1）设备噪声限值应符合表 7-6-1。

表 7-6-1　设备噪声限值

工作场所	噪声限值/dB（A）
生产车间	85
车间内值班室、观察室、休息室、办公室、实验室、设计室	70
正常工作状态下精密装配线、精密加工车间、计算机房	70
主控室、集中控制室、通信室、电话总机室、消防值班室、一般办公室、会议室、设计室、实验室	60

（2）泵站主电动机的选择应符合下列规定：

①主电动机的容量应按水泵运行可能出现的最大轴功率选配，并留有一定的储备，储备系数宜为 1.10~1.05。电动机的容量宜选标准系列。

②主电动机的型号、规格和电气性能等应经过技术经济比较选定。

③当技术经济条件相近时，电动机额定电压宜优先选用 10 kV。

（3）同步电动机应采用静止励磁装置。励磁调节器宜采用微机控制，并具有手动励磁电流闭环反馈调节功能。

（4）主变压器的容量应根据泵站的总计算负荷以及机组起动及运行方式确定，并符合下列规定：

①当选用 2 台及以上变压器时，宜选用相同型号和容量的变压器。

②当选用不同容量和型号的变压器且需并列运行时，应符合变压器并列运行条件。

（5）供电网络的电压偏移不能满足泵站要求时，宜选用有载调压变压器。

（6）安装在室内的站用变压器、励磁变压器和补偿电容器宜选用干式。

（7）6~10 kV 电动机断路器，应按回路负荷电流、短路电流、短路容量选择，并根据操作频繁度选择操作机构。

7.6.4　站用电

（1）站用变压器台数应根据站用电的负荷性质、接线形式和检修方式等因素综合确定，数量不宜超过 2 台。

（2）站用变压器容量应满足可能出现的最大站用电负荷。采用 2 台站用变压器时，其中 1 台退出运行，另 1 台应能承担重要站用电负荷或短时最大负荷。

（3）站用电压应采用 380V/220V 三相四线制（或三相五线制）。当设置 2 台站用变压器时，站用电母线宜采用单母线分段接线，并装设备用电源自动投入装置。由不同电压等级供电的 2 台站用变压器低压侧不得并列运行，并设可靠闭锁装置。接有同步电动机励磁电源的站用变压器，宜将其高压侧与该电动机接在同一母线段上。

（4）集中布置的站用低压配电装置，应采用成套低压配电屏。对距离低压配电装置较远的站用电负荷，宜在负荷中心设置动力配电箱供电。

7.6.5　主要电气设备布置

（1）6~10 kV 高压配电装置和 380V/220V 低压配电装置宜布置在单独的高、低压配电室内。高、低压配电室,中控室,电缆沟进、出口洞应有防止小动物等钻入和雨雪飘入室内的设施。

(2)配电室的长度大于 7 m 时,应设 2 个出口;大于 60 m 时,应再增设 1 个出口。

(3)电动机单机容量在 630 kW 及以上,且机组在 2 台及以上时,或单机容量在 630 kW 以下,且机组台数在 3 台及以上时,应设中控室。

(4)中控室的设计应在条件允许时,设置能从中控室瞭望机组的窗户或平台。

(5)油浸式站用、励磁变压器等充油设备如布置在室内,其油量为 100 kg 以上时,应安装在单独的防爆专用小间内。站用变压器宜靠近低压配电装置布置。

(6)干式变压器可不设单独的变压器小间。对无外罩的干式变压器应设置安全防护设施。

(7)油浸式变压器上部空间不得作为与其无关的电缆通道。干式变压器上部可通过电缆,但电缆与变压器顶部距离不得小于 2 m。

(8)电缆沟内应设置排水设施,排水坡度不宜小于 2%。电缆管进、出口应采取防止水进入管内的措施。

7.6.6 电气设备的防火

(1)油量为 2 500 kg 以上的油浸式变压器之间的防火净距应符合下列规定:

①电压为 35 kV 及以下时,不应小于 5 m。

②电压为 110 kV 时,不应小于 8 m。

③电压为 220 kV 时,不应小于 10 m。

(2)当相邻 2 台油浸式变压器之间的防火间距不能满足要求时,应设置防火隔墙。隔墙顶高不应低于变压器油枕顶端高程,隔墙长度不应小于变压器贮油坑两端各加 0.5 m 之和。

(3)单台油量超过 1 000 kg 油浸式变压器及其他充油电气设备,应设贮油坑和公用的贮油池,单台油量超过 100 kg 站用变压器及其他充油设备应设油坑或挡油槛。

(4)电力电缆与控制电缆应分层敷设。对非阻燃性分层敷设的电缆层间,应采用耐火极限不小于 0.5 h 的隔板分隔。

(5)防火分隔物应采用非燃烧材料,其耐火极限不应低于 0.75 h。

(6)消防设备的供电应按二类负荷设计,并采用单独的供电回路。

7.6.7 过电保护及接地装置

(1)泵房房顶、变压器的门架上、35 kV 及以下高压配电装置的构架上,不得装设避雷针。

(2)钢筋混凝土结构主泵房、中控室、配电室、油处理室、大型电气设备检修间等,可不设专用的防直击雷保护装置,但应将建筑物顶上的钢筋焊接成网与接地网连接。所有金属构件、金属保护网、设备金属外壳及电缆的金属外皮等均应可靠接地,并与总接地网连接。

(3)在 1 kV 以下中性点直接接地的电网中,电力设备的金属外壳宜与变压器接地中性线(零线)连接。

(4)直接与架空线路连接的电动机应在母线上装设避雷器和电容器组。当避雷器和电容器组与电动机之间的电气距离超过 50 m 时,应在电动机进线端加装一组避雷器。对中性点有引出线的电动机,还应在中性点装一只避雷器。避雷器应选用保护旋转电机的专用避雷器。架空线路进线段还应设置保护旋转电机相应的进线保护装置。

(5)泵站应装设保护人身和设备安全的接地装置。接地装置应充分利用直接埋入地中或水中的钢筋、压力钢管、闸门槽、拦污栅槽等金属件,以及其他各种金属结构等自然接地体。当自然接地体的接地电阻常年都能符合要求时,不宜添设人工接地装置;不符合要求时,应增设人工接地装置。接地体之间应焊接。

(6)自然接地体与人工接地网的连接不应少于 2 点,其连接处应设接地测量井。

(7)对小电流接地系统,其接地装置的接地电阻值不宜超过 4 Ω。采用计算机监控方式联合接地系统的泵站,接地电阻值不宜超过 1 Ω。

7.6.8 继电保护及安全自动装置

(1)继电保护装置应满足可靠性、选择性、灵敏性和快速性的要求。保护装置动作的时限级差可取 0.5~0.7 s;当采用微机保护装置时,可取 0.3~0.4 s。

(2)保护装置的灵敏系数应根据最不利的运行方式和故障类型计算确定,灵敏系数 K 不应低于表 7-6-2 规定值。

表 7-6-2 保护装置的灵敏系数

保护类型	组成元件	灵敏系数	说明
变压器、电动机纵联差动保护	差电流元件	2	—
变压器、电动机线路电流速断保护	电流元件	2	—
电流保护或电压保护	电流元件和电压元件	1.3~1.5	当为后备保护时可为 1.2
后备保护	电流元件和电压元件	1.5	按相邻保护区末端短路计算
零序电流保护	电流元件	1.5	—

(3)泵站主电动机电压母线进线应装设下列保护:

①带时限电流速断保护。其整定值应大于 1 台机组起动、其余机组正常运行和站用电满负荷时的电流值,动作于断开进线断路器。当母线设有分段断路器时,可设带时限电流速断,比母联断路器延时一个时限动作。

②带时限的低电压保护。其电压整定值应为 40%~50% 额定电压,时限宜为 1 s,应断开进线断路器。

③母线单相接地故障,应动作于信号。

(4)对电动机相间短路,应采用下列保护方式:

①额定容量为 2 000 kW 及以上的电动机,应采用纵联差动保护装置。

②额定容量为 2 000 kW 以下的电动机,应采用两相式电流速断保护装置。当采用两相式电流速断保护装置不能满足灵敏系数要求时,应采用纵联差动保护装置。上述保护装置均应动作于断开电动机断路器。

(5)电动机应装设低电压保护。电压整定值应为 40%~50% 额定电压,时限宜为 0.5 s,动作于断开电动机断路器。

(6)电动机单相接地故障,当接地电流大于 5 A 时,应装设有选择性的单相接地保护。单相接地电流不大于 10 A 时,可动作于断开电动机断路器或信号;单相接地电流大于 10 A 时,应动作于断开电动机断路器。

(7)电动机应装设过负荷保护。同步电动机过负荷保护应带两阶时限:第一阶时限应动作于信号;第二阶时限应动作于断开断路器。异步电动机过负荷保护宜动作于信号,也可断开电动机断路器。动作时限均应大于机组启动时间或在机组启动时闭锁。

7.7 泵站品质工程汇总

7.7.1 工程案例一

7.7.1.1 工程概况

广州市南沙区自贸试验区万顷沙保税港加工制造业区块在万顷沙镇与珠江街范围内,东至龙穴南水道、北至八涌、西至灵新大道、南至十一涌,规划总用地面积 10.19 km²。该区块综合开发项目水务工程部分建设任务是:对现状八涌、九涌、十涌、十一涌进行河涌综合整治,拆除重建八涌东水闸、十涌东水闸,新建十涌东排涝泵站 1 座。

泵站设计流量为 45 m³/s,根据《水利水电工程等级划分及洪水标准》(SL 252—2017),泵站规模为中型。由于工程所在的万顷沙围海堤防洪标准为 200 年一遇,相应堤防级别为 1 级,根据规范规定,穿越堤防的永久性水工建筑物级别不应低于堤防级别。

综合考虑,确定十涌东水闸泵站的永久性主要建筑物级别为 1 级,次要建筑物级别为 3 级,临时性建筑物级别为 4 级,设计防洪标准为 200 年一遇。

7.7.1.2 建设条件

1.地形地貌

南沙区地貌表现为明显的河口冲积形态,区内水网密布,地势平坦。由于其沉积平原的形成机制,南沙区陆域海拔较低,且大多为淤泥、软土,部分地区软土层厚度可达 40 m,地下水位较浅。全区零星分布若干山体,主要包括大山㘵、庐前山、乌洲山、骝岗山、大虎山、小虎山、黄山鲁、十八罗汉山,全区制高点位于黄山鲁,最高海拔为 295 m。

2.河流水系

根据南沙区水系特征,将河道分为外部水系、内部水系两大类。

外部水系指各围以外自然形成的珠江河道,主要包括沙湾水道、虎门水道、蕉门水道、洪奇沥水道(含西沥)、凫洲水道、上横沥水道、下横沥水道等。这些河道是珠江水系重要的入海口门和通航河道[指通航等级 100 t 级(含 100 t 级)以上的河道],也是重要的行洪排涝通道,对整个南沙新区乃至珠江流域的防洪排涝安全格局、生态安全格局和交通功能有极为重要的影响。万顷沙联围位于珠江河口的蕉门水道与洪奇沥水道之间,东北接蕉门水道出海,西南汇入洪奇沥水道,北接下横沥和义沙围相望,东南为伶仃洋之滨。

内部水系是指各联围内部的河涌、湖泊、水库、鱼塘等组成的水系统,多为社会历史原因形成,如围垦、填海、灌溉等,对地区农业生产、调蓄泄洪有重要意义。本区块包含万顷沙八涌、九涌、十涌、十一涌。工程所在的万顷沙十涌起于十涌东闸,讫于十涌西闸,河长 5 569 m,涌底高程为 2.5~3.0 m,河口平均宽 60 m。

3. 潮汐

南沙区地处珠江三角洲中部,潮汐属不规则半日潮,即在一个太阴日里(约 24 h 50 min),出现两次高潮两次低潮,两个相邻的高潮或低潮的潮位和潮流历时均不相等,日潮不等现象显著。由于受径流影响,各站年最高潮位多出现在汛期,尤其是夏季受热带气旋的影响引发的风暴潮,常使口门站出现历史最高潮位,而年最低潮位则出现在枯水期。

1)潮差

珠江河口潮差不大,一般为 1.5 m 左右,最大可达 3 m 以上。南沙区各站多年平均潮差在 1.20~1.60 m。潮差的年际变化不大,年内变化相对较大。汛期潮差略大于枯水期潮差。潮差的大小是反映潮汐强弱的一个重要标志,珠江口八大口门的年平均涨潮、落潮潮差均在 2.0 m 以下,因此属弱潮河口。

2)潮历时

潮波传播的过程中,由于波峰传播的速度大于波谷传播的速度,致使潮波在传播的过程中不断变形,使前波较后波陡,发生涨潮历时短、落潮历时长的现象,这种现象愈向上游愈明显。

3)潮位

根据南沙站 1963—2019 年统计资料分析,多年平均潮位为 5.02 m;平均高潮位为 5.68 m,最高潮位为 8.19 m(受 2018 年第 22 号台风"山竹"影响),是自 20 世纪以来的最高风暴潮水位;平均低潮位为 4.35 m,最低潮位为 3.42 m(1971 年 3 月 23 日)。南沙站潮汐特征值统计如表 7-7-1 所示。

表 7-7-1　南沙站潮汐特征值统计

特征值		南沙站
涨潮潮差	多年平均/m	1.33
	历年最大/m	3.7
	出现日期(年-月-日)	2017-08-23
落潮潮差	多年平均/m	1.33
	历年最大/m	3.76
	出现日期(年-月-日)	2017-08-23

续表 7-7-1

特征值		南沙站
涨潮历时	多年平均	5 h 18 min
	历年最大	17 h 15 min
	出现日期(年-月-日)	1989-10-09
落潮历时	多年平均	7 h 12 min
	历年最大	12 h 40 min
	出现日期(年-月-日)	1998-01-22
高潮潮位	多年平均高潮位/m	5.68
	多年平均最高潮位/m	6.99
	历年最高/m	8.19
	出现日期(年-月-日)	2018-09-16
低潮潮位	多年平均低潮位/m	4.35
	多年平均最低潮位/m	3.69
	历年最低/m	3.42
	出现日期(年-月-日)	1971-03-23

7.7.1.3 泵站地质条件

拟建工程场地勘察深度范围内主要分布有第四系人工堆积成因(Q_4^{ml})的填土;第四系全新统海陆交互相(Q_4^{mc})淤泥;第四系冲洪积成因(Q_{3+4}^{al+pl})的粉细砂、中粗砂、淤泥质粉质壤土、淤泥质沙壤土、粉质黏土、圆砾土;下伏基岩为中三叠系强风化、中风化花岗岩($T_2\eta\gamma$)。

勘察场地地基土上覆素填土(层号1-1),其下为淤泥(层号2-1a)等软弱土。素填土层厚1.10~5.60 m,该层未经处理不能作为基础持力层;淤泥层厚11.40~37.80 m,属软弱层,工程性能差,厚度及变化大,不能作为基础持力层的下卧层。根据南沙地区软基处理经验,建议对淤泥层采取水泥搅拌桩法处理措施,以加固处理后的复合地基作为内外消力池等构筑物(或管道)持力层或下卧层。

对于主泵房、水闸闸室及管理房等建筑物,建议采用预应力混凝土管桩基础形式,以强—中风化花岗岩为桩端持力层。

7.7.1.4 工程运行调度原则

1. 正常调度原则

根据水利工程运行管理规定,正常挡潮时,涨潮关闸,落潮开闸;围内灌溉、水体交换需要用水时,一般选择外江水位在6.2 m以下时开闸引水;在枯水期、中水期所有水闸全部打开,以利通航、农业灌溉、水体交换;洪水期当受到台风暴潮袭击时,以6.2 m作为最高关闸控制水位,尽量预排内水位至4.5 m关闸,防止潮水倒灌。当外江水位高,围内水位达5.3~6.2 m且无法外排时,应开机排水,当水位降至4.5~5.3 m时可以关机。

各联围常水位一般维持在正常高水位~正常低水位之间,高、低常水位的设置结合外江潮汐特征、河涌功能要求确定,确保河涌正常功能的发挥且易于水位维持。平时,通过闸门开闭控制内河涌在正常低水位4.5 m至正常高水位5.3 m,以保持景观、通航、灌溉水位。

2. 排涝调度原则

利用调蓄、自排、抽排相结合的方式,根据预报结合水情在暴雨前期,尽可能利用水闸自排将河涌水位降至排涝预降水位4.5 m,必要时可辅以抽排预降库容。河涌起调水位是正常高水位5.3 m,排涝期间,如果内河涌水位高于外江,则开闸排涝,如果内河涌水位低于外江,则打开泵站抽排,同时利用河涌涌容调蓄,控制排涝最高水位。具体排涝调度运行制度为:

(1)当外江水位高于内河涌最高控制水位6.2 m时,一级排水闸关闸,避免外江水倒灌,如适逢区内下雨,河水上涨需要排涝,一级排泵站开机排水入外江。

(2)当外江水位低于内河涌最高控制水位6.2 m,且低于内河涌水位时,区内涝水通过一级排水闸自流排入外江。

(3)当外江水位高于内河涌水位,如适逢区内下雨,内河涌水位达4.5 m时,一级排水闸关闭,一级排泵站开机起排,排至4.5 m时停机。

(4)当有风暴潮预警,外江水位低于内河涌水位时,打开一级排水闸排水至4.5 m关闸,外江水位高于内河涌水位,一级排泵站开机预排至4.5 m停机。

(5)遭遇超标准洪涝灾害时,应立即启动应急响应预案,采取一切工程措施尽可能降低内河涌水位;及时组织人力、物力抢筑子堤和险工险段;强化行政首长负责制,加强工程运用的统一指挥与调度,加强工程巡查监视,安排受灾群众转移安置等。

7.7.1.5 泵站总体布置

新建十涌东水闸泵站工程的总体布置根据闸(站)址的地形地质、水流条件、对外交通及环境等条件,结合整个水利枢纽布局,综合利用要求等,做到布置合理、有利于施工、运行安全、管理方便、美观协调。

水闸与泵站平行布置在一起,其两翼与堤防相连接,新建交通桥与堤路连通,为了防止两侧连接道路沉降过大,该项目连接道路布置于现状堤顶路之上。水闸与泵站一字形布置,为防止横向水流干扰,水闸与泵站间设置隔离岛。

该工程泵站的主要功能为排水,主泵机组选用潜水轴流泵,其具有土建结构简单、运行方便的特点,比较适合本工程泵站的运行要求,在当地排涝工程中应用较多。

结合该地区已建水闸的设计、运行、管养经验,综合考虑软土地基、闸室结构、闸门启闭及检修条件、河道泥沙淤积等因素,重点考虑景观协调性,该工程水闸采用"上卧式闸门+液压启闭机"形式。

泵站顺水流向依次布置有:进水连接段、拦污栅桥、进水前池、主泵房、出水流道、出口防洪闸、外江消力池、出口连接段。

水闸顺水流向依次布置有:内涌侧抛石段、内涌侧海漫段、内涌消力池、闸室段、外江消力池段、外江侧海漫段、外江抛石段。

泵站与水闸之间采用导流墙分隔,最上游采用万环东路十涌桥梁2#桥墩作为导流墙(2#桥墩采用板式墩),中间分别采用拦污栅桥墩、进水池导流墩、主泵房墩、闸墩、外江导流墩等作为导流建筑物。

闸站两岸翼墙采用悬臂式挡土墙结构,翼墙与闸站及两岸岸坡平顺连接。

闸站管理区位于右侧,电气副厂房位于左侧,靠近水闸进口布置,区内绿化并设置必要的管理设施,对外交通与堤顶道路连接。

7.7.1.6 水闸泵站建筑物设计

泵站由进水连接段、拦污栅桥、前池及进水池、主泵房、出水流道、出口防洪闸、出口连接段等组成,总长为157.22 m。

1. 进水连接段

泵站进水连接段的主要功能为调节水流,使其平稳进入泵站的进水前池。泵站进水连接段顺水流方向依次由抛石防冲槽、格宾海漫两部分组成。抛石防冲槽顺水流方向长度为32.5 m,底高程2.00 m。抛石厚度拟定为1.50 m,格宾海漫顺水流方向长度为10.0 m,宽度与拦污栅桥内宽同宽,为27.0 m,底高程为2.00 m,格宾海漫厚度为500 mm,下设400 mm厚碎石垫层。进水连接段临河岸侧采用悬臂式钢筋混凝土挡墙挡土,挡墙顶部高程为7.00 m。

2. 拦污栅桥

设置拦污清污设备的主要目的是:拦截河涌内较大的漂浮物,阻止其进入泵站进水前池,避免对水泵机组造成损害,并由清污机收集至顶部皮带传送装置。

拦污栅桥段采用整体钢筋混凝土箱涵形结构。箱涵底高程与格宾海漫顶同高,为2.00 m。箱涵顺水流方向总长度为10 m,总净宽为24.0 m,分为4孔,每孔净宽6.0 m。箱涵顶部设交通桥面板,皮带传动装置布置于其顶板上,以方便河道悬浮物的运送。根据《泵站设计标准》(GB 50265—2022)要求,清污机的过栅流速宜取0.6~1.0 m/s。根据计算,在泵站进水池平均运行水位5.0 m、以设计流量45 m³/s运行时,清污机的过栅流速为0.625 m/s,满足规范要求。

3. 前池及进水池

清污机与主泵房之间为前池和进水池。进水池的特征水位如下:最高水位为6.20 m,设计运行水位为5.90 m,最高运行水位为6.20 m,最低运行水位为4.50 m,平均水位为5.00 m。在最低运行水位时,进水池过流断面面积为110 m²,进水池平均流速为0.41 m/s,小于1.0 m/s,满足规范要求。

进水前池的宽度由27.0 m渐变至25.6 m,平顺衔接拦污栅桥与进水池,顺水流方向长度为13.5 m。底板坡度为1:5,由2.00 m渐变至-0.50 m高程,衔接进水池。进水前池采用800 mm厚C30钢筋混凝土护底,临河岸侧最大净挡土高度为7.5 m,采用钢筋混凝土扶壁式挡土墙结构,临水闸侧为导流墩。两侧的挡土墙或导流墩顶部高程均为7.00 m。

4. 主泵房

主泵房为钢筋混凝土墩墙结构,无上部结构。

泵站主泵机组采用潜水轴流泵机组,单列布置。

十涌东泵站水泵机组共4台,每台机组均设置独立的进、出水流道,避免相互干扰。流道净宽度5.5 m,中墩厚度1.2 m,边墩厚度1.5 m,机组间距6.7 m。

主泵房底板总宽度为28.6 m,顺水流方向总长度为16.5 m。

泵房高程为-0.50 m,每条流道宽度5.5 m。流道的进口处设一道检修门槽。进口侧顶高程为7.50 m,水泵安装处顶高程为9.90 m。

5. 出水流道

水泵出口设置直径为1 800 mm的钢管,穿墙后采用天圆地方体过渡到3.6 m×1.8 m的矩形混凝土出水流道,过渡段长度为6.0 m,出水流道层顺水流方向长度为12.2 m,箱涵转弯半径为5.0 m,转弯角为26.57°,下坡段坡比为1:2。水泵出口流道中心线高程为6.80 m,出水流道出口中心线高程为5.20 m,管顶高程为6.10 m。管道出口设置矩形拍门。出水流道顶部和底部厚度为500 mm,侧壁同主泵房墩厚。出水流道流速为1.74 m/s,满足规范要求的"出口流速不宜大于1.5 m/s,出口装有拍门时,不宜大于2.0 m/s"。

出水流道段顶部设7.5 m宽防汛通道,兼作消防通道、水泵检修平台,路面高程为9.90 m(结构层高程),上部设置"60厚AC-20中粒式改性沥青混凝土+40厚AC-13细粒式改性沥青混凝土"路面。

6. 出口防洪闸

出口防洪闸的主要作用是防洪及保护水泵机组的安全,防洪闸为4孔,与水泵机组台数相同,每孔均对应一台水泵机组。

出口防洪闸采用"上卧式闸门+液压启闭机"形式,闸顶高程为9.9 m,顶板厚度0.4 m,闸底板高程2.5 m,底板厚度1.0 m,单孔闸孔宽度5.5 m,边墩厚度1.5 m,中墩厚度1.2 m,防洪闸的顺水流方向总长度为15.4 m,垂直水流方向的宽度与主泵房同宽为28.6 m。

出口防洪闸总净宽22.0 m,根据泵站设计流量,出口防洪闸总净宽满足设计流量要求。

7. 出口连接段

泵站出水连接段由消力池、格宾海漫段和抛石衔接段组成。

泵站出水一般为缓流,不需要设置消力池。但泵站出水流速仍较快,为了更好地调节水流,将出口混凝土铺盖段的底板下降500 mm,末端设置与海漫段起点同高程的升坎,形成消力池。根据泵站设计流量,当外江侧水位为5.0 m时,出水池中最大流速为0.68 m/s,满足出水池出流流速要求。

海漫段采用500 mm厚格宾海漫,长度为15.0 m,下设400 mm厚碎石垫层。抛石防冲槽总长度为15.0 m,厚度最大为1.9 m,顶面高程为2.0 m。

该工程为水闸泵站建设项目,水闸与泵站平行布置在一起,其两翼与堤防相连接,水闸与泵站一字形布置,水闸与泵站间设置隔离岛。十涌东水闸由内涌侧抛石段(长44.76 m)、内涌侧海漫段(长30.8 m)、内涌侧消力池段(长12.0 m)、闸室段(长27.62 m)、外江侧消力池段(长12.0 m)、外江侧海漫段(长15.0 m)、外江侧抛石段(长15.0 m),总长度为157.18 m。

7.7.1.7 泵站地基处理及基坑设计

根据拟建水闸泵站工程地质资料,拟建场地土的类型为软土,该基坑为二级基坑。该场地位于河岸地段,属于对建筑物抗震不利地段。承载力低,变形大,其承载能力和沉降变形均不满足要求,且抗震设防烈度为Ⅶ度,软弱土层存在震陷风险,必须对地基进行加固处理。

泵站竖向荷载大,且对沉降控制要求高,一般可采用预制管桩或灌注桩。

该项目泵站建基面以下为深厚淤泥层,厚 11.40~37.80 m,属软弱层,工程性能差,厚度及变化大,不能作为基础持力层的下卧层。预制管桩、灌注桩均可采用,故需进行经济比较后确定。经计算,泵站若采用直径 1 000 mm 灌注桩,桩底入花岗岩层 1 m 时,灌注桩间距为 4.0 m×4.0 m,满堂红布置;预制管桩复合地基方案采用直径 500 mm 预制管桩,桩底入中砂层 2 m 时,桩间距为 2.0 m×2.0 m。两个方案进行比选,预制管桩方案经济,泵站地基处理方案拟采用预制桩复合地基方案。

考虑泵站采用了刚性桩的地基处理方案,桩体的压缩特性与淤泥土的压缩特性不同,存在桩基上部的主泵房泵室沉降与地基淤泥土固结沉降不一致的可能,将会使泵室底板与地基土体出现脱空现象,引起沿泵基结构下轮廓的渗漏通道,需要采取防渗措施。防渗措施考虑与淤泥的抗震陷措施结合,采用联体水泥搅拌桩成墙的处理方式对主泵房基进行围封,水泥搅拌桩桩径 600 mm,桩距 400 mm。为防止由于施工偏差导致桩与桩之间形成缺口渗漏,外围围封桩采用双排联体水泥搅拌桩,内部围封桩采用单排联体水泥搅拌桩。

综上所述,本工程泵站建筑物地基处理,根据各建筑物基础荷载大小,以及建筑边界轮廓尺寸确定桩间、排距。管桩顶与建筑物底板间设 300~1 000 mm 厚砂垫层,管桩顶设置 350 mm 厚 C30 混凝土桩帽。管桩设计桩长根据承载力和沉降要求确定,施工时根据贯入度进行修正。预应力管桩之间和基坑边坡均采用直径 500 mm 水泥土搅拌桩进行处理。搅拌桩总桩长为 13.5 m,格栅状布置,消力池基础和进水前池采用散点状水泥搅拌桩进行处理。

搅拌桩桩径 500 mm,桩长为 13.5 m,包括 0.5 m 桩头,施工完后,应按规范要求凿除桩头至设计顶高程,凿除桩头后的水泥桩长度为 13.0 m。根据当地较成功的经验,一般采用 4 喷 4 搅工艺,R42.5 普通硅酸盐水泥掺量一般为 14.6%,不小于 60 kg/m^3,桩体28 d 无侧限抗压强度 0.8 MPa。

7.7.1.8 基坑支护设计

根据基坑的水文工程地质条件、基坑开挖深度及周边环境状况,对该基坑采用放坡开挖,沿闸室轴线十涌两岸放坡。边坡放坡坡率为 1:2.5,放坡开挖前,采用水泥搅拌桩进行软土处理,水泥搅拌桩采用格栅状正方形布置,间距 2.8 m,长 13 m(凿除桩头前为13.5 m),基坑底部采用水泥搅拌桩加管桩的地基处理方式。

施工顺序为:第一步,施工围堰。第二步,进行抽排水作业,将作业面的积水抽排走。第三步,铺设二层加筋滤网,并铺设 1 m 厚回填砂土垫层,一层加筋滤网铺设在回填砂土垫层底,一层铺设在回填砂土垫层中部,形成一个工作平台,方便机器设备进入工作平台施工。第四步,进行基坑及坡面的搅拌桩处理,根据基坑的深度不同、上部荷载的不同,分别采用长宽为 2.4 m 的格构式搅拌桩、2.6 m 的格构式搅拌桩、2.8 m 的格构式搅拌桩进行基坑及坡面的处理,放坡区域,边坡线以上 0.5 m 为空桩,其余为实桩;基坑底部,砂垫层以上 0.5 m 为空桩,其余为实桩。第五步,待搅拌桩抗压强度达到 1 MPa 后,进行开挖,基坑开挖的底标高 -0.9~-0.3 m,底面宽度 29 m,然后两侧按 1:2.5 进行放坡开挖,开挖到原地面,坡顶原地面标高一般在 3.0~4.5 m,在既有河堤处,坡顶原地面标高 7.5~9.5 m。第六步,待基坑形成,进行管桩及垫层的施工,管桩以上铺设一层 500 g/m^2 的无纺土工布,同时做好监测、排水措施。

7.7.1.9 水力机械

该工程水泵选用立式潜水轴流泵,其具有结构简单、运行可靠、土建费用低的特点,比较符合该泵站的运行管理要求。

泵站设计流量 45 m³/s,经比选,选定 4 台机方案进行机组选型及布置,即单泵设计流量为 11.25 m³/s。主水泵型号为 1600ZQ125,配套 560 kW 潜水异步电机,泵站总装机 2 240 kW。

泵站厂房为半地下式厂房,无泵房上部结构,采用汽车起重机吊装设备。主泵房内一列式布置。

泵房内设置必要的给排水、消防系统、水力量测系统、检修工具。

泵站纵剖面布置图见图 7-7-1。

7.7.1.10 电气设计

1. 供电系统

十涌东泵站为城市中型排涝泵站,总装机 4×560 kW,该工程用电属于二级负荷。十涌东泵站双回路电源引接至附近的十涌东开关站。两回供电线路互为备用,均采用电缆线路。每回路供电容量按承担泵站全部容量设计。

2. 电机启动

该泵站装机容量为 4×560 kW,选用效率为 0.935,功率因素为 0.71,额定电压 10 kV 的异步电机。该工程初拟的供电方案中两回 10 kV 线路均非专线,沿线已接入较多负荷。为了减少泵站起动对电网的影响,不采用直接起动;由于该泵站运行时无变频需求,同时考虑造价原因,本设计采用高压固态软启的方式。

3. 继电保护

泵站电气设备的保护按《水利水电工程继电保护设计规范》(SL 455—2010)进行配置。

(1)主电动机保护配置:电流速断保护、定子绕组单相接地保护、过负荷保护、低电压保护。

(2)站用变压器保护配置:电流速断保护、过电流保护、过负荷保护、温度保护。

(3)10 kV 线路保护配置:电流速断保护、过电流保护、单相接地保护。

(4)高压电容器保护配置:短延时电流速断保护、过电流保护、过压保护、低电压保护、单相接地保护、电容器装设专用熔断器。

以上继电保护装置均布置在相应高压开关柜中。

4. 无功补偿

单台电动机需补偿容量为 400 kVar,故本次共设计 1 套高压集中无功补偿装置,补偿装置共为 1 600 kVar。

5. 泵站监控系统

泵站监控系统分为三层:远程调度层(市水务局、市防办信息中心)、泵站层(中控室)、现地控制层。系统应是开放、分层分布式结构,具备数据采集、数据处理、控制与调节、运行管理等功能。

7.7.1.11 金属结构设计

十涌东泵站金属结构部分包括泵站进口检修闸门 1 扇、泵站进口拦污栅 4 扇、泵站进口自动清污机 4 台、泵站出口防洪闸 4 扇、出水钢管拍门 4 套,以及相关的埋件、启闭设备等。

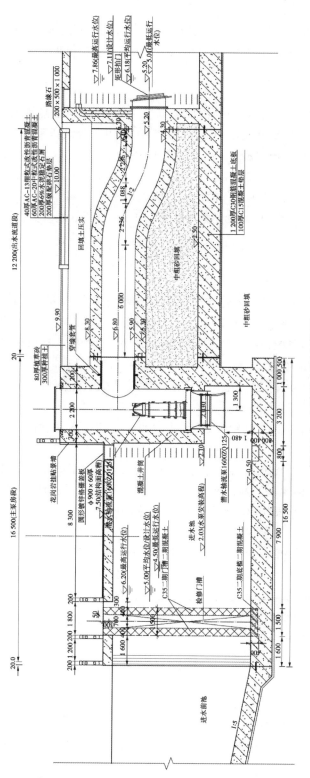

图 7-7-1　泵房纵剖面布置图

1. 回转式格栅清污机

在泵站进水前池内设有一座拦污栅桥,其轴线与水流方向成 90°夹角。共 4 孔,每孔设一台回转耙式格栅除污机,拦污栅和底板 75°布置,为了方便清理杂物,除污机平台上还设置一套皮带传送机。

2. 防洪闸门

泵站出口设置 4 个防洪闸门及启闭机。闸门采用悬挂式上翻钢闸门,启闭设备采用双吊点液压启闭机,闸门旋转角度 70°,4 套防洪闸门由 1 套液压系统控制,液压系统配手动操作机构,液压系统及电气控制柜布置在启闭机管理房。

3. 检修闸门

泵站进水口前及出口防洪工作闸门后均需设置 5.5 m 宽检修闸门,因起吊设备较重,该项目选择采用叠梁检修门,各设置叠梁检修门 1 扇,每扇 6 块叠梁,采用 5 t 的起重设备启闭。

7.7.1.12　施工导流设计

1. 导流标准及导流时段

十涌东水闸泵站永久性主要建筑物级别为 1 级,永久性次要建筑物级别为 3 级,对应的临时建筑物级别为 4 级,该工程围堰为土石结构,设计标准为 10~20 年一遇。

结合该项目实际情况,外围堰在拆除现状水闸后、新闸投入运行前需充当堤防挡水功能,因此围堰防洪标准不应低于现状堤防防洪标准。该项目建设期,现在万顷沙围现状总体防洪(潮)标准为 50 年一遇。选择导流建筑物设计洪水标准为 50 年一遇全年潮位,外江 50 年一遇全年潮位为 7.59 m。

内围堰设计标准为 10~20 年一遇,现状十涌所在的排涝片管控水位为 6.20 m,因此内围堰设计水位为 6.20 m。

十涌东水闸泵站工程施工工期暂定为 14 个月,施工规模较大,仅用一个枯水期完成难度较大,结合本工程现场实际情况,拟定 6 月底前完成水下主体结构的施工,汛期在避开台风的影响下可继续安排水上结构及附属设施的施工。

2. 导流方式

该工程所处万顷沙排涝片区为河网地区,河涌相互连通,十涌东出口封堵后,施工期片区来水可通过十涌西出口排出,也可通过界河至九涌排出。

结合水闸及泵站的构造形式,施工水位以下会有钢筋混凝土、格宾、素混凝土垫层、砂垫层、砂石反滤层及碎石垫层等项目,需在围堰保护下施工,外围堰采用膜袋砂围堰,内侧施工围堰采用土石结构。

7.7.2　工程案例二

7.7.2.1　工程概况

S 水利枢纽位于广州某区 S 河口上游 500 m 处。工程主要建设任务为:在 S 出口新建水闸、排涝泵站及配套船闸,提高 S 流域防洪排涝能力,并通过 S 闸联合调度,实现 S 河区域水体的可控性和可调性,为进一步改善水环境,营造亲水景观创造有利条件。

工程从左岸至右岸分别布置了排涝泵站、水闸、船闸,3 座建筑物并排布置。

水闸闸室采用开敞式,设置 3 孔,总净宽 36 m,闸室总宽度为 44.8 m。闸门采用上翻式弧形钢闸门。

排涝泵站总排涝设计流量为 130 m³/s,选用 6 台 2400ZDBX-125 潜水贯流泵,叶轮直径为 2.35 m,单泵配套功率为 1 400 kW。

船闸闸室净宽 8 m,船闸上部交通采用单边旋转钢桥。

7.7.2.2 周边环境及水闸选址选线

根据河段地形,从岸线及河道宽度、调蓄水量、施工条件、征地拆迁几个方面进行综合分析,在河口上游 500 m 处建闸坝,其征拆量相对较小、施工影响较小,总体相对较优。

7.7.2.3 泵站地质条件

1.岩土层构成及工程特性

根据区域地质资料及钻探资料,地层结构按其成因类型可分为:人工填土层(Q_4^{ml})、第四系冲积层(Q_4^{al})、第四系残积层(Q_4^{el})及下伏地层石炭系石灰岩(C)等。

根据钻探揭露资料,在钻孔揭露深度范围内,特殊土层主要为填土、软土、风化岩,场地内不存在滑坡、危岩和崩塌、泥石流、采空区及活动断裂等不良地质作用;场地未见断层通过,稳定性较好。针对本建筑场地的岩土层结合建筑物的规模、荷载要求等,对各岩土层的适宜性评价如下:

素填土①层:河堤基均有分布,呈松散状,为近期填土,尚未完成自重固结,工程地质特性差,不能作为河堤基础的持力层。

淤泥②-1 层:呈流塑状,具高压缩性,工程地质特性差,不可作为拟建水闸、河堤整治工程基础的持力层。

粉质黏土②-2、③层:呈可塑状,力学性质一般,分布较少,厚度小,不宜作为拟建建筑桩基础的持力层,可考虑作为地基处理的基础持力层。

粉细砂②-3 层:呈松散状,力学性质一般,分布不均,厚度差异大,不宜作为拟建桩基础的持力层。

中粗砂②-4 层:工程特性较好,稍密、中密状,具一定承载力,分布较均匀,厚度较小,不宜作为拟建建筑桩基础的持力层,可考虑作为地基处理的基础持力层。

中风化岩带⑤-1 层、微风化岩带⑤-2 层:力学性质好,承载力高,可作为拟建建筑物桩基础持力层。

2.不良工程地质问题

1)溶洞

该场地内在 12 个钻孔出现溶洞,见洞率 37.5%。洞内软塑状粉质黏土充填半充填。

根据区域地质资料,场区所在区域岩溶较发育,溶洞对场地内建筑物的基础施工及其稳定性有较大的影响。

2)砂土液化

场地抗震设防烈度为Ⅶ度,应进行饱和砂土的液化判别,场地 20 m 范围内揭露到粉细砂层饱和砂土,埋深在 3.50~17.90 m。采用最高水位 0.00 经液化计算,根据各孔液化指数综合确定场地液化等级为中等液化砂土。

7.7.2.4　主体结构选型

由于该工程地理区位非常重要,对景观要求很高,因此该次设计主要根据景观效果选择三种闸门形式进行比选,所选闸型要充分考虑景观效果并要同时满足双向挡水及排涝的要求。

设计方案为单闸孔净宽均为 13.5 m,每个闸孔各设 1 扇上翻式弧形钢闸门,由液压启闭机操作。

从泵站设计参数来看,泵站流量很大、扬程较低,泵型应选用轴流泵或贯流泵。

考虑水泵选型主导因素——水泵运行的安全性、可靠性以及水泵性能,兼顾工程造价经济性,泵站推荐选用潜水轴流泵型。结合工程特点和运行管理维护要求,本泵站推荐选用潜水贯流泵。

考虑到泵站选址的景观要求,设地上泵房会有高大的泵房结构耸立在河道上,影响河道景观,且为了减少结构复杂性、减少运行维护复杂性、减少占地、易于布置、降低造价,该泵站推荐水泵采用湿坑安装,水泵安装检修采用汽车起重机进行起吊。同时湿坑安装有利于降低水泵运行时产生的噪声,降低水泵开机运行对周边小区居民的噪声污染。

综上所述,泵站推荐选用潜水贯流泵,湿坑安装。

泵站总排涝设计流量为 130 m³/s,水泵选用 6 台贯流泵,单泵流量为 22.5 m³/s,单泵配套功率 1 400 kW,总装机容量为 8 400 kW。

7.7.2.5　工程总体布置

该工程为水闸、泵站、船闸相结合的工程,水闸的功能为防洪、挡潮、排涝、蓄水及换水,泵站的功能为汛期遭遇外江高潮位时的强排,兼顾水景观换水的功能。水闸、泵站和船闸并排布置,其布置紧凑,工程征地、拆迁费用少。

闸门采用上翻式弧形闸门,采用液压启闭机操作。

泵站设计排涝流量为 130 m³/s。泵房型式为湿式,一共 6 台机组,单泵配套功率为 1 400 kW。

船闸级别为Ⅶ级,船闸闸室长度为 88 m,闸室净宽为 8 m,船闸主体建筑物均采用整体结构形式。

根据《水闸设计规范》(SL 265—2016)规定,水闸枢纽中的船闸、泵站或水电站宜靠岸布置,但船闸不宜与泵站或水电站布置在同一侧,故该项目的泵站与船闸应分开布置,分别布置于左右岸,水闸布置在河道中间。综合考虑征拆问题、建成以后管理便利等因素,泵站布置在水闸左岸侧,船闸布置在水闸右岸侧。

7.7.2.6　泵站地基处理及基坑设计

闸泵各个建筑物,基底应力为 50~150 kPa,建基面下土层均为淤泥质土,其承载力为 40 kPa,因此需对地基进行处理。

该工程综合地基承载力、基坑坑底加固等综合考虑,推荐采用适合该工程地质条件并且造价较低的水泥搅拌桩作为地基处理方案。

水闸闸室部分及船闸闸首部分基础处理拟采用 φ 600 水泥搅拌桩,桩长 8 m,间距 0.9 m,正方形布桩;泵站泵室基础处理拟采用 φ 600 水泥搅拌桩,桩长 8 m,间距 0.9 m,正方形布桩;泵站前池、出水池采用 φ 600 水泥搅拌桩,桩长 6 m,间距 1.2 m,正方形布桩。

水闸闸室、泵站泵室地基处理后承载力分别为 152.0 kPa、159 kPa,满足地基承载力要求。

7.7.2.7　泵站景观及建筑设计

1. 总体布置

该工程布局结合相关城市规划和周边环境,在确保水安全的前提下,改善水环境,提升水景观。同时完善水闸节点位置的基础设施建设,打造具有地域特色的景观节点。

水闸调控中心位于水闸西北侧,结合现有用地,采用封闭式管理,管理区周边环境结合现状地形进行改造,尽量满足绿色、生态的设计需求,完善周边环境设计。为管理人员提供一个实用、方便、舒适的场所。

2. 景观桥

根据水闸泵站的布置情况,结合当地特色建筑文化,将水闸闸桥设计成独具岭南特色的风雨桥形式,景观桥和水闸有机结合、景观与防洪兼顾,凸显岭南地域特点。

景观桥宽 6 m,长 44.8 m。水闸闸墩作为桥墩,居中布置两座仿古重檐亭子,作为游人休憩、观景的场所。桥的设计,满足日常水闸检修及交通使用需求,同时作为地域性的景观节点,独特的岭南建筑风格使该工程成为当地的一道亮丽风景。

3. 调控中心建筑设计

调控中心在设计上融入岭南园林建筑风格,建筑屋顶为四坡屋顶歇山结构形式,屋顶瓦采用仿古青灰色中式瓦,外墙采用仿古青砖和白色防水外墙漆喷涂,勒脚采用荔枝面白麻花岗岩石板,栏杆采用仿木美人靠。建筑整体色彩素雅,格调沉稳大气,调控中心建筑风格与水闸廊桥保持一致,与水闸周边环境相融。S 水利枢纽效果见图 7-7-2。

图 7-7-2　S 水利枢纽效果图

8 其他水利工程

8.1 水 陂

8.1.1 水陂的概念及工程适用条件

8.1.1.1 水陂概念

水陂是坝的一种,也叫拦河坝、壅水坝等。一般用以提高河道的水位,增加水体势能或改变水体的部分水流流向,满足发电、农业灌溉、用水、生态景观的需求。水陂属于点状工程,主体结构较为简单。

8.1.1.2 工程适用条件

在南沙河网地区,水陂一般用以壅高河涌水位,实现农业灌溉、鱼塘换水等用水功能(见图 8-1-1);此外,结合水环境和水景观整治措施,增加河涌局部水深,营造河涌水生境,打造水景观的生态景观水陂(见图 8-1-2)。

图 8-1-1 传统灌溉水陂

图 8-1-2 生态景观水陂

8.1.2 设置原则

(1)以防洪排涝为主,兼顾水生态的原则。以满足行洪排涝要求为主,尽可能保持河流自然形态,增加河道亲水性,为河道生态修复提供条件。

(2)统筹兼顾的原则。坚持治河工程与生态绿化工程统筹考虑、统一建设的原则,避免同一河段反复建设,提高投资效率。

(3)切合实际,经济合理,易于操作的原则。

(4)统一设计,分步实施的原则。将设计理念贯彻始终,使河道设计统一、和谐,同时按规划控制河道建设管理用地。

8.1.3 工程任务与标准

8.1.3.1 工程任务

（1）水安全：按照行洪排涝设计，在满足过流的前提下，减缓河道纵坡，降低河道流速，减小水流对堤岸的淘刷，维护河势稳定。

（2）取水用水：配合渠、闸、泵等设施，进行河道取水用水，实现农田灌溉、鱼塘换水、生产生活用水等功能。

（3）水景观：水陂一般是顶部过流，形成水瀑景观；陂前至回水线范围保持固定水深，结合两岸的滨水景观布置，形成水景观。

（4）水环境：防止出现河道重要节点底泥出露、因河道水量小于生态流量导致生态破坏等现象。

（5）其他：陂顶设置踏步，行人可通行，增加亲水性，衔接两岸慢步道。

8.1.3.2 标准

水陂属河涌跨河建筑物，其防洪排涝标准、建筑物级别不低于河涌堤岸，一般取与堤岸级别一致。在特殊情况下，其建筑物级别经论证可降低或提高。

8.1.4 重点设计内容及技术要点

8.1.4.1 总体布置

（1）宜布置在顺直河段，有取水用水的应布置在取用水点上游不远处。

（2）结合周边道路、桥梁、建筑物、景观等布置，使生态景观效果最优化。

（3）布置应有利于施工导截流及机械、车辆、人员进出场地等。

8.1.4.2 确定陂顶、底高程

（1）根据地形测量成果，测定水陂处河宽 B。

（2）根据水文分析计算，得设计标准下的设计洪峰流量 Q。

（3）按实际条件和需求，初选实用堰、折线堰、驼峰堰等水陂断面类型，按规范采用水力学堰流公式 $Q = \varepsilon m B \sqrt{2g} H^{3/2}$ 计算堰顶水头 H，并分别绘制堰顶水头-流量关系曲线，得到设计洪峰流量 Q 对应的堰顶水头 H_0。

（4）最高堰顶水位不得高于堤岸设计最高水位，陂顶高程应比堤岸亲水设施高程稍低。

（5）陂底高程应满足整体稳定、抗滑/抗倾覆稳定、渗透稳定、抗冲刷的要求，一般比河床底高程低 0.5~1.0 m。

8.1.4.3 结构设计

（1）断面基本形式应尽量采用实用堰、驼峰堰等流线型断面，就地取材，因地制宜；不宜采用折线、硬化的结构形式。

（2）断面结构应充分考虑景观性，下游侧可设计成景观水瀑，水陂表面嵌卵石、块石，

下游设置成多级跌水等多种形式。

（3）根据河道两岸慢步道的情况，陂顶可设置踏步，常水位工况可供人们步行通过；踏步间隔不宜过宽和过窄。

（4）根据河道泥沙情况，设置冲淤/排砂孔，配套设置闸门及启闭设备，冲淤/排沙孔一般布置在河道深泓线附近，其尺寸应通过水力计算，满足冲淤、排沙的水力要求。

（5）取水的泵站结构见第 7 章，取水的渠道、水闸、管涵等结构设计，见 8.2 节。

（6）鱼、虾等水族生物繁殖、洄游的重要河道，应考虑设置生态鱼道。

8.1.4.4 水景观

（1）应将河道水质提升作为水陂建设的前置条件；水质较差的河涌，应先进行整治，提升水质，再根据实际情况考虑建设水陂。

（2）宜将水陂处上下游、两侧堤岸纳入统一水景观设计。

（3）水陂景观应从道路、桥梁、建筑等多角度进行视觉和景观设计，因地制宜，采用生态手法，营造跌水、水瀑、洄旋等景观效果。

（4）两侧堤坡设置观景点，在安全前提下，可设置下坡步道。

8.1.4.5 基础处理及消能设计

根据整体稳定及基础应力等计算成果，经多方案技术经济比选，选定水陂基础处理方式。应重点考虑深厚淤泥地区结构的沉降问题，基底渗漏问题以及上游水压力下的基础水平稳定抗力问题。

消能设计宜按照区域排涝标准相应地设计最大洪峰流量及水位进行分析计算，在超设计标准情况下，允许消能设施部分破坏，但不影响水陂的整体稳定安全。

8.1.4.6 堤岸衔接设计

应按照地质勘察成果，按工程各运行工况进行岸坡渗流计算，水陂进入堤岸的长度，要满足渗流稳定的要求，使各工况下均不发生陂肩渗漏。

8.1.4.7 稳定分析

（1）渗透稳定分析。根据地质勘察成果，得到地基土相应的渗径系数；按上游平陂顶，下游无水的最不利水位组合工况，计算设计渗径长度；将上游铺盖、水陂、下游消力设施等下游轮廓长度合并计算，其总长度需大于设计渗径长度。

（2）抗倾覆稳定分析。根据规范公式进行计算，各种工况及水位组合条件下，稳定安全系数均需大于规范要求的最小安全系数。

（3）抗滑稳定分析。根据规范公式进行计算，各种工况及水位组合条件下，稳定安全系数均需大于规范要求的最小安全系数。

（4）沉降计算。主要计算基础在水陂结构底部附加应力作用下的沉降；设计陂顶高程为永久高程。

8.1.4.8 其他形式

水陂为河道壅水、挡水建筑物，其形式目前主要有水陂、橡胶坝、气盾坝、格栅坝等（见图 8-1-3~图 8-1-6）。

图 8-1-3 鱼鳞跌水水陂实例

图 8-1-4 橡胶坝实例

图 8-1-5 气盾坝实例

图 8-1-6 格栅坝实例

8.2 穿堤涵闸、水窦

8.2.1 穿堤涵闸、水窦基础概念及工程适用条件

8.2.1.1 穿堤涵闸、水窦基础概念

穿堤涵闸、水窦作为河道(涌)堤岸建筑物,是防洪(潮)排涝体系的重要组成部分。在天然状态下,流域片区的雨水路径,是通过重力面流,汇集到小河圳、沟、涌中,集中排入河道,由于河道(涌)防洪(潮)需要建设堤防,抬高了堤岸,原来的径流通道,就需要通过穿堤涵闸、水窦等恢复。因此,穿堤涵闸、水窦通常是单向的,如有引水、换水等需求,也可以设计成双向的。

8.2.1.2 适用条件

堤防(岸)建设的需要,因结构破坏、规模改变、功能调整等需要重建或改建。该处穿堤涵闸指规模较小、级别较低的涵闸,其他的见"水闸工程"部分;水窦通常是小沟渠、农渠等排水上游端的小型排水结构,属于小微型的涵闸。

8.2.2 设置原则

（1）重建工程宜原址进行，不改变现状排水路径，不应小于现状规模和过流能力。

（2）应按排水区的排水标准，结合规划或现状河道沟渠进行产汇流分析计算，结构过流尺寸应满足要求。

（3）轴线宜垂直堤线，出口底高程应高于河道底高程。

8.2.3 工程任务与标准

8.2.3.1 工程任务

防洪（潮）：外江防洪闸、挡潮闸、穿堤涵管等，与堤防共同组成防洪（潮）体系。

排涝：排出排涝区内设计涝水。

引水：由于河涌有水环境、农业灌溉、鱼塘换水等需求，需要从外江引水，主要有双向涵闸。

8.2.3.2 标准

防洪（潮）标准不低于堤防（岸）的标准，一般取相同标准。

排涝标准按排水区规划河（道）涌排涝标准一致。

工程规模按设计流量确定。

穿堤建筑物级别不低于堤防（岸）级别，一般取与堤防（岸）等级一致。

8.2.4 重点设计内容及技术要点

8.2.4.1 设计流量

根据排涝标准、汇水面积及下垫面情况进行水文分析计算，确定穿堤涵闸、水窦的排涝流量。

8.2.4.2 总体布置

（1）重建工程：历史形成了较为固定的汇流条件，因此一般布置在原址处，该处往往是排水区汇流的低点，具有良好的排水条件。

（2）改建、新建工程：应对排水区的地形地貌进行分析，选定汇水低点，涵闸、水窦顺接排水区排水沟、渠，穿堤后排入下游河道。

（3）布置时应尽量选择具有良好施工条件，地质较好，不对堤防、道路和周边建筑物产生较大影响的位置。

（4）轴线宜与堤防轴线垂直，且尽量不偏向排入河道的上游方向。

8.2.4.3 水力设计

（1）对现状结构尺寸进行水力复核计算。

（2）根据工程实际的地形地貌情况初选进、出口高程和断面尺寸。

（3）按照设计排涝流量，按涵、闸的水力公式进行计算，经比较分析，选定进、出口高程和过流断面尺寸，选定的尺寸不应小于现状尺寸。

8.2.4.4 结构设计

（1）断面一般为方形或圆形，方形涵闸一般为现场浇筑，而圆形通常为预制结构。

（2）涵闸、水窦各工况下的荷载分析，包括上部回填土厚度、堤顶道路通行等级、上下游设计水深、两侧堤防填土等情况。

（3）初选结构尺寸并进行结构、应力计算，确定结构尺寸。断面设计流速不宜过大或过小，过大容易对出口河底、河岸造成冲刷，不利于稳定安全；过小则容易造成水流缓慢，泥沙在涵闸前淤积，因此过流流速应满足小于不冲流速，同时大于不淤流速。设计工况下，南沙地区选 1 m/s 左右为宜。

（4）设计防渗结构，如截水环、刺墙等。

8.2.4.5　消能设计

根据上下游水位、过流断面情况进行水力学的消能计算。一般情况下，小型的涵闸、水窦由于排水流量不大，流速较小，不需要设置消力池等消能设施，但对进出口影响范围内的河底、岸坡应设置抛石护底、砌石护坡等防护设施。

8.2.4.6　基础处理

穿堤涵闸、水窦结构尺寸不大、荷载小、级别低，其基础处理一般较为简单：抛石挤淤基础、松木桩或者预制混凝土方桩等。较大的穿堤涵闸的基础处理，应参考"水闸工程"部分的基础处理。

8.2.4.7　预制结构

预制结构具有施工速度快的优点，适用于结构尺寸不大，有良好施工运输条件，工期紧的项目。圆涵可以采用预制钢筋混凝土管、钢管等材料，可开挖后直接埋设，或按实际情况进行顶管施工；方形钢筋混凝土结构亦可以预制，涵闸主体结构可以事先建模、预制、检测，基坑开挖后可迅速安装，可较好地缩短工期，减小对周边交通的影响。有条件的工程宜优先考虑。

8.2.4.8　防渗设计

沿穿堤涵闸外侧结构面渗漏是较多堤防稳定破坏的原因，因此做好防渗设计是必要的，应予以重视。

在一侧水位较高的情况下，堤内孔隙水会向低水位的一侧流动。堤身回填土与穿堤建筑物之间由于材料的差异，会存在一定结合空隙，当渗流沿建筑物外壁贯穿后，进而形成渗漏通道，导致堤身跑土，甚至堤防垮塌的现象。

一般情况下，穿堤圆涵应设置截水环，按渗流计算结果，设置橡胶或混凝土截水环；而方形涵闸则一般情况下两侧设置刺墙，刺墙与涵闸边墙浇筑成整体，外侧进入堤身填土，满足渗透要求。

施工时，应采用适合的施工工艺和器械，使穿堤建筑物处填土达到堤身填筑要求。

8.3　碧　道

8.3.1　碧道基础概念及工程适用条件

8.3.1.1　碧道基础概念

与绿道只是一条人行步道不同，碧道是以水为纽带，以江河湖库及河口岸边带为载体,统筹生态、安全、文化、景观和休闲功能建立的复合型廊道。通过系统思维共建、共治、共享,优化廊道的生态、生活、生产空间格局,形成碧水长流、江河安澜的安全行洪通道,水清岸绿、鱼翔浅底的自然生态廊道,留住乡愁、共享健康的文化休闲漫道,高质量发展的生态活力滨水经济带。

8.3.1.2 碧道分类

碧道分为都市型、城镇型、乡野型、自然生态型 4 个类型。

8.3.2 设置原则

(1)堤线布置应力求平顺,连接平缓,不采用折线或急弯。

(2)充分利用现状堤线,利用结构完好的旧堤进行标高达标,以减少工程投资,降低工程造价。

(3)堤(岸)结合堤段,堤顶宽度、纵坡、转弯半径等满足相关规范和南沙总体规划的要求。

(4)在满足防洪(潮)的基础上,结合堤后用地规划,堤型布置体现以人为本的设计理念,尽量结合亲水性,绿化美化河岸,营造生态化的水环境。

(5)尽可能少占用耕地、池塘,少拆迁,节省工程征地拆迁费用。

8.3.3 五大建设任务

8.3.3.1 水资源保障

完善涵闸调控,必要时辅以泵站补水,保证河涌生态需水量和一定的景观水位;提高雨洪径流的调蓄容量和水体流动自净能力,使"活水"滋润到河网最后一千米,构建"水系成网、活水自流"的水系格局。

8.3.3.2 水安全提升

对堤顶高程应按规划的防洪(潮)标准进行高度达标设计。堤防加固按现有结构形式,对标高不足段予以补高,保持现状堤防走向不变,重建或新建堤顶巡河路及完善堤顶排水设施。穿堤建筑物同步提升,完善防洪(潮)体系。

8.3.3.3 水环境改善

坚持"保好水,治差水",建立"长制久清"制度,巩固和提升整治效果;开展入河排污口规范化整治。确保晴天无污水溢流,杜绝污水直排河涌。对不同位置不同类型的排污口制订整治方案;切实推进饮用水水源保护区管理,保证水源地安全达标;在饮用水水源保护区、供水通道沿岸等敏感区域,以及种植业、养殖业密集的岸边带因地制宜地采取适宜的面源污染治理措施,包括生态拦截沟、缓冲带、人工湿地、生态氧化塘等,净化农田排水及地表径流,削减面源污染。在城区岸边带因地制宜地采取绿色、生态措施并结合建设海绵城市,通过建设植草沟、生态树池、湿地、雨水花园等工程,提升水环境质量。

8.3.3.4 水生态保护与修复

加强河湖开发建设过程中水生态环境保护,尽量维持河湖岸线自然状态,禁止缩窄河道行洪断面,避免裁弯取直。保留和维持河流自然状态的江心洲、河漫滩、冲积扇、阶地等地貌,避免将河湖底部平整化,遵循宜宽则宽的原则,维持自然的深水、浅水等区域。加大退耕还湖、还湿力度,及时清理侵占自然河湖、湿地等水源涵养空间的"四乱",对河漫滩进行生态修复,维护岸边带生态多样性。实施岸线生态化改造,护坡护岸结构应充分利用当地材料,在满足结构和防冲安全的基础上,选择生态护坡护岸结构,满足促进生物多样性、提高水体自净能力、美化环境的要求。堤防两侧建设生态缓冲带,优化岸边带生态系统结构,逐步引导可持续利用岸边带资源,构建河流生态廊道。

8.3.3.5 景观与游憩系统构建

打通碧道系统的断点和堵点,完善碧道沿线道路建设。提升碧道生态景观,因地制宜地改造城区硬质堤岸为柔性生态堤岸,提升河岸自然生态景观。优化道路与堤防设计方案,开展堤(岸)结合建设,有效缓解城区道路通行压力。通过碧道系统建设,将公园、河流、历史文化遗址、渡口、居住区等串联起来,连接碧道与城市生活,用碧道进行资源整合,保障慢行道的连续性和可达性。以道为媒,支持步行和非机动车交通出行,加强人与自然的联系。

注重南沙现有慢行道、绿道的贯通,局部地区可结合三旧改造城市更新等,实现滨水漫步道、跑步道、骑行道三道互相融合贯通。

结合南沙自然生态及水乡文化深厚的禀赋特质,打通水上游览断点,结合水道两侧游憩系统,规划集森林慢行游径、城镇慢行游径、乡村慢行游径、沿河水上游径等于一体的碧道水陆游憩体系。将步行道和自行车道合二为一,并对直线形的堤顶路进行改造。以慢行道路网络为串联建设特色景观节点和驿站、停车场等,建设完整的慢行系统,提供便捷的服务和所需的补给,营造良好的慢行氛围。在配套设施的设计方面,注重生态节能、环保技术的应用,注重人体尺度和使用偏好在节点设计上的应用,建立完善的无障碍设施系统,实现碧道慢行系统的便民化和人性化。

8.3.4 重点设计内容及技术要点

8.3.4.1 堤岸护坡

堤型选择应根据堤段的地理位置、重要程度、堤址地质、筑堤材料、水流及风浪特征、施工条件、运用和管理要求、生态状况、环境景观要求、工程用地状况、工程造价等因素,经过技术经济比较后,综合考虑确定。

8.3.4.2 游径空间

游径空间需因地制宜地结合碧道水岸系统中人对通行空间的各种需求去布设,优先确保碧道水岸空间贯通、连续、安全,方便居民亲水近水等多种慢行活动体验。

8.3.4.3 绿化配植

碧道的绿化配植应与碧道所处河段的功能定位、河段周边的环境协调。河道河滩地、堤防、背水侧堤防等不同位置区域因行洪、排水、海绵城市的建设要求采取不同的绿化形式。不同类型的碧道段采取不同的绿化形式,发挥生态保育、景观休憩等功能。

8.3.4.4 海绵设施

碧道海绵城市设施选择应结合区域水文地质、水资源特色、绿地率、汇水区特征和设施主要功能,按照经济适用、景观效果好的原则选择效益最优的单项设施及其组合系统,尽量选择感官自然、透水性好、维护成本低、使用寿命长的材料。

8.3.4.5 动植生境

对于现状生态良好的碧道以保护为主,对于现状生态较差的碧道应设计相应的修复工程,让自然做功,让时间做功,逐渐完成生态系统恢复。碧道建设应确保生物多样性只增不减,鱼类、植物的配置应充分论证,防止外来物种入侵。

8.3.4.6 碧道风廊

城市通风廊道的构建是提升城市空气流通能力、缓解城市热岛效应、改善人体舒适度、降低建筑物能耗的有效措施,对局地气候环境的改善有着重要的作用。碧道风廊要在风阻障碍物、引风口、风廊通风坡谷形状、绿地植被的作用下起到引风调节碧道水岸微气候的作用。

8.3.4.7 多元场所

碧道沿线经过了不同功能的城市环境和郊野自然环境,不同节点空间活动空间类型应与所在城市区段的城市功能和公共空间类型紧密结合,形成满足不同场所诉求和人们偏好的功能多元化场所。

8.3.4.8 文化设施

充分利用碧道滨水空间,设置丰富多样的文化设施,以挖掘历史内涵、延续弘扬历史、彰显地方文化。

8.3.4.9 服务设施

碧道服务设施应参照《广东万里碧道设计技术指引(试行)》进行设施选择与布设,尽量优先利用现有现状设施,进行局部改造、提升,便民服务设施、环境卫生设施、照明设施尽量结合布设,避免设施过于分散,影响使用。

8.3.4.10 沿线界面

碧道沿线需加强腹地空间和滨水空间的复合,构建多元空间,并且保证沿线界面的统一、开放和连续,从而提高滨水空间的公共性、开放性、可达性、协调性,让河道空间和城镇布局成为相互依存、城水相融的关系。

8.4 截洪沟

8.4.1 布置原则

截洪沟工程主要解决山体周边道路被淹及洪水漫排容易造成周边区域内涝的局面。其布置主要遵循以下几个原则:

(1)在充分调查研究的基础上,重点考虑现状周边无排水通道或排水通道排水能力不足并因此导致片区水浸的位置,以及附近可能排水通道的排涝情况。

(2)截洪沟轴线走向应以现状河涌纳洪范围及能力为基础,以南沙区相关土地规划为指导,以解决片区山洪为目的,以水浸黑点为重点,兼顾用地、市政设施等进行统一布置。

(3)本工程以"高水高排,低水低排"为原则,在有条件的位置设置截洪沟,后建设排水渠将山洪排入相应河涌。

(4)应将范围内的山塘、水库、采石坑等统一纳入山洪调蓄计算,优化断面结构,节省投资。

截洪沟竖向路径见图8-4-1。

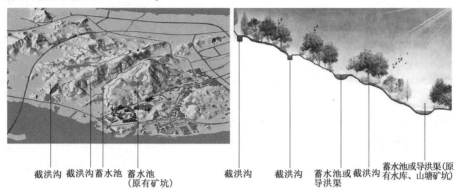

图 8-4-1　截洪沟竖向路径

8.4.2　设计标准

根据《城市防洪工程设计规范》(GB/T 50805—2012)、《水利水电工程等级划分及洪水标准》(SL 252—2017)、《广东省防洪(潮)标准和治涝标准(试行)》及《南沙新区城市水系规划导则》《广州南沙新区防洪(潮)排涝专业规划》等,确定工程排涝标准。

截洪沟工程的主要任务是治涝,通过"高水高排,低水低排"将山洪排入就近河涌,减轻市政管网排涝压力。按照工程范围治涝面积,根据《水利水电工程等级划分及洪水标准》(SL 252—2017),确定其建筑物等级。

8.4.3　排水片区划分

根据山体周边现状存在的问题及区域发展需要,保障区域的防洪排涝安全,解决山体的山洪出路。截洪工程进行整体考虑,通过对整个区域进行排水片区划分,对有条件的区域布置湿地湖,延缓山洪汇流时间,同时在山脚设置截洪沟以"高水高排,低水低排"原则将山洪排入就近河涌或外江,减轻市政管网排涝压力。

8.4.4　截洪沟布线

截洪工程各分项位置线路走向主要依据如下:

(1)以下游河涌排涝片区的划分确定截洪沟线路的走向,其排向均以原有河涌排涝情况为依据,不扩大及改变下游河涌的原有纳洪范围。

(2)工程布线应尽量使截洪沟为明渠,减少土方开挖,节省投资。

(3)工程线路应符合南沙区土地利用规划。根据国土部门的要求,截洪沟工程规划线路不能占用规划的工业用地、居住用地及中小学用地等地块。因此,工程线路应依据南沙区土地规划等相关规划,尽量布置在规划公共绿地范围之内。

(4)该工程线路同时需考虑线路影响范围内的用地权属单位的意见。

8.4.5 断面形式

8.4.5.1 明渠

对于明渠的断面形式,应从现状地形条件、过水断面、占地征拆的难易程度及工程造价等多方面综合分析比较,选择合理的断面形式。明渠基本断面形式主要有如下两种类型:

(1)梯形断面。采用放坡的梯形断面,又可分为一级、两级或多级斜坡,斜坡可根据抗冲流速采用植草护坡、浆砌石护坡或混凝土护坡。梯形断面的优点是亲水性好,显得自然,但缺点是占地面积大,对于该工程所处区域,在征地较难的情况下该断面实施难度较大。

(2)直立式矩形断面。具有拆迁、占地少,结构简单等优点,但显得单调,过于工程化,对于该工程而言,该方案可减少工程占地,降低工程因征地导致的实施难度,同时可满足山洪抗冲及过流等要求。

根据工程所处的地形及考虑南沙区土地利用的实际情况,横断面设计应尽量避免拆迁及征地,明渠宜尽量采用矩形断面形式。

8.4.5.2 箱涵

(1)箱涵宜设计为矩形,采用整体式结构,混凝土最低强度等级不小于C25。

(2)箱涵宽度在5 m以内可设计成单孔,5 m以上时,可设计成多孔。

(3)箱涵结构计算内容应包括:荷载计算、稳定及内力计算、抗浮验算、抗剪强度验算、裂缝验算。

8.4.5.3 顶管

顶管是一种施工形式,当需穿越重要道路时,为减小工程施工对当地交通的影响,并且结合工程位置管线情况,采用顶管的形式穿越该种道路。顶管一般采用C40钢筋混凝土管。

顶管设计应进行顶进阻力计算、管材允许顶力计算、工作井尺寸计算、工作井抗浮验算、沉井下沉验算、沉井结构分析等。

8.4.6 结构断面

8.4.6.1 明渠断面设计

1. 断面设计

在过水断面面积、粗糙系数和渠底纵坡系数一定的条件下,使渠道所通过的流量最大时的断面形式称为水力最优断面。水力最优断面的特点是断面窄深,该工程综合考虑工程占地和满足允许流速的条件进行渠道断面设计。采用明渠恒定均匀流公式计算排水渠横断面。

2. 渠道超高

该工程排水明渠建设主要为排出山洪,同时需考虑收纳周边地块的水流,因此渠道需与现状地块高程衔接,该工程渠道高程应结合相关规范及现状地块高程确定。根据《灌溉与排水工程设计标准》(GB 50288—2018),渠道岸顶超高可按公式 $F_b = \frac{1}{4}h_b + 0.2$ 计算,h_b 为渠道通过加大流量时的水深。

8.4.6.2　暗涵断面设计

为最终解决山洪导致的水浸问题,设计将山洪引入就近河涌,根据现场踏勘情况,部分位置将通过箱涵将山洪接入河涌,结合河涌及现状地形情况,该工程均为自由出流的情况,同样采用明渠恒定均匀流公式计算排水渠横断面,最优断面设计与明渠截洪沟一致。

8.4.7　截洪沟品质工程

8.4.7.1　黄阁镇大山乸截洪沟工程

大山乸森林公园位于黄阁镇中南部,是南沙境内的第二高峰,主峰海拔 228.4 m,也是都市中珍贵的绿色资源。大山乸山顶可以俯瞰南沙蕉门河中心区以及明珠湾起步区等南沙新区,内有犁头咀水库、烽火台及明末清初古遗址等多处景区。

项目建设截洪渠道长 5.892 km,其中新建箱涵长 2 875 m,排水明渠长 2 814 m,顶管长 203 m,沉沙湖 1 座。排涝标准为 50 年一遇 24 h 暴雨不成灾。

8.4.7.2　南沙街黄山鲁截洪沟工程

黄山鲁森林公园位于南沙区的中心城区内,占地约 1 200 多 hm²,山体最高高程为 295 m,是广州南部地区的最高峰。

该项目在中心医院段、中共广州市南沙区委党校及港航华庭段、天后路段、星河丹堤入口段及心意华庭段等区域进行山洪截洪工程建设。主要建设内容包括:截洪沟清淤 1 163 m,新建箱涵 2 267 m,新建排水明渠 1 774 m,顶管长 375 m,中共广州市南沙区委党校内景观湖的溢洪道改造和天后路景观湖清淤及景观升级等。

8.5　河湖水系连通工程

8.5.1　河湖水系连通分类及工程特点

河湖水系连通对于雨洪资源利用、提高区域排涝标准、建立健康通畅的水环境体系,改善城市人居环境、促进城市生态文明建设有着积极的作用。

工程主要涉及水利、城市规划、生态、景观、市政、环境工程、建筑、机电、历史、人文等多专业学科,是一项很有挑战性的工作。

8.5.2　建设条件分析

8.5.2.1　项目概况

介绍项目背景、编制依据、项目区位及设计范围。

8.5.2.2　上位规划和相关规划分析

做好工程项目与相关水系规划、防洪排涝规划、排水规划、城市设计、城市总体规划和控制规划、土地利用规划、绿地系统规划等规划的衔接。

8.5.2.3　场地建设条件分析

场地建设条件分析包括气象、水文、地质、地形、场地生态环境、交通条件、现状水系、水务设施调查分析。

8.5.2.4 存在问题分析及解决对策
对场地存在的问题进行分析总结并提出解决的对策。

8.5.3 工程定位、工程任务和规模

8.5.3.1 工程必要性分析
结合存在问题和发展需求对工程建设必要性进行分析论述。

8.5.3.2 功能定位、总体思路
结合现状和需求确定功能定位,并提出总体思路。

8.5.3.3 设计标准
根据相关规划和发展需求确定防洪排涝设计标准。

8.5.3.4 工程任务、建设内容、工程规模
根据相关规划和发展需求确定工程任务、建设内容、工程规模。

8.5.3.5 河湖水系特征水位
通过水文计算确定雨洪调蓄容积和河湖水系的常水位(景观水位)、设计洪水位、排涝安全管控水位及日常调度高、低水位。

8.5.3.6 水系连通和水系调度运行方案
根据相关规划、地形条件及发展需求,经过方案优劣分析,确定工程水系连通方案和调度运行方式。

8.5.4 工程布置及建筑物

8.5.4.1 工程等级和标准
根据规划确定防洪排涝标准,并根据标准确定水工建筑物工程等级。

8.5.4.2 工程总体布置
根据现状地形特点,水文、地质条件,功能需求确定水系连通线路和河湖形态,对相关河道、湖体、湿地、截洪沟、滨水绿地、堤岸、闸站、景观游憩系统、服务配套设施等进行工程总体平面布置。

8.5.4.3 水工建筑物设计
水工建筑物设计包括河道、湖体、截洪沟、堤岸的断面和平面设计、闸站(水闸、泵站、蓄水建筑)水工建筑设计。

8.5.4.4 机电及金属结构
机电及金属结构包括水力机械、金属结构、电气、消防设计。

8.5.4.5 景观环境和生态设计
对河湖、湿地、堤岸的平面、断面进行景观和生态化设计,并对滨水绿地、景观游憩系统、服务配套设施进行设计。

8.5.4.6 建筑设计
对闸站建筑、设备用房、管理用房、休闲服务配套用房进行建筑设计。

8.5.4.7 给排水设计
给排水设计包括场地给排水、建筑给排水和绿化喷灌设计。

8.5.4.8 海绵城市设计

将海绵城市建设的理念贯穿各专业的设计中,按主管部门规定要求编制海绵专篇。

8.5.4.9 树木保护专章

按绿化主管部门要求编制树木保护专章。

8.5.5 工程案例

河湖水系连通对于雨洪资源利用、提高区域排涝标准、建立健康通畅的水环境体系、改善城市人居环境、促进城市生态文明建设有着积极的作用。

工程主要涉及水利、城市规划、生态、景观、市政、环境工程、建筑、机电、历史、人文等多专业学科,是一项很有挑战性的工作。

21世纪初至今,广州市水务规划勘测设计研究院有限公司在河湖水系连通规划设计方面进行了大量的创新实践和探索研究,做出了不少的亮点和精品。

8.5.5.1 利用低洼地挖湖(白云湖、海珠湖、荔湖)

1. 白云湖

白云湖是广州改革开放后建设的第一个大型人工湖,也是广州中心城区水域面积最大的人工湖,湖区面积约3 000亩(水面1 500亩),是广州原有的4个人工湖之和。

白云湖是一个水利工程总额和体系,由广和泵站、引水渠、湖区(具体包括东、西两片湖区和中央湿地)、泵站(船闸)四大主体水利工程构成。其主要功能为补水、雨洪调蓄和休闲景观。总体平面呈现"一轴一链两湖八景"布局结构。现白云湖已成为以自然生态为特色的大型休闲公园和集水安全、水生态、水景观、水文化于一体的国家级水利风景区。白云湖工程效果见图8-5-1。

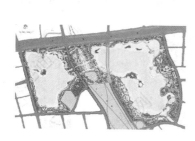

图8-5-1 白云湖工程效果

2. 海珠湖

海珠湖与海珠湿地融合贯通,是海珠生态城的核心,是广州城市新中轴线上的明珠。海珠湖工程规划效果见图8-5-2。

海珠湖总用地面积约2 248亩,其中湖区面积1 422亩、水面面积795亩;海珠湿地总用地面积约4 078亩,其中总体水域面积2 202亩,水域面积约占总用地面积的54%。湖周边共6条河涌相交汇,形成"一湖六脉"的格局。设计为"游龙戏珠"的平面形态,以及采用"金镶玉"的建设开发模式,整体呈河、堤、湖的空间结构。海珠湖工程鸟瞰效果见图8-5-3。

海珠湖建设范围内的河涌水质在建设前水质重度污染,河水发黑发臭,为劣Ⅴ类水;

建设后碧水蓝天、生机盎然,内湖水质大部分指标均优于Ⅳ类水,水质改善明显。

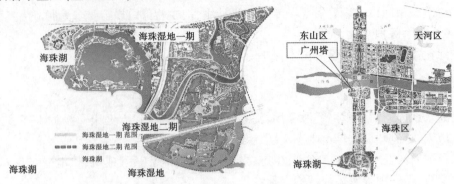

图 8-5-2　海珠湖工程规划效果

图 8-5-3　海珠湖工程鸟瞰效果

3.荔湖——山水相映之湖

　　荔湖(挂绿湖)位于增城区政府旁,东至增滩公路、西至荔湖大道,总面积 7 000 亩,其中水域面积 3 000 亩,湿地面积 400 亩,湖心岛面积 3 600 亩。

　　按照"森林围城、绿道穿城、绿意满城"的景观设计理念,以及构建多样化水生态及追求地域特色水文化要求,荔湖(挂绿湖)分为湿地生态区、滨湖休闲区、湖光山色区和森林氧吧区 4 个景观功能区,成为市民休闲游玩的又一好去处。按照"生态水城"理念,荔湖(挂绿湖)湖水与增江连通,可调蓄排放,水质达到Ⅱ类标准。

　　荔湖工程规划鸟瞰效果见图 8-5-4。

图 8-5-4　荔湖工程规划鸟瞰效果

8.5.5.2　废弃矿坑利用、生态修复(南沙凤凰湖)

南沙凤凰湖是采石矿坑活化利用与水系连通、生态修复、景观建设相结合,山、水、城交融,生态和谐共生的典型案例,见图8-5-5、图8-5-6。

图 8-5-5　南沙凤凰湖场地现状

图 8-5-6　南沙凤凰湖城市山水空间总体布局

凤凰湖工程通过用坑成湖—开山成谷—引流水清—栈行绿引的设计策略,打造了 1# 湖—蕉门村涌—2# 湖—3# 湖—4# 湖—5# 湖—6# 湖—坦尾涌—鬼横涌—鬼横涌湿地全局相互连通的水系布局,建成后既能连通山水、调蓄雨洪、改善水环境,又能修复生态、营造动植物栖息地,构建具有矿坑湖特色的湖泊地质公园(见图 8-5-7~图 8-5-9)。

图 8-5-7 南沙凤凰湖全景鸟瞰效果

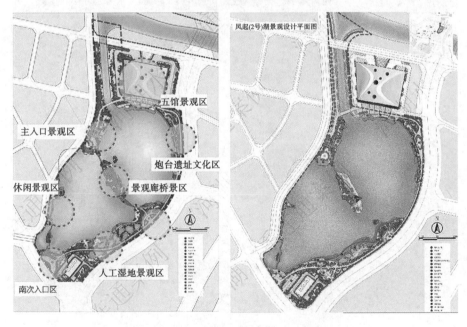

图 8-5-8 南沙凤凰湖 2# 湖总平面布置

图 8-5-9　南沙凤凰湖 2$^{\#}$湖鸟瞰效果

9 岩土工程勘察大纲

9.1 岩土工程勘察大纲编制原则

水利项目岩土工程勘察大纲应针对具体的项目,为满足设计的需要和国家、行业规范要求,对项目岩土工程勘察工作做出指导性要求。

9.1.1 岩土工程勘察大纲基本概念

9.1.1.1 定义

岩土工程勘察大纲是针对具体的项目,为满足设计的需要和国家、行业规范要求,对项目岩土工程勘察工作做出指导性要求的文件。岩土工程勘察大纲应根据勘察的目的和任务,较全面准确地制定岩土工程勘察的工作方法和内容。

9.1.1.2 基本内容

岩土工程勘察大纲应包含以下基本内容:工程概况、勘察目的任务、勘察范围、勘察方法、执行标准、场地所处区域地质条件、勘察工作布置原则、预计勘察工作量、勘察详细技术要求、勘察组织、拟投入项目的人员及设备、进度、勘察工作的保障措施、勘察成果及附件提交要求。岩土工程勘察大纲除应包含以上基本内容外,还可根据具体项目情况进行相应的增加或调整。

9.1.1.3 基本原则

岩土工程勘察大纲的编制应遵循以下基本原则,使勘察成果满足导向性、针对性、可行性要求:

(1)导向性原则:岩土工程勘察大纲的编制应满足设计的需要和国家、行业规范要求。

(2)针对性原则:针对项目特点,提出适合本项目的勘察方法、手段、质量、安全、进度目标,为岩土工程勘察管理提供依据。

(3)可行性原则:岩土工程勘察大纲应根据勘察目的任务,制定可行的勘察方法及质量、安全、进度保障措施,确保岩土工程勘察工作的顺利进行。

9.1.2 岩土工程勘察大纲编制注意事项

9.1.2.1 详细了解项目的性质特点

岩土工程勘察大纲编制前应详细了解工程的内容、规模、性质、特点,设计提出的勘察目的、任务、技术要求,详细了解拟建建筑物抗震设防类别、建筑物安全等级、场地复杂程度等级、地基等级、工程重要性等级、岩土工程勘察等级、勘察工作的重点与难点,使大纲的编制有目的性、针对性。

9.1.2.2 收集并掌握区域地质条件

应收集并掌握南沙区区域地质背景、工程地质条件、水文地质条件、气候及地貌特征，为该场地岩土工程勘察提供基础地质依据。

9.1.2.3 其他

(1)编制岩土工程勘察大纲应符合国家现行有关标准的规定。

(2)岩土工程勘察大纲编制过程中，根据不同项目情况，应注意对前期研究成果的考虑与运用。

(3)岩土工程勘察大纲编制人员应将主管部门、业主(使用单位)、相关发文、会议纪要、有关项目的勘察要求反映在岩土工程勘察大纲中。在项目勘察过程中如勘察要求发生变更，应及时正式通知相关勘察单位。

9.2 岩土工程勘察大纲的编制

9.2.1 前言

岩土工程勘察大纲的前言应简要阐明勘察任务的依据、来由，项目工程概况，勘察范围、方法、等级，勘察的目的与任务，勘察执行的标准规范等。

9.2.1.1 任务依据

岩土工程勘察大纲的任务依据应简要阐明以下内容：

(1)阐明项目建设的背景、勘察工作任务的来由。

(2)项目的相关单位，如设计单位、监理单位。

9.2.1.2 项目概况

岩土工程勘察大纲的项目概况应简要阐明以下内容：

(1)项目名称、建设地点。

(2)项目建设单位、项目建设管理单位。

(3)项目性质。项目性质分为新建、扩建、改建、迁建、恢复。

(4)建设规模。应根据业主或设计单位提供的文件，明确项目总用地面积、总建筑面积、建筑规模(如建筑层数或高度、地下室层数或高度)等信息；对于管道工程，应阐明勘察管线的长度、施工方法、管道材料、管道埋深等。

(5)基础类型。应根据设计单位提供的文件，明确建筑拟采用的地基与基础形式、结构形式、基础埋置深度等信息。

9.2.1.3 勘察范围

(1)应阐明勘察的面积，勘察面积一般大于或等于"项目总用地面积"。

(2)若为线路工程，应阐明勘察线路的长度、起始和终点位置，线路中线外扩范围及面积。

9.2.1.4 勘察工作的依据

应阐明勘察工作过程中所执行的规范性文件、技术标准、技术文件，说明引用的法律法规及主要参考资料。

9.2.1.5 勘察目的与任务

(1)应阐明勘察的目的,详述设计提出的技术要求以及勘察成果需要满足的内容和提供的参数。

(2)应阐明本次勘察的任务,详述所布置的勘察工作内容。

9.2.1.6 勘察方法

(1)应根据勘察目的与任务,有针对性地提出勘察使用的方法、手段。

(2)初步勘察采用钻探与取样、原位测试、室内试验,线路工程必要时辅以工程地质测绘与调查的综合勘察方法。

(3)详细勘察应在初步勘察的基础上,针对各类工程的建筑类型、结构形式、埋置深度和施工方法等开展工作,采用钻探与取样、原位测试、室内试验,必要时辅以工程地质调查与测绘、工程物探的综合勘察方法。

(4)对于项目中发现的特殊岩土工程地质、水文地质、环境地质问题,可采取有针对性的专项勘察。

9.2.1.7 勘察等级

(1)应根据工程的规模和特征,确定工程重要性等级。

(2)应划分场地复杂程度等级。

(3)应划分地基复杂程度等级。

(4)应根据工程重要性等级、场地复杂程度等级、地基复杂程度等级来划分岩土工程勘察等级。

9.2.2 区域地质条件

岩土工程勘察大纲应提供场地所处地区区域的自然地理概况、地形地貌条件、地质概况等,一般应提供以下方面内容。

9.2.2.1 自然地理

岩土工程勘察大纲宜收集并提供场地所处地区的气象、水文背景条件,重大项目宜进行专项评价,对设计年限内可能出现的情况进行预判。

(1)宜提供场地所处的气候区、气温、降雨量、蒸发量、相对湿度、风速等的平均值、最大值、最小值等的时空变化,极端气象资料(具体时间)和历史性灾害天气等,并说明资料的来源。

(2)宜提供场地所处地区的水系分布、水位、流量、水质及其变化特征;滨海区的潮汐、海浪特征及洪涝灾害情况,特别注意洪水位、潮水位、台风和风暴潮。

9.2.2.2 地形地貌

岩土工程勘察大纲应提供场地所处地区的地形地貌条件,包括地貌类型、微地貌形态、地形起伏变化、地形绝对高度和相对高差、地形坡度及坡向等。

9.2.2.3 地层岩性

岩土工程勘察大纲应提供场地所处地区的区域地层岩性背景资料,包括地层时代(由老至新论述)、名称(代号)、层序、分布、主要岩性、岩相特征及厚度变化(附场区区域地质图)。

9.2.2.4 地质构造与地震

岩土工程勘察大纲应提供场地所处地区的区域地质构造背景资料,包括所处区域构造位置、构造格架、断裂(编号)、褶皱(编号)、地层产状、节理、裂隙等的产状、规模、密度、发育程度、结构面特征等;应简述区域新构造活动、断裂活动和地震特征及其活动年代、场区的地震基本烈度和设防烈度等。

9.2.2.5 不良地质作用和特殊岩土

岩土工程勘察大纲应对场地所处地区存在的不良工程地质问题及其主要分布和影响范围进行阐述,包括软土、胀缩土、风化土、球状风化体、饱和砂土、岩溶、软弱结构面等。

9.2.2.6 水文地质

岩土工程勘察大纲应对场地所处地区区域水文地质条件进行阐述,包括含水岩组概况、地下水类型特征、地下水的补径排条件与动态及地下水位、水量、水质变化特征等,注重地下水与地表水关联的简述。

9.2.3 需要重点关注的问题

岩土工程勘察大纲应阐明本项目的主要工程地质问题、重点、难点以及周边环境影响因素等,一般应提供以下几方面内容。

9.2.3.1 主要工程地质问题

岩土工程勘察大纲应对岩土工程勘察或项目建设过程中可能产生的不良地质作用、对周边环境造成的影响进行阐述。

(1)基坑、边坡开挖导致的边坡失稳或坍塌。

(2)基坑、边坡开挖对周边建(构)筑物引发的沉降、倾斜。

(3)岩土工程地质条件对成桩的影响。

(4)基坑开挖时降水引发的工程地质问题。

9.2.3.2 项目的重点、难点

岩土工程勘察大纲应对岩土工程勘察或项目建设过程中可能出现的影响岩土工程勘察进度、质量的影响因素进行阐述。

(1)软土对工程的影响。

(2)可液化砂土对工程的影响。

(3)周边环境条件对工程的影响。

(4)项目本身的重点、难点等。

9.2.3.3 环境影响分析

岩土工程勘察大纲应就周边环境对岩土工程勘察或项目建设过程中可能产生的不良影响进行阐述。

(1)勘察对周边环境、建(构)筑物的影响。

(2)周边环境、建(构)筑物对勘察工作的影响。

(3)工程建设对周边环境、建(构)筑物的影响。

9.2.4 勘察工作布置原则

勘察工作的布置需结合勘察的目的任务、设计提供的勘察要求、现行的标准规范来进

行。

9.2.4.1 勘察工作总体原则

岩土工程勘察总体原则如下：

（1）岩土工程勘察工作布置必须按相应阶段、相应工点的技术要求进行，为相应的勘察阶段、相应工点设计服务。

（2）岩土工程勘察执行现行国家标准、行业标准和地方标准，并使用国家法定计量单位；当不同规范的技术要求有差异时，应按最高要求执行。

（3）岩土工程勘察需广泛收集已有的岩土工程勘察资料（包括建筑经验），可在工程地质调绘、钻探、物探、原位测试、室内试验等方法中选择恰当的方法进行综合勘察，合理布置勘察工作量。

（4）经过论证后，尽可能采用新工艺、新技术。

（5）在地质复杂的地段应视情况进行专项勘察、调查，做到确保质量、经济合理。

（6）在实施现场勘察前，应结合勘察工作的内容、深度要求，按照有关规范、规程的规定，结合工程特点，编制勘察大纲，经业主、监理、设计及咨询单位审批后方可实施。

9.2.4.2 勘察方法与手段

岩土工程勘察大纲应对本次进行的岩土工程勘察所采用的技术方法、手段做出明确的规定，并在勘察工作实施过程中照章执行。

（1）应明确使用的勘察技术方法、工作内容和工作量，如工程地质调绘、钻探、物探、原位测试、野外水文地质试验、室内试验等。

（2）应明确执行的标准、规范以及设计提出的技术要求。

9.2.4.3 钻孔平面布置及深度控制原则

岩土工程勘察大纲应根据场地实际地质地貌情况对钻孔平面布置及深度控制原则做出明确的规定，并在勘察工作实施过程中照章执行。

（1）应明确钻孔的数量、类型、孔位位置。

（2）应明确钻孔的深度控制原则、终孔条件、预计工作量等。

（3）应明确调整、变更的控制性原则、方法。

9.2.4.4 勘察技术要求

岩土工程勘察大纲应结合勘察的目的任务、设计提供的勘察要求、现行的标准规范，对资料收集、钻探技术方法、取样、室内试验、原位测试、工程物探、水文地质试验等做出详细、明确的要求、规定。

9.2.4.5 资料收集

岩土工程勘察大纲应对资料收集的内容、数量、精度做出规定。

（1）勘察单位应依据相关设计专业、业主等各方提供的基础资料（委托函、工程概况、技术要求、带地形的线路站位图、测量勘探孔位所需的控制点数据、地下管线图等）进行准备工作。

（2）勘察单位应充分收集沿线的区域地质、水文地质及既有工程的勘探、物探、测试、试验成果等地质资料，对经审核满足本项目技术要求的资料应加以利用，可以相应减少本技术要求所含工作数量，以达到节约投资的目的。

9.2.4.6 工程地质调绘

岩土工程勘察大纲应对工程地质调绘的范围、内容、精度做出明确的规定。

工程地质调绘宜在初勘阶段进行,在详勘阶段可对某些专门地质问题作补充调查(一般的场地勘察对此不作要求)。

对于线路工程,工程地质调绘一般包括如下内容:

(1)应按确定的线路、建(构)筑物平面范围及邻近地段开展地质调查和测绘工作。

(2)应对沿线区域的气象资料(包括气候、气温、降水量、灾害性天气等)进行收集。

(3)水文资料还应包括线路范围内主要河流洪水(潮水)位、流速(最大、最小、平均)、流量(最大、最小、平均)、水位(最高、最低、平均)、流向以及数据的年份、极值出现的时间;收集防洪相关的参数等。

(4)根据区域地质资料,对勘察范围的区域地质进行分析、解释,了解勘察范围可能遇到的断裂、褶皱等构造分布情况,并分析地质构造条件对工程的影响。

(5)对于收集到的可利用勘探点地质资料等,应按本技术要求进行重新分层,以便于统一编制地质剖面图。

(6)对地质调绘资料的内容,应结合勘察目的进行分析、解释、验证和利用,归纳其主要内容编入岩土工程勘察报告相应章节中;同时可编制独立的分析、解释、验证报告。

9.2.4.7 钻探

岩土工程勘察大纲应对钻探的内容、方法、钻探记录、岩心的保存、钻探异常情况的处理等做出明确的规定。

(1)应明确钻孔位置测放的精度、坐标、高程基准及偏移许可的条件、标准。

(2)应明确钻探执行的标准、规范。

(3)应明确钻孔口径、采取率的控制标准。

(4)应明确钻探记录的格式内容及要求。

(5)应明确岩心编录、采取率计算及拍照保存、封孔的规定和要求。

(6)应明确钻探异常的处理方法及注意事项。

9.2.4.8 取样

岩土工程勘察大纲应对勘察取样的数量、方法、保存、运输等做出明确的规定。

(1)应明确规定取样执行的规范标准。

(2)应明确取样的方法、样品类型、样品数量、取样间隔标准、样品等级及样品编号的方法、格式。

(3)应明确样品的保存、运输方法。

9.2.4.9 室内试验

岩土工程勘察大纲应对室内试验的内容、数量、指标、测试方法、执行的规范等做出明确的规定。

岩土性质的室内试验项目和试验方法应符合规范规定,其具体操作和试验仪器应符合《土工试验方法标准》(GB/T 50123—2019)和《工程岩体试验方法标准》(GB/T 50266—2013)的规定。

对特殊试验项目,应制订专门的试验方案。

9.2.4.10　原位测试

岩土工程勘察大纲应对原位测试的内容、技术方法、工作量、精度、执行的规范等做出明确的规定。

原位测试方法应根据岩土条件、设计对参数的要求、地区经验和测试方法的适用性等因素选定。

9.2.4.11　工程物探

岩土工程勘察大纲应对工程物探的内容、技术方法、工作量、解译精度、执行的规范等做出明确的规定。

9.2.4.12　水文地质试验

岩土工程勘察大纲应对水文地质试验的内容、技术方法、工作量等做出明确的规定。

当水文地质条件对工程有重大影响时,宜进行专门的水文地质勘察。

9.2.5　预计勘察工作量

岩土工程勘察大纲应根据勘察的目的任务、设计提供的勘察要求、设计方案特点、现行的标准规范,通过对已有资料的分析,结合本次勘察工作的方法、手段,对本次勘察需要完成的工作量做出预估,勘察费不得超过勘察费中标价。

9.2.6　勘察施工组织

岩土工程勘察大纲应对本次勘察工作的开展进行阐述,明确勘察工作流程、施工组织机构;明确本项目的项目负责人、技术负责人以及各专业的负责人及其职责;应明确拟派本项目的各类技术人员及投入的设备、仪器;明确施工组织方案。

9.2.6.1　勘察工作流程

岩土工程勘察大纲应对勘察工作流程做出明确的规定。

勘察工作流程可用流程图进行表述或示意。

9.2.6.2　组织机构

岩土工程勘察大纲应对勘察工作施工责任组织机构、责任要求、人员数量、各岗位职责做出明确规定。

(1)应明确勘察工作施工组织架构。

(2)应明确拟投入项目的人员数量、本项目的项目负责人、技术负责人以及各专业的负责人、参与项目工作的主要人员的能力、资质要求及其相应职责。

9.2.6.3　投入的仪器、设备

岩土工程勘察大纲应对勘察工作中投入的仪器设备做出明确规定,以确保勘察工作的顺利实施。

应根据勘察工作内容、勘察工期的要求、勘察工作的难易程度,明确投入的仪器、设备的数量。

9.2.6.4　施工组织方案

岩土工程勘察大纲应对勘察工作各工序环节、实施步骤、实施方法、实施内容做出明确规定。

若野外钻探等工作涉及道路、交通等问题,为保证占道勘探外业工作的安全,应制订交通组织方案。

若野外钻探等工作涉及水上作业等问题,为保证外业工作的安全,应制订水上作业施工方案。

9.2.7　进度计划及保证措施

岩土工程勘察大纲应对勘察工作进度计划做出明确的安排,并阐述工期保证措施和方案。

9.2.7.1　进度计划

应对勘察大纲编制,前期准备工作(包括办理施工许可),勘探点放样,钻探设备进场,野外勘察作业,室内土工试验,内业资料整理,报告编写、审核及出版,成果提交业主等各个工序环节的进度计划做出安排,详细列出各工序环节的时间节点。

9.2.7.2　工期保证措施

为确保进度计划的顺利实施,应详细提出确实可行的各种保证措施计划,并对进度实现动态控制。

(1)应提出各工序环节中可能出现的困难、问题,有针对性地提出解决办法和措施。

(2)应对进度实现动态控制,在过程控制中及时与进度计划进行对比,发现严重偏离计划时,分析原因并积极采取应对措施。

9.2.8　质量保证措施

岩土工程勘察大纲应从勘察工作的质量方针、质量目标、质量控制体系、质量的组织措施、质量的管理措施、质量的技术措施、质量的奖惩措施、质量过程控制、对保证勘察质量的主要工艺和技术措施等方面做出明确的阐述。

9.2.8.1　质量方针、质量目标

应明确提出勘察单位的质量方针和本项目的质量目标。

9.2.8.2　质量控制体系

应根据勘察单位的质量管理体系,明确本项目的质量控制流程,并对质量管理的人员、岗位提出明确的岗位职责。

9.2.8.3　质量的组织措施

应根据勘察单位的质量管理体系,明确本项目的组织架构和措施。

9.2.8.4　质量的管理措施

应从质量管理的角度,分析制定本项目需要采取的质量管理措施。应对技术交底、过程控制、终孔验收等方面做出明确的规定。

9.2.8.5　质量的技术措施

应从技术方法的角度,分析制定本项目各质量关键环节、关键工序、关键节点需要采取的技术方法、质量保证措施。

9.2.8.6　质量的奖惩措施

明确质量的责任制度,提出项目工作过程中质量控制的奖惩措施。

9.2.9　安全保障措施

岩土工程勘察大纲应依照《中华人民共和国安全生产法》、《岩土工程勘察安全标准》（GB/T 50585—2019）、《建设工程安全生产管理条例》、《安全生产许可证条例》以及勘察单位《安全生产管理办法》制订安全生产措施。

岩土工程勘察大纲应从安全目标、安全生产组织机构、安全管理岗位与职责、安全生产制度、主要安全风险源分析、外业安全、交通安全、水上作业安全、设备安全、地下管线安全、突发事件应急等方面做出明确的阐述。

（1）应明确提出项目勘察工作安全目标。

（2）应明确项目勘察工作安全生产组织机构。

（3）应明确项目勘察工作安全管理岗位与职责。

（4）应明确项目勘察工作安全生产制度。

（5）应全方位分析勘察工作可能存在的安全隐患，分析确定主要的安全风险源。

（6）应从外业安全、交通安全、水上作业安全、设备安全、地下管线安全等方面明确安全保障措施。

（7）为更好地应对突发事件，将突发事件的损失降低到最低程度，应明确应急小组及其职责、应急工作程序、应急处置原则等，并制订应急预案。

9.2.10　环境保护及文明施工

岩土工程勘察大纲应对野外作业可能造成的污染进行分析，制定相应措施避免污染的发生；并对减少噪声扰民等文明施工制定相应的措施。钻孔施工完毕后恢复场地原貌，避免危及行人及车辆的安全事故发生。

9.2.11　勘察成果的编制与提交

9.2.11.1　时间进度要求

制定勘察工作总控时间，分阶段确定每一环节成果资料提交时间，明确提交数量、资料内容组成、交付方式。具体可以用表格形式提出。

9.2.11.2　内容要求

岩土工程勘察大纲应对勘察成果提交的时间节点及内容、格式、附件的内容等做出相应的规定。

9.2.11.3　深度要求

岩土工程勘察大纲应明确岩土工程勘察成果分析及报告编制，应按《房屋建筑和市政基础设施工程勘察文件编制深度规定》（2020 年版）、《岩土工程勘察报告编制标准》（CECS99:98）的规定执行。

9.2.12　附件

岩土工程勘察大纲对附件不做具体的规定，视具体情况而定。

9.3 附 则

9.3.1 岩土工程勘察大纲的管理与存档

(1)岩土工程勘察大纲提交后,由建设单位组织各相关单位审定(必要时组织专家论证)后下发执行。

(2)岩土工程勘察大纲下发后要及时进行整理存档。

(3)岩土工程勘察大纲是项目勘察工作实施的依据,具有唯一对应性,即每一个项目对应唯一的岩土工程勘察大纲,不应出现一个项目几个大纲的情况。

(4)岩土工程勘察大纲未经批准,不得随意扩大阅读范围。

9.3.2 岩土工程勘察大纲的变更

岩土工程勘察大纲变更应经建设单位及设计单位书面同意,并及时以书面形式告知勘察等相关单位。

附 表

附表 1 广州市南沙区河涌名录（一）

编号	河涌名称	现状起点	现状终点	现状河长/km	现状河宽/m	曾用名	备注	河涌分类	控制线范围 矢量河长/km
1	西围涌	北围水闸	西围涌水闸	1.1	26.0			一类河涌	3.8
2	九王庙涌	九王庙公园	虎门水道	3.5	36.0			一类河涌	2.0
3	金洲涌	槽船涌	蕉门河	7.0	11.0~45.74			一类河涌	3.5
4	槽船涌	槽船涌水闸	金洲涌	3.5	5.0~10.0			一类河涌	3.4
5	乌洲涌	蕉门河	乌洲涌涵闸	6.5	22~57.5			一类河涌	7.0
6	三园涌	三西涌	乌洲涌	1.2	27.13			一类河涌	1.2
7	三西涌	西涌	京珠高速 公路东侧	2.5	15.0~30.0			一类河涌	2.4
8	鬼横涌	大井村村委会以 南3.9km	京珠高速	0.8	32.0			一类河涌	1.7
9	南围涌	南围涌水闸	黄梅路以南	3.6	27.53			一类河涌	0.9
10	塞水涌	塞西涌水闸	大山石场	1.0	31.43			一类河涌	1.7
11	粒珠涌	联和涌	沙仔沥	2.0	36.12			一类河涌	2.1
12	蕉门河	蕉门水道 蕉西水闸	小虎沥蕉 东水闸	6.4	56.5~111.8			一类河涌	6.1
13	私言涌	蕉门河	金沙路	1.4	34.52			一类河涌	1.3
14	中围涌	蕉门河	金沙路中 围涌水闸	0.9	14.5			一类河涌	0.9
15	金沙涌	就凤涌水闸	沙螺湾路	1.0	35.0			一类河涌	1.0

续附表 1

编号	河涌名称	现状起点	现状终点	现状河长/km	现状河宽/m	曾用名	备注	河涌分类	控制线范围矢量河长/km
16	广隆涌	广隆水闸	港龙中英文学校东南面	1.8	20.0			一类河涌	1.3
17	大涌	蕉门水道	金岭南路	1.6	20.0			一类河涌	1.9
18	新村涌	蕉门水道	环市大道西	0.5	57.0			一类河涌	2.0
19	南北台涌	虎门水道南北台水闸	南沙兴业路以北	1.4	18.0			一类河涌	1.5
20	鹿颈涌	虎门水道	鹿颈村	1.9	27.0			一类河涌	2.4
21	蒲洲涌	蒲洲水闸	南沙天后宫以西	1.6	12.0			一类河涌	1.5
22	南横涌	凫洲水道	南横村	1.1	42.0			一类河涌	1.3
23	三姓围涌	凫洲水道	环市大道南	0.8	53.0			一类河涌	0.9
24	前进涌	前进水闸	宝善水闸	2.7	30.0			一类河涌	2.8
25	义沙涌	新北水闸	新南水闸	2.3	13.0			一类河涌	1.9
26	陈家围涌	河涌与六涌交界	十六涌	12.4	30.0~90.0			一类河涌	8.7
27	万顷沙三涌	洪奇沥水道	蕉门水道	7.4	80.0			一类河涌	7.0
28	万顷沙四涌	洪奇沥水道	蕉门水道	5.7	80.0			一类河涌	7.2
29	万顷沙五涌	洪奇沥水道	蕉门水道	7.2	80.0			一类河涌	7.6
30	万顷沙六涌	洪奇沥水道	蕉门	7.0	80.0			一类河涌	8.6

续附表 1

编号	河涌名称	现状起点	现状终点	现状河长/km	现状河宽/m	曾用名	备注	河涌分类	控制线范围矢量河长/km
31	万顷沙七涌	洪奇沥水道	蕉门	6.5	80.0			一类河涌	6.6
32	万顷沙八涌	洪奇沥水道	蕉门	6.0	80.0			一类河涌	5.9
33	万顷沙九涌	洪奇沥水道	蕉门	6.0	80.0			一类河涌	5.6
34	万顷沙十涌	洪奇沥水道	蕉门	6.0	80.0			一类河涌	5.7
35	万顷沙十一涌	洪奇沥水道	蕉门	6.0	80.0			一类河涌	5.7
36	万顷沙十二涌	洪奇沥水道	蕉门	6.0	80.0			一类河涌	5.7
37	万顷沙十四涌	洪奇沥水道	蕉门	6.0	80.0			一类河涌	5.9
38	万顷沙十五涌	洪奇沥水道	蕉门	6.0	80.0			一类河涌	5.9
39	万顷沙十六涌	洪奇沥水道	蕉门	6.0	80.0			一类河涌	6.2
40	万顷沙十九涌	蕉门水道	万顷沙十九涌西水闸	4.4	136.0			一类河涌	4.7
41	西沥	灵山镇高沙头	万洲尾	9.0	136.5			一类河涌	14.4
42	新海涌	流江涌	小虎沥	2.8	27.38			一类河涌	2.8
43	鱼仔涌	南北台涌	大角山涌	1.2	15.0			一类河涌	3.2
44	石基涌	东起倒流涌	西接沙头水闸	3.3	14.0			一类河涌	2.5
45	沙鼻良涌	北起东涌界河	南至骝岗水道沙鼻良水闸	2.2	18.0			一类河涌	2.2
46	东涌口涌	南起界河	北至东涌口水闸	1.7	25.0			一类河涌	1.8

续附表 1

编号	河涌名称	现状起点	现状终点	现状河长/km	现状河宽/m	曾用名	备注	河涌分类	控制线范围矢量河长/km
47	南涌	北起大炮楼涌	南接南涌水闸	1.8	20.0			一类河涌	1.9
48	茂丰涌	东北起茂丰水闸	西南接大炮楼涌	2.6	23.0			一类河涌	2.5
49	西樵涌	蕉门水道	沙湾水道	3.9	14.0			一类河涌	3.8
50	南边月涌	北起南边月水闸	南接太石涌	2.0	12.0			一类河涌	2.1
51	大指南涌	北起太石涌	南接蕉门水道大指南水闸	4.4	13.0			一类河涌	4.4
52	简沥头涌	北起骝岗水道简沥头水闸	南至高沙河简沥尾闸	4.8	24.0			一类河涌	4.9
53	鱼窝头涌	鱼窝头镇大益闸	万洲尾	7.0	40.0~80.0			一类河涌	7.9
54	大黄头涌	沥稼街	同康路 30 号	4.8	30.0~40.0			一类河涌	4.9
55	浅海涌	榄核镇	灵山镇沙围尾	8.0	90~100.0			一类河涌	8.7
56	大坳涌	沙湾水道	浅海河	6.0	20.0			一类河涌	5.2
57	长尾涌	北起长尾涌水闸	南至民生 1 队闸	1.8	13.0			一类河涌	1.8
58	墩涌旧涌	东起九比新涌交界	西至三沙涌	2.1	20.0			一类河涌	1.7

续附表 1

编号	河涌名称	现状起点	现状终点	现状河长/km	现状河宽/m	曾用名	备注	河涌分类	控制线范围矢量河长/km
59	横枝大涌	垦塘旧涌	下龙尾涌	0.7	22.0			一类河涌	1.6
60	酬劳涌	北起平稳大涌泵站	南至酬劳水闸	2.2	30.0			一类河涌	2.5
61	中滘涌	北起中滘水闸	南至通信研究所野外联试场	3.2	25.0			一类河涌	3.4
62	大岗沥	西起大岗镇东流村	东至南顺北闸水闸	18.1	33.0	大岗沥（民生河）		一类河涌	13.2
63	潭洲沥	潭州口（水闸）	南顺水闸	1.2	38.0			一类河涌	12.3
64	高沙新涌	东南起上横栏涌高沙新涌内闸	西北至蕉门水道沙头水闸	3.5	15.0			一类河涌	3.1
65	上横栏涌	东北起高沙河上横栏东闸	西南至蕉门水道上横栏西闸	2.0	15.0			一类河涌	2.2
66	下横栏涌	北起耳围水闸	南至下横栏西闸	1.8	15.0			一类河涌	2.0
67	朗口涌	西北起下横栏涌	东南至蕉门水道朗口水闸	2.4	20.0			一类河涌	2.5

续附表 1

编号	河涌名称	现状起点	现状终点	现状河长/km	现状河宽/m	曾用名	备注	河涌分类	控制线范围矢量河长/km
68	苏许才涌	北起潭州沥美咏乐食品厂、潭州沥上隆围	南至洪奇沥水道七四水闸	3.8	16.0			一类河涌	4.0
69	沙湾涌	民生河	榄核河	1.8	4.5			二类河涌	1.9
70	七三农场主河涌	良地埒涌	长尾涌	0.8	13.0			二类河涌	0.8
71	迪安支涌	前进村前进水闸	前进村莘善水闸	1.2	31.0	正丰围涌		二类河涌	5.5
72	板头涌	金洲涌	双山大道	1.2	8.0			二类河涌	0.9
73	三角涌	横沥沙头涌	前进涌	2.7	15.0~25.0			二类河涌	2.6
74	乌洲二涌	乌洲涌	市南大道	0.8	6.0~20.0			二类河涌	0.8
75	东里新河涌	乌洲涌	市南大道	0.8	35.58			二类河涌	0.9
76	黄阁坦尾涌	坦尾旧石涌	坦尾水闸	2.3	32.63			二类河涌	2.1
77	黄阁南涌	塞南涌	塞水涌	1.8	26.0			二类河涌	1.8
78	沙螺湾涌	蕉门河	沙螺湾路	1.6	31.75~52.0			二类河涌	1.6
79	牛仔涌	虎门水道	进港大道	1.4	38.0			二类河涌	1.1
80	牛仔支涌	牛仔涌	南沙高尔夫球场	0.8	7.0			二类河涌	0.9

续附表1

编号	河涌名称	现状起点	现状终点	现状河长/km	现状河宽/m	曾用名	备注	河涌分类	控制线范围矢量河长/km
81	工业区涌	凫洲水道	工业区水闸	0.5	55.0			二类河涌	3.0
82	横沥沙头涌	沙头北水闸	沙头南水闸	1.4	18.0			二类河涌	1.5
83	八顷涌	南顺二村村委会东侧	八顷水闸	1.6	20.0			二类河涌	1.7
84	迪安涌	上横沥水道迪安水闸	下横沥水道大安水闸	2.5	17.0			二类河涌	2.6
85	三多涌	三多水闸	旧南山水闸	3.1	13.0			二类河涌	1.4
86	横沥长沙涌	长沙北涌	长沙南涌	1.3	18.0			二类河涌	1.4
87	黎十顷涌	黎十顷涌水闸	万顷沙三涌	4.7	10.0			二类河涌	5.2
88	万顷沙一涌	洪奇沥水道	下横沥水道	5.9	80.0	万顷沙一涌东段		二类河涌	5.4
89	万顷沙二涌	洪奇沥水道	下横沥水道	7.2	80.0			二类河涌	5.2
90	万顷沙十三涌	洪奇沥水道	蕉门	6.0	80.0			二类河涌	5.7
91	万顷沙十七涌	洪奇沥水道	蕉门	5.5	80.0			二类河涌	6.0
92	万顷沙十八涌	洪奇沥水道	珠江口	4.6	80.0			二类河涌	5.1
93	万顷沙二十涌	蕉门水道	万顷沙二十涌西水闸	3.0	90.0			二类河涌	3.1
94	鸡抱沙六涌	蕉门水道	虎门水道	3.0	127.0			二类河涌	4.8
95	场涌	鱼窝头涌	细沥涌	1.8	12.0			二类河涌	1.8
96	南沙南湾涌	小虎沥	小虎南一路	0.6	26.0~45.24	南湾涌		二类河涌	1.5

续附表 1

编号	河涌名称	现状起点	现状终点	现状河长/km	现状河宽/m	曾用名	备注	河涌分类	控制线范围矢量河长/km
97	大湾新涌	沙仔沥	小虎南路	0.2	24.0			二类河涌	1.3
98	利安涌	万顷沙十一涌	万顷沙十二涌	2.0	25.0			二类河涌	0.9
99	东围尾涌	西围涌	蕉门水道	1.5	30.0	东围涌		二类河涌	1.9
100	广隆二涌	蕉门水道	飞沙角	1.5	28.0~45.0			二类河涌	1.5
101	五顷涌	新兴村卫生站东北面	五顷水闸	2.2	30.0			二类河涌	1.8
102	亭角涌	亭角泵闸	涌尾	0.5	63.3			二类河涌	0.5
103	十顷涌	乌洲涌	蕉门河	1.2	20.0			二类河涌	2.3
104	蕉门村涌	蕉门河	丰泽西路	1.3	20.0			二类河涌	1.3
105	黄阁大塘涌	大塘涌涵闸	京珠大道北	0.4	20.0			二类河涌	0.2
106	飞沙角涌	金洲涌	环市大道西	0.5	5.0~10.0			二类河涌	0.2
107	北界河涌	下横沥水道北界河水闸	万顷沙四涌	5.7	24.0			二类河涌	4.4
108	三稳涌	北起石基涌	南至骝岗水道三稳水闸	2.5	14.0			二类河涌	2.6
109	东涌界河	西起三稳涌	东南接虾道涌	3.8	15.0			二类河涌	3.8
110	官坦涌	大炮楼涌	市桥水道	2.5	30.0			二类河涌	2.5
111	虾道涌	南起大濠涌	北至虾道涌涌水闸	2.5	20.0			二类河涌	2.2

续附表 1

编号	河涌名称	现状起点	现状终点	现状河长/km	现状河宽/m	曾用名	备注	河涌分类	控制线范围矢量河长/km
112	濠涌涌	北接虾道涌	南至骝岗水道濠涌水闸	1.7	20.0			二类河涌	2.0
113	石排新涌	上中围水道	骝岗水道	4.2	20.0			二类河涌	4.3
114	东涌三沙涌	东北三沙水闸起	西南接墩塘旧涌	3.2	16.0	三沙涌		二类河涌	3.3
115	老丫涌	老丫支涌	北至水湾水道老丫涌闸	1.7	12.0			二类河涌	1.7
116	太石涌	东起太婆份水闸	西接石基	2.4	18.0			二类河涌	3.8
117	海马涌	西起简沥涌	南接马克涌	2.2	10.0			二类河涌	2.3
118	天益涌	北起天益水闸	南接马克涌	3.0	24.0			二类河涌	3.1
119	马克涌	东北起东深涌	西南接马克水闸	4.3	20.0			二类河涌	4.4
120	东深涌	西北起马克涌	东南至万生涌	1.3	13.0			二类河涌	1.3
121	万生涌	北起东深涌	南至高沙河万生水闸	4.5	16.0			二类河涌	4.6
122	细沥涌	北起细沥尾	南接细沥水闸	3.0	12.0			二类河涌	3.1
123	沥尾涌	北起马克涌	南接骘尾闸	2.1	12.0			二类河涌	2.2
124	甘岗涌	北起甘岗水闸	东南至万安公路闸	2.9	7.5~13			二类河涌	1.8

续附表 1

编号	河涌名称	现状起点	现状终点	现状河长/km	现状河宽/m	曾用名	备注	河涌分类	控制线范围矢量河长/km
125	北斗涌	南起万安涌万安节制闸	北至沙湾水道北斗水闸	2.4	8.0~12.0			二类河涌	1.6
126	大坳村西丫涌	东南起万安涌	西北接大坳涌	2.1	5.5			二类河涌	1.4
127	万安涌	西起甘岗涌	东南至大马涌	3.3	7.5			二类河涌	3.7
128	万安大口涌	西起甘岗涌	东南至大马闸	1.0	14.0	大坳大口涌		二类河涌	1.1
129	双亦涌	东丫水闸	双亦西闸	3.3	7.5			二类河涌	3.4
130	雁沙涌	北起雁沙东闸	南至雁沙西闸	1.4	10.0			二类河涌	1.4
131	滘湄下涌	东起滘湄节制闸	西至榄核河滘湄下闸	1.0	9.0			二类河涌	1.0
132	牛角涌	北起牛角闸	南至大王头涌人民水闸	1.8	6.0~12.0			二类河涌	1.8
133	四六直涌	西起滘湄节制闸	东至绿村四六直涌水闸	3.2	7.0			二类河涌	4.1
134	砖厂上下涌	西起榄核河	东至沙头涌	1.5	7.0			二类河涌	1.5
135	张松涌	西北起李家沙水道张松上闸	东南至榄核涌张松下闸	1.2	6.0~13.0			二类河涌	1.3
136	八沙涌	西南起李家沙水道	东北至榄核河八沙闸	1.4	8.0			二类河涌	1.4
137	良地埠涌	南起沙栏涌附近	北至榄核河良地埠水闸	1.3	8.0			二类河涌	1.3

续附表1

编号	河涌名称	现状起点	现状终点	现状河长/km	现状河宽/m	曾用名	备注	河涌分类	控制线范围矢量河长/km
138	榄核新地涌	民生河	榄核河	1.8	3.0~9.0			二类河涌	1.8
139	蔡地沙涌	南起民生涌大靴口水闸	北至榄核河蔡地沙闸	1.2	5.5			二类河涌	1.5
140	榄核幸福涌	民生涌	榄核四沙水闸	2.1	9.0			二类河涌	2.3
141	沙角涌	榄核河	榄核河	1.6	15.0			二类河涌	1.7
142	九比新涌	南起大涌与墩塘旧涌交界	北至榄核河九比水闸	1.2	10.0			二类河涌	1.3
143	榄核东丫涌	西北起指南涌	东南至白坦涌	1.2	11.0	东丫涌		二类河涌	1.2
144	指南涌	北起东丫涌	南至指南水闸	2.3	7.5			二类河涌	2.3
145	白坦涌	东北起平稳大涌泵站	西南至围七涌水闸	2.8	11.0			二类河涌	2.9
146	滘仔涌	东起滘仔水闸	南至平稳大涌泵站	1.1	8.0			二类河涌	1.2
147	横河涌	北起白坦涌	南至大岗沥横河水闸	3.3	8.0~17.0			二类河涌	3.3
148	流江涌	沙公堡水闸	乌洲涌涵闸	3.2	23.0			二类河涌	4.6
149	江督涌	西起大岗沥	东至焦门水道江督水闸	1.2	14.0~20.0			二类河涌	1.2
150	潭洲滘	西南起东西街涌	东北至大岗沥	2.6	20.0			二类河涌	3.8

续附表 1

编号	河涌名称	现状起点	现状终点	现状河长/km	现状河宽/m	曾用名	备注	河涌分类	控制线范围内矢量河长/km
151	东西街涌	北起中心河X300县道	南至潭洲沥马前村	2.2	13.0~20.0			二类河涌	2.2
152	草围涌	东隆村村委会西1.4 km	南至潭洲沥	1.9	25.0			二类河涌	2.2
153	大岗大冲口涌	大岗沥	草围涌	2.1	15.0			二类河涌	2.3
154	掘尾涌	西南起马六倾涌大岗镇大南路	东北至大岗沥	1.9	20.0			二类河涌	2.6
155	十二顷涌	南顺一村村委会以东0.7 km	西南至潭洲沥	2.5	25.0			二类河涌	2.7
156	大岗八顷涌	北起大岗沥	南至潭洲沥	1.7	31.0			二类河涌	1.7
157	十一顷涌	新联二村村委会以东0.8 km	南至上横涌十一顷闸	1.8	25.0			二类河涌	1.9
158	大岗集滘涌	潭洲沥	集滘水闸	2.0	10.0			二类河涌	2.2
159	云生涌	新联一村村委会东侧	南至云生水闸	2.0	20.0			二类河涌	2.0
160	大隆涌	北起潭洲沥	南至洪奇沥水道大陇水闸	1.6	30.0			二类河涌	1.7

续附表 1

编号	河涌名称	现状起点	现状终点	现状河长/km	现状河宽/m	曾用名	备注	河涌分类	控制线范围矢量河长/km
161	飘风涌	东北起蕉门水道飘风水闸	西南至大岗沥	2.0	15.0	飘丰涌		三类河涌	2.1
162	大涌涌	北起蕉门水道沙头围	南至大岗沥	3.7	15.0~22.0			三类河涌	2.5
163	高沙涌	东北起高沙河东球水闸	西南至蕉门水道花鱼涌水闸	1.8	15.0			三类河涌	1.9
164	沙公堡涌	沙公堡水闸	乌洲涌涵闸	3.6	20.0			三类河涌	1.7
165	大岗连塘涌	南沙中心街	顷七围涌	0.6	12.2			三类河涌	0.6
166	西涌	西涌水闸	乌洲涌	3.3	15.0~40.0			三类河涌	3.3
167	平稳涌	西起平稳村	东至酬劳涌	1.0	21.0			三类河涌	1.1
168	沙仔西涌	沙仔涵闸	沙仔北路	0.4	15.8			三类河涌	0.5
169	芦湾涌	虎门水道	南沙高尔夫球场	1.4	20.0			三类河涌	1.3
170	北围涌	北围西水闸	北围东水闸	0.6	12.0			三类河涌	0.7
171	黄七顷涌	黄七顷涌水闸	黎十顷涌	0.9	21.0			三类河涌	0.8
172	中粉涌	下横沥水道中粉水闸	万顷沙一涌	2.2	11.0			三类河涌	2.1
173	大澳涌	下横沥水道大澳水闸	万顷沙一涌	1.9	11.0			三类河涌	2.0

续附表 1

编号	河涌名称	现状起点	现状终点	现状河长/km	现状河宽/m	曾用名	备注	河涌分类	控制线范围 矢量河长/km
174	二十一围中间排灌河	二十一围中间排灌河东闸	二十一围中间排灌河西闸	3.1	40.0			三类河涌	3.1
175	保丰围涌	沙头围东闸	沙头围西闸	1.1	45.0	沙头围涌		三类河涌	1.4
176	民建涌	洪奇沥	西利河民建涌西闸	1.7	30.0	民建正涌		三类河涌	1.7
177	三民副涌	洪奇沥寮涌东闸	西利河寮涌西闸	1.7	62.0			三类河涌	1.9
178	民兴涌	洪奇沥	西利河民兴涌西闸	1.8	25.0			三类河涌	1.8
179	八九顷涌	西利河九顷西闸	洪奇沥八顷东闸	1.7	49.0			三类河涌	1.9
180	十六顷涌	十六顷东闸	西利河十六顷西闸	1.5	42.0			三类河涌	1.6
181	同安涌	洪奇沥	西利河同安西闸	1.3	78.0	民立村同安围涌		三类河涌	1.4
182	团结涌	洪奇沥	西利河团结西闸	1.0	38.0	民立村团结围涌		三类河涌	1.1
183	万顷沙沙尾涌	洪奇沥	西利河	0.6	34.0			三类河涌	0.7
184	下龙尾涌	榄核大涌	白坦涌	1.8	30.6			三类河涌	1.8

续附表 1

编号	河涌名称	现状起点	现状终点	现状河长/km	现状河宽/m	曾用名	备注	河涌分类	控制线范围矢量河长/km
185	抒沙二涌	抒沙二围东堤	蕉门水道抒沙二涌西水闸	1.6	100.0			三类河涌	1.3
186	抒沙三涌	抒沙三围东堤	蕉门水道抒沙三涌西水闸	1.3	100.0			三类河涌	2.5
187	涩湄中涌	东丫涌	涩湄涌	1.1	4.5			三类河涌	1.2
188	利安二涌	南沙港快速路	粤海大道	1.3	80.0			三类河涌	1.1
189	墩涌	墩涌水闸	石基村	1.2	12.0			三类河涌	1.4
190	二坭涌	南起石基涌	北至二坭水闸	1.2	13.0			三类河涌	1.4
191	三坭涌	南起石基涌	北至三坭水闸	1.0	13.0			三类河涌	1.1
192	晒缯涌	北起晒缯水闸	南接石基涌	0.8	10.0			三类河涌	1.0
193	倒流涌	西起石基涌	南接安顺涌	0.9	17.0			三类河涌	0.9
194	安顺涌	东北起安顺水闸	西南接界河	1.3	18.0			三类河涌	1.4
195	大稳涌	北起大稳村	南至蟠岗水道大稳水闸	1.6	12.0			三类河涌	1.4
196	棒界涌	西北起石基村	东南接沙鼻良涌	1.5	20.0			三类河涌	1.5
197	大板路涌	西起官坦涌	东接官坦村	0.5	15.0			三类河涌	0.4
198	东导东下涌	东南起虾道涌	西北接东涌口涌	1.6	25.0			三类河涌	1.6

续附表 1

编号	河涌名称	现状起点	现状终点	现状河长/km	现状河宽/m	曾用名	备注	河涌分类	控制线范围矢量河长/km
199	七十七涌	西南起蕉东联围	东接东涌口涌	0.6	25.0			三类河涌	1.4
200	大炮楼涌	西北接壕涌涌	东南接南涌	1.2	25.0			三类河涌	1.2
201	店口涌	西起店口村	东接南涌	0.5	12.0			三类河涌	0.4
202	占田涌	西北接官坦涌	东南接茂丰涌	1.0	25.0			三类河涌	1.1
203	石排涌	西北接茂丰涌	东南接流江涌	3.8	20.0			三类河涌	2.6
204	石涌	西北接三沙涌	东南接石排新涌	0.8	27.0			三类河涌	0.8
205	石特涌	东北起石特	西南至南涌	0.6	10.0			三类河涌	0.7
206	上中围涌	南起流江涌	北至三沙口	1.0	40.0			三类河涌	1.4
207	四龙涌	三沙涌	茂丰涌	1.6	20.0			三类河涌	1.7
208	老丫涌支涌	东南接老丫涌	西北至沙湾水道	1.6	10.0			三类河涌	0.4
209	大婆份涌	西北起南边月涌	东南接太石涌	1.6	12.0			三类河涌	1.6
210	十二队涌	东起老丫涌村	西至老丫涌	1.0	8.0			三类河涌	1.0
211	横滘涌	东北起西樵涌	西南接蕉门水道横滘水闸	0.5	10.0			三类河涌	0.6
212	东涌简沥涌	东北起简沥头涌	西南接大指南涌	0.5	18.0			三类河涌	0.5

续附表 1

编号	河涌名称	现状起点	现状终点	现状河长/km	现状河宽/m	曾用名	备注	河涌分类	控制线范围矢量河长/km
213	大棚涌	东北起大指南涌	西南接蕉门水道大棚水闸	1.0	15.0			三类河涌	1.0
214	大棚良涌	北至大棚	南起大棚良闸	0.3	20.0			三类河涌	0.4
215	东涌西滘涌	西滘南街	简沥头涌	1.0	12.0			三类河涌	1.2
216	急流涌	西南起鱼窝头联围	东北至骝岗水道急流口水闸	0.6	10.0			三类河涌	0.8
217	正尾涌	西起正尾	东接天益涌	1.0	18.0			三类河涌	1.5
218	含珠涌	南起长安	北至骝岗水道含珠涌	0.5	10.0			三类河涌	0.6
219	长安涌	北起长安	东南至马克涌	0.7	20.0			三类河涌	1.5
220	东涌旧滘涌	西起旧滘村	东至细沥涌	0.8	10.0			三类河涌	0.9
221	甘岗新涌	北起十一队主河	南至浅海涌甘岗新涌闸	1.1	7.0			三类河涌	1.1
222	甘岗上燕涌	北起十一队主河	南至浅海涌甘岗上燕泵站	0.8	5.0			三类河涌	1.2
223	裕兴涌	北起万安涌	南至浅海涌裕兴涌	0.8	5.0			三类河涌	0.8
224	上坭牛毛涌	东南起大坳围	北至西樵水道上坭牛毛水闸	0.9	5.0			三类河涌	0.9

续附表1

编号	河涌名称	现状起点	现状终点	现状河长/km	现状河宽/m	曾用名	备注	河涌分类	控制线范围矢量河长/km
225	双亦东涌	东起大坳围	西至西樵水道双亦东闸	1.4	6.0~14.0			三类河涌	2.1
226	涟湄上涌	东起东丫涌	西至涟湄涌涟湄上闸旁	1.6	5.0			三类河涌	1.7
227	涟湄涌	南起榄核河涟湄下闸	北至涟湄上闸	1.5	10.0			三类河涌	1.6
228	东丫涌	北起上涌	南至东丫水闸	1.5	12.0			三类河涌	1.5
229	德安围涌	南起四六直涌	西至东丫涌	1.1	7.0			三类河涌	1.1
230	绿村直涌	北起浅海涌	南至大王头涌绿村新涌水闸	1.0	8.0			三类河涌	1.1
231	合生涌	北起砖厂上下涌	南至榄核河合生水闸	0.9	5.0			三类河涌	1.0
232	榄核沙头涌	北起砖厂上下涌	南至合沙水闸	0.6	8.0			三类河涌	0.7
233	蚌珠龙涌	东北起大王头涌蚌珠龙闸	西至大生涌大生节制闸	1.4	8.0	蚌珠龙生涌		三类河涌	1.9
234	大生涌	北起大生节制闸	南至大生水闸	0.8	6.0			三类河涌	0.9
235	八沙六七队涌	南起八沙涌	北至张松涌张松下闸	1.6	8.5			三类河涌	2.3

续附表1

编号	河涌名称	现状起点	现状终点	现状河长/km	现状河宽/m	曾用名	备注	河涌分类	控制线范围矢量河长/km
236	张松利水围河	东起八沙六七队涌,南起八沙三队涌	东至榄核涌崩涌水闸	0.8	7.0			三类河涌	0.5
237	八沙三、四队涌	南起沙栏涌旁	北至八沙涌	1.8	8.5			三类河涌	1.3
238	八沙三队涌	北起张松利水围河	南至八沙涌	1.1	6.5			三类河涌	1.2
239	庵鱼涌	南起八沙水闸	北至榄核涌庵鱼排涝站	1.1	7.0			三类河涌	1.1
240	八沙一、二队涌	西南起八沙节制闸旁	北至八沙涌八沙水闸	0.8	9.0			三类河涌	0.8
241	新涌村驳涌	西南起八沙三四队涌	东北至榄核涌良地埠水闸	1.0	7.0			三类河涌	1.1
242	良地埠一涌	东起新地村	西至良地埠涌	1.0	5.0			三类河涌	0.5
243	观音涌	十八罗汉山森林公园	潭洲沥	2.1	6.1			三类河涌	2.0
244	榄核沙栏涌	北起紫坭河新地水闸	南至顺德水道三善水闸	1.9	17.0			三类河涌	1.9
245	新涌村大涌	东北起沙栏涌	南北至李家沙水道新涌闸	0.6	8.0			三类河涌	0.6

续附表 1

编号	河涌名称	现状起点	现状终点	现状河长/km	现状河宽/m	曾用名	备注	河涌分类	控制线范围矢量河长/km
246	新涌支涌	北起李家沙水道旁	东南至新涌村大涌	1.0	7.0			三类河涌	1.0
247	榄核三沙涌	北起三沙闸	南至墩塘大涌	0.8	9.0			三类河涌	0.9
248	九比旧滘涌	西北起九比村	东南至下龙尾涌	0.6	7.0			三类河涌	0.6
249	榄核墩涌	北起墩涌水闸	南至墩塘大涌	1.0	9.0			三类河涌	1.0
250	草尾涌	东北起酬劳涌	西南至平稳涌旁	1.3	7.0			三类河涌	1.4
251	昏昆涌	西起平稳涌78队泵站	东至酬劳涌酬劳水闸	1.6	12.0			三类河涌	2.2
252	北流河	西北起南汇工业城、北流路	东南至潭州滘涌北流路	1.1	8.0			三类河涌	1.0
253	草船涌	西北起洪奇沥食道潭州水闸	东南至洪奇沥水道草船滘水闸	2.7	18.0			三类河涌	3.3
254	石场涌	南起潭州沥新闸	北至大岗新涌	1.4	10.0			三类河涌	0.6
255	大岗新涌	北起大岗仙源楼	南至石场涌	0.7	8.0			三类河涌	0.5

续附表 1

编号	河涌名称	现状起点	现状终点	现状河长/km	现状河宽/m	曾用名	备注	河涌分类	控制线范围矢量河长/km
256	大岗新围涌	北起大岗新涌	南至中阜村涌	1.3	26.0			三类河涌	1.3
257	中阜村涌	西南起新围涌中阜新围	东北至草围涌中阜村	1.7	10.0			三类河涌	1.7
258	上下稀生涌	东起草围村	西起潭洲沥新围	1.3	20.0			三类河涌	1.6
259	外四顷涌	东隆村村委会北 1.1 km	大岗沥	1.3	12.0			三类河涌	1.5
260	顷七围涌	西起大冲口涌大岗镇大南路	东至大岗沥	1.0	20.0			三类河涌	2.1
261	横涌	东隆村村委会西侧	大岗沥和潭洲沥	1.5	15.0	横冲涌		三类河涌	1.5
262	东成涌	南起草河涌马六顷	北至外四顷	2.2	12.0			三类河涌	2.7
263	马六顷涌	南起潭洲沥	北至东成涌马六顷	1.4	14.0			三类河涌	1.2
264	宜安涌	北起 X111 省道	南至番顺联围大岗沥	1.0	10.0~25.0			三类河涌	1.4
265	高沙新涌支涌	东北起高沙新涌	西南至蕉门水道高沙新涌水闸	0.9	15.0			三类河涌	0.8

续附表 1

编号	河涌名称	现状起点	现状终点	现状河长/km	现状河宽/m	曾用名	备注	河涌分类	控制线范围矢量河长/km
266	旧花鱼涌	东南起高新大桥	西北至高沙涌	0.9	15.0			三类河涌	1.0
267	淡水涌	北起长源围	南至高沙新涌	1.1	15.0			三类河涌	1.6
268	中心河	西北起东西街围	东南至潭州滘涌	0.6	10.0			三类河涌	1.3
269	庙南村涌	东起围尾涌	信新街	1.6	28.0			一类河涌	1.5
270	水牛头西涌	蕉门水道	环市大道西	1.5	32.0			三类河涌	0.1
271	中埠涌	中埠村村委南侧	草围涌	1.7	15.0	中埠新涌		三类河涌	1.6
272	良地埠二涌	西起良地埠涌	东至长尾涌新涌一队节制闸	0.6	5.5			三类河涌	0.3
273	联和涌	粒珠涌	沙仔沥	0.6	33.89			三类河涌	1.3
274	水牛头涌	蕉门水道	海傍路	0.3	35.0			二类河涌	0.3
275	大滘涌 2#	大滘涌	中滘涌	1.2	25.6	敬字号涌		三类河涌	1.6
276	抒沙一涌	蕉门水道	虎门水道	2.2	105.0			三类河涌	2.3
277	鸡抱沙二涌	鸡抱沙西二围东闸	鸡抱沙西二围西闸	1.6	60.0			三类河涌	1.8

续附表 1

编号	河涌名称	现状起点	现状终点	现状河长/km	现状河宽/m	曾用名	备注	河涌分类	控制线范围矢量河长/km
278	鸡抱沙三涌	鸡抱沙西三围东堤	鸡抱沙西三围西闸	1.9	80.0			三类河涌	2.3
279	鸡抱沙一涌	鸡抱沙西一围东堤	鸡抱沙西一围西闸	0.7	40.0			三类河涌	0.9
280	龙穴涌	发电房	蕉门水道	1.5	88.0~233.0			三类河涌	2.5
281	鸡抱沙四涌	鸡抱沙西四围东闸	鸡抱沙西四围西闸	2.2	80.0			三类河涌	4.4
282	鸡抱沙五涌	鸡抱沙六涌界河	鸡抱沙西五围西闸	1.8	80.0			三类河涌	2.9
283	鸡抱沙六涌界河	鸡抱沙东大围北堤	鸡抱沙界河水闸	3.2	85.0			二类河涌	3.2
284	灵山岛横一涌	久远东路	灵山岛西环涌	1.3	18.0~29.0			一类河涌	1.0

附表 2 广州市南沙区河涌名录（二）

编号	河涌名称	现状起点	现状终点	现状河长/km	现状河宽/m	曾用名	备注	河涌分类	控制线范围矢量河长/km
1	榄北涌	甘岗路	牛角涌	1.9	17.6	平安围涌		三类河涌	2.1
2	鸡抱沙东大围一涌	鸡抱沙一涌	鸡抱沙三涌	1.8	80.0		规划调整	二类河涌	1.0
3	中滘支涌	番中公路	中滘涌	1.8	26.3			三类河涌	0.6
4	滘桶涌	南起民生涌民生四队四闸	北至滘桶涌滘桶涌闸	1.7	10.0		规划调整	二类河涌	1.9
5	水蛇尾涌	龙古村村委会西偏北0.9 km	东南至东西街涌大岗镇大鹏路	1.1	11.0	水蛇涌		三类河涌	1.2
6	万十五十六西连涌	万顷沙十五涌	万顷沙十六涌	1.3	24.3			三类河涌	1.3
7	十一队主河	甘岗上燕涌	甘岗新涌	1.3	4.0			三类河涌	1.1
8	四涌至五涌界河	万顷沙四涌	万顷沙五涌	1.2	26.9			一类河涌	1.2
9	天益涌支涌	西起东滘	北接天益涌	1.1	9.0			二类河涌	0.6
10	蔡地沙湾连涌	滘涌涌	蔡地沙涌	1.1	9.6			三类河涌	1.1
11	斜涌	番禺大道南	简大路	1.1	5.9			三类河涌	1.1
12	榄核涌	榄核新地涌	榄核河	1.0	4.0			三类河涌	0.9
13	西围涌 2#	西围涌	灵山头规划二涌	1.0	32.0	商字号涌		二类河涌	1.0
14	老丫涌二支涌	聚堂二街	老丫涌	0.9	9.9			三类河涌	0.9

续附表 2

编号	河涌名称	现状起点	现状终点	现状河长/km	现状河宽/m	曾用名	备注	河涌分类	控制线范围矢量河长/km
15	大角山涌	虎门水道	南沙天后宫	0.9	12		规划调整	三类河涌	1.2
16	鱼窝头二涌	东北起二涌水闸	西南至太公围仔	0.9	10.0			三类河涌	0.9
17	鱼窝头三涌	东起三涌水闸	西至太公围仔	0.8	10.0			三类河涌	1.2
18	缸瓦沙一涌	耳围	西沥	0.8	43.3			三类河涌	0.8
19	禾围涌	长安涌	马克涌	0.8	21.7			三类河涌	0.8
20	鱼窝头一涌	东北起一涌水闸	西南至上莫沙	0.8	20.0			三类河涌	0.7
21	沙角涌1#	沙角涌	下龙尾涌	0.8	13.6	沙角下龙尾连涌		三类河涌	0.8
22	东风队涌	长莫公路	骝岗水道	0.7	8.6			三类河涌	0.7
23	缸瓦沙二涌	西沥	西沥	0.7	44.7			三类河涌	0.7
24	三顷涌	万顷沙五涌	万顷沙六涌	0.7	28.4	同兴二涌		三类河涌	0.7
25	太平围涌	东新高速	民生河	0.7	9.9			三类河涌	0.7
26	五顷涌	三角洲涌	上横沥水道	0.7	41.6	新兴七涌		二类河涌	1.8
27	九比新涌支涌	九比墩涌连通	九比新涌	0.6	18.4			三类河涌	0.6
28	合沙涌	砖厂上下涌	榄核河	0.6	10.6			三类河涌	0.6
29	大坳新涌	万安涌	大坳涌	0.6	4.0			三类河涌	0.8
30	勾尾涌	潭洲滘	大岗镇豪福路	0.6	5.0			三类河涌	0.6

续附表 2

编号	河涌名称	现状起点	现状终点	现状河长/km	现状河宽/m	曾用名	备注	河涌分类	控制线范围矢量河长/km
31	东升队涌	长莫公路	骝岗水道	0.6	4.0			二类河涌	0.6
32	灵山新涌	西流灵山连通	蕉门水道	0.6	11.8			三类河涌	0.6
33	缸瓦沙三涌	西沥	西沥	0.6	30.0			三类河涌	0.6
34	西流沙涌	西流灵山连通	大岗沥	0.6	11.7			三类河涌	0.6
35	鱼窝头四涌	东起骝岗涌	西至白石	0.5	10.0			三类河涌	0.5
36	石特支涌	石特新涌	石排新涌	0.5	14.6			三类河涌	0.5
37	鱼窝头五涌	东起白石村	西至鱼窝头涌	0.5	10.0			二类河涌	0.5
38	东南队涌	长莫公路	流江涌	0.5	3.4			三类河涌	0.5
39	鱼窝头六涌	西起白石村	东至骝岗水道	0.5	10.0			三类河涌	0.5
40	同兴一涌	万顷沙五涌	万顷沙六涌	0.5	34.7			三类河涌	0.5
41	东涌白石涌	骝岗	骝岗水道	0.5	9.8	白石涌		三类河涌	0.5
42	东克沙队涌	长莫公路	骝岗水道	0.5	5.9			三类河涌	0.5
43	沙仔东涌	狮子洋	沙仔涌尾	0.4	41.3		规划调整	二类河涌	0.4
44	利水围河支涌	张松利利水围河	八沙三队涌	0.4	8.9			三类河涌	0.4
45	东涌新涌	新涌南街二街	西樵水道	0.3	9.7			三类河涌	0.3
46	新沙一涌	沙东街	西樵水道	0.3	20.0			三类河涌	0.4
47	新冲涌	旧窖北街	细沥	0.3	5.9			三类河涌	0.5
48	二三队涌	繁华路	潭洲沥	0.2	7.5			三类河涌	0.2
49	墩涌支涌	安顺路	墩涌	0.2	13.0			三类河涌	0.3
50	新沙涌	新鸿街	蕉门水道	1.9	10.0			三类河涌	1.7

附表 3　河涌堤(岸)结构类型

材料名称	结构形式	适用范围	优点	备注
混凝土	混凝土挡土墙直立护岸(重力式、悬臂式、扶壁式、空箱式),现浇混凝土贴坡护岸、现浇混凝土板护坡,预制混凝土块护坡等	迎流顶段,水流条件复杂、抗冲刷要求高的河段,直立式岸墙可在土地紧张的市镇河段使用	抗冲刷能力高,施工工艺成熟	不推荐大规模全河段采用,建议仅在局部必要河段采用
砌块石	干砌石或浆砌石挡墙直立护岸(重力式、衡重式),干砌石浆砌石贴坡护岸,干砌石或浆砌石护坡	当地石料丰富,抗冲刷要求高的河段	抗冲能力强,可就地取材,节约"三材",施工技术简单,为河道应用非常广泛的护岸类型	建议局部河段且石料丰富区域采用,挡土墙建议高度控制在 8 m 以下,不宜过高
植物草皮、草籽	缓坡式护岸	设计流速小于 2 m/s 的顺直河段,冲刷不太严重,岸坡为缓坡的河段	经济成本最低,采用自然的植被,原石等材料代替混凝土,利用发达根系植物进行护坡固土	护坡当常年易被雨水冲刷成沟,影响护坡效果。河岸陡或长期浸泡在水下,行洪流速超过 3 m/s 的河段面和防洪应重点河段不适宜
框格或拱圈草皮	斜坡式护岸;框格形状做出多样造型,如斜 45 大框格、六角形混凝土预制块防护、浆砌片石拱形石防护、浆砌片石或预制块做成的麦穗形等	有一定抗冲要求的土质边坡	防冲能力较草皮护坡强,具有一定的景观效果	造价较草皮护坡高,施工相对烦琐。公路边坡应用较多,水利工程多应用在常水位以上

续附表 3

材料名称	结构形式	适用范围	优点	备注
格宾笼、格宾垫	直立挡土墙护岸采用格宾笼,断面形式一般为前倾式、后仰式,阶梯式,宝塔式等,缓坡部分采用格宾笼、格宾垫等	格宾笼、加筋格宾笼适用于河道护岸,护脚和挡土墙等,适用于自然边坡陡于 1:1.5 的情况。格宾垫适用于河岸护坡小于或等于 1:1.5 的情况,也可用于河堤迎、背水侧护坡,但应铺设于稳定的边坡之上。设计流速小于 5.0 m/s	较强的抗冲刷和抗风浪袭击能力;具有理想的生态建设和生态景观功能。生态景观效果好,可水下施工;整体性好,适应变形能力强;使用寿命长;抗震性能好;松散的填料可以减轻风浪的冲击力;施工方便,价格较经济,安全性较好	石笼的铺设高度,流速和水流腐蚀等都会影响到石笼结构的稳定性,可能会造成格宾网破裂,石笼结构失稳等
生态连锁块	生态连锁块护坡	适用于有一定抗冲要求和景观要求的土质岸坡,设计流速小于 3.5 m/s	利于生物生长,具有净化及生态护岸的优势;充分保证河岸与河流水体之间的水分交换和调节水位,具有滞洪、蓄洪等优点,生态修复,抗冲能力较强	造价较高,在水流的反复作用下容易引起失稳,结构破坏等
生态砌块、生态框	(加筋)生态砌块挡土墙、(加筋)生态框挡土墙	适用于有一定抗冲要求和景观要求的土质岸坡	利于生物生长,具有净化及生态护岸的优势;充分保证河岸与河流水体之间的水分交换和调节水位,具有滞洪、蓄洪等优点,生态修复,抗冲能力较强	造价较高,在水流的反复作用下容易引起失稳,结构破坏等

续附表3

材料名称	结构形式	适用范围	优点	备注
生态袋	一定坡度的护坡	适用于有一定抗冲要求和景观要求的土质岸坡平铺和叠铺,适用于平坡缓(α≤30°)任意高度的应用方式,适用于陡坡缓(30°≤α≤45°)且边坡高度小于3.0m的边坡;当坡高高于3.0m时,可采用"错台分级"的应用方式,分级高度不宜小于2.0m,错台宽度不宜小于0.5m,叠砌和打"丁"字叠码	通过植被,起到绿化、美化环境的作用,也可以起到护坡的作用	袋体老化后,护坡抗冲能力降低,价格偏高
土工格栅	斜坡式护坡、直立式挡墙	适用于有一定抗冲要求和景观要求的土质岸,设计流速小于3.0。坡度缓于1:1.0时,采用平铺;坡度缓于1:0.5,陡于1:1.0时,采用叠砌式	材质较轻,较强的侧向限制收缩体积小,运输自如,连接方便。施工速度快。坡体可供植物生长,可与环境配合,景观较佳	材料种类较多,价格较空间较大,不利于质量控制
三维土工网垫、植草垫	斜坡式护坡	设计流速小于2.5m/s的顺直河段	土工网,植草垫铺设简单,成本低,可为动植物提供更好的生长环境	植物本身全面生根后才对基土提供防冲保护,不适合在长期潮汐或持续流态下保护护坡

续附表 3

材料名称	结构形式	适用范围	优点	备注
生态混凝土	分为现浇式和预制构件式；预制构件可为单球组合、17 球联体砌块、圆形孔砌块等不同构型	抗冲要求较高、生态要求较高的河段，设计流速小于 4 m/s	具有良好的景观效益，可增强水体的自净功能，改善河道水质；利于植物、水生生物的生长	草种选择和播种的问题，没有充分的科学依据，更多依靠经验；生态混凝土降碱处理后其力学强度等是否有较大的损伤和破坏；生态混凝土抗侵蚀性能要针对性研究；强度比普通混凝土低；耐久性差
无砂混凝土	分为现浇式和预制构件式	生态要求较高、流速较小的河段，设计流速小于 4 m/s	具有好的透水性能，混凝土护坡硬化安全和草能在上面生长，具有美化环境的作用，有较好的抗冲刷性能	强度比普通混凝土低；耐久性差；流速大，抗波浪冲刷能力较差
生态板桩	直墙式护岸	适用于用地空间不足、施工期无开挖工作面且堤（岸）高度较大且流速较大的城镇段河涌或高度较小的城镇段河涌，设计流速小于 5 m/s	无需开挖，占地少，施工快	桩体材料为混凝土，混凝土强度不低于 C30，桩长一般为 9~12 m，桩顶设置冠梁，桩上局部开孔并布置花槽，里面可种植植物，提升护岸美观性
仿木桩波浪桩	直墙式护岸	用于用地空间不足、施工期无开挖工作面且堤（岸）高度较大且流速较大的城镇段河涌或高度较小的城镇段河涌，设计流速小于 5 m/s	无需开挖，占地少，施工快	桩体材料为钢筋混凝土，混凝土强度不低于 C30，桩长一般为 9~12 m，桩径一般为 200~400 mm，表面涂刷木纹漆，提升护岸美观性

附表 4 河涌堤（岸）结构图例

护岸类型	结构选用	典型断面	工程实例
坡式护岸	混凝土护坡	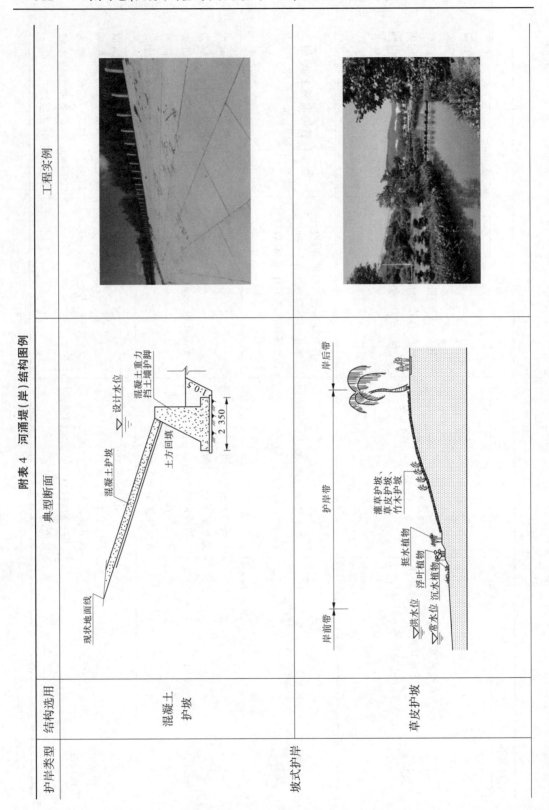	
	草皮护坡		

续附表 4

护岸类型	结构选用	典型断面	工程实例
坡式护岸	框格或拱圈草皮护坡	100 沉降坡 500 草皮护坡 300 A 210 R3 000 6 700 (a)典型拱圈草皮护坡（单位:mm） 5 000 4 000 草皮护坡 400 浆砌石骨架 (b)典型框格草皮护坡（单位:mm）	 (a) (b)
	格宾垫	200 生态格网嵌围 300 1:2 生态格网铺设 回填卵石表面 纵向嵌围框格 200 × 300 1000 生态格网绑扎 500 回填砂卵石 1:0.5 1:3 生态格网石笼 2000 × 1000 × 500 生态网兜石笼 单位:mm	

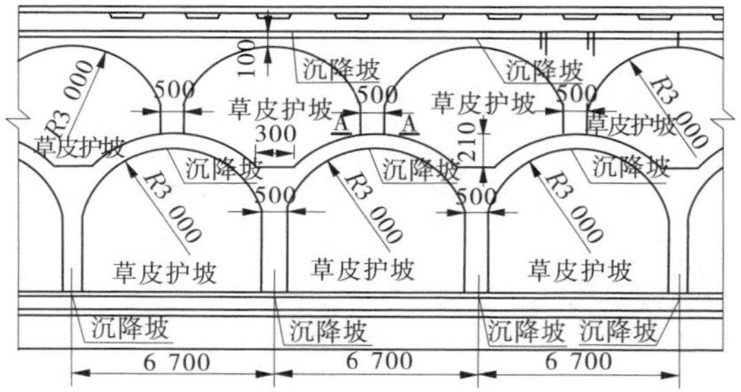

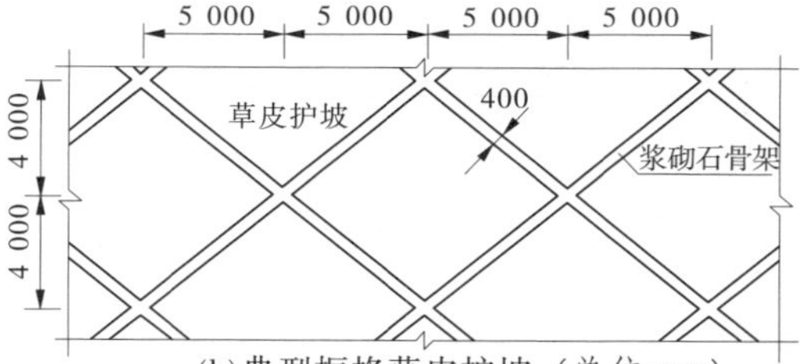

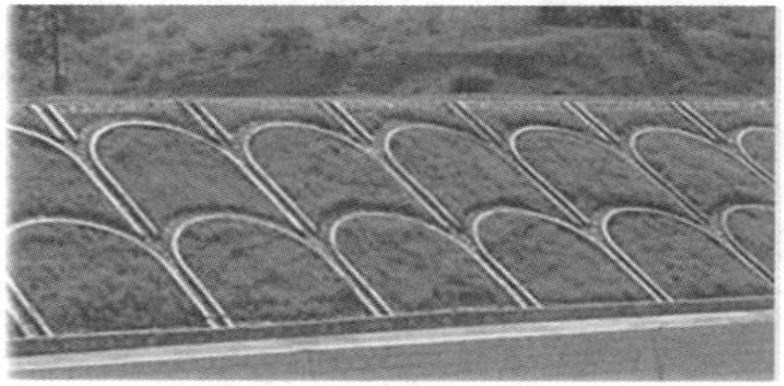

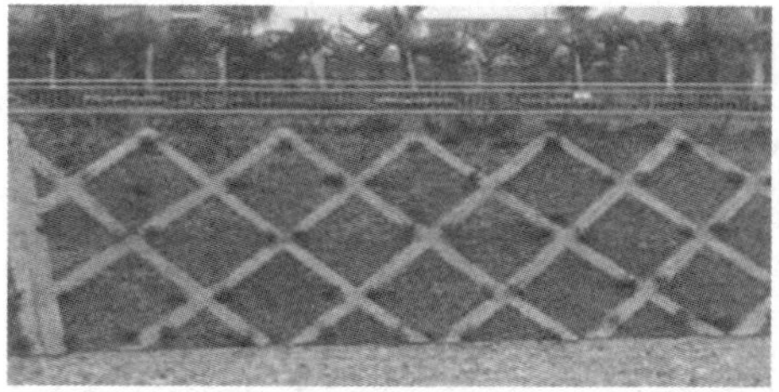

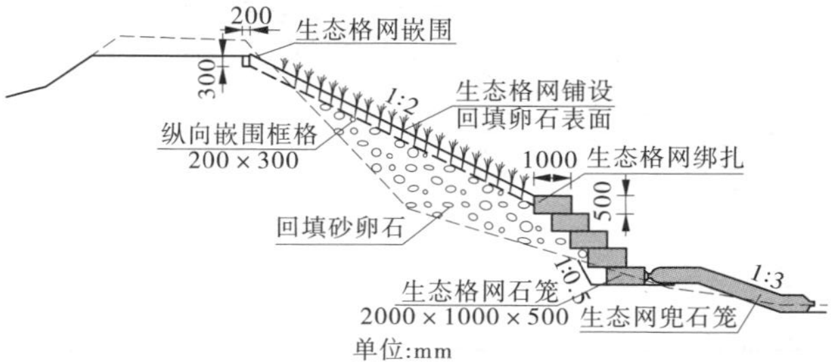

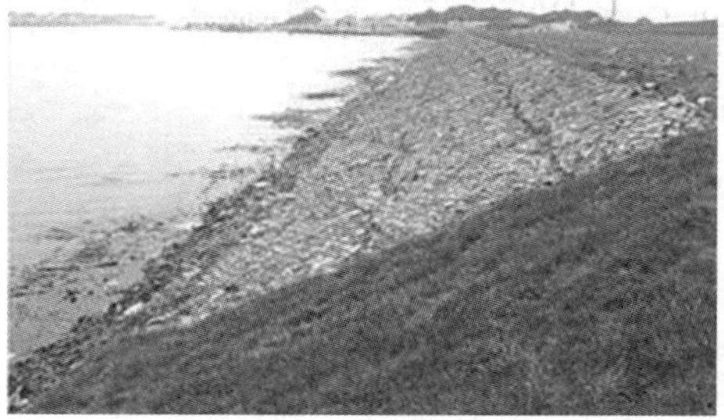

续附表 4

护岸类型	结构选用	典型断面	工程实例
坡式护岸	干砌石、浆砌石	设计堤顶高程 2% ▽H-0.65 2% 浆砌石路缘石 1:5 浆砌石厚300 碎石层厚100 砂垫层厚100 h(P=1%) 典型浆砌石坡式护岸（单位：mm）	
	生态连锁块	设计堤顶高程 2% ▽H-0.65 2% 浆砌石路缘石 1:5 生态连锁块 碎石厚100 砂垫层厚100 h(P=1%) 典型生态连锁块坡式护岸（单位：mm）	

续附表 4

护岸类型	结构选用	典型断面	工程实例
	生态袋	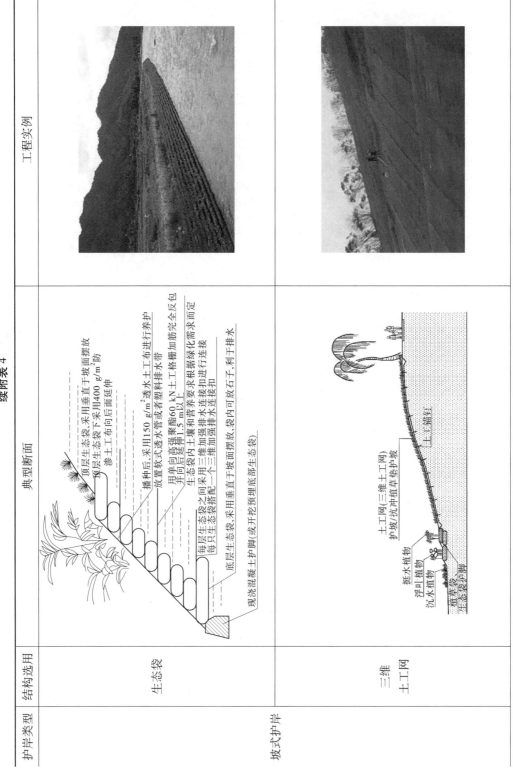	
坡式护岸	三维 土工网		

续附表 4

护岸类型	结构选用	典型断面	工程实例
坡式护岸	生态混凝土	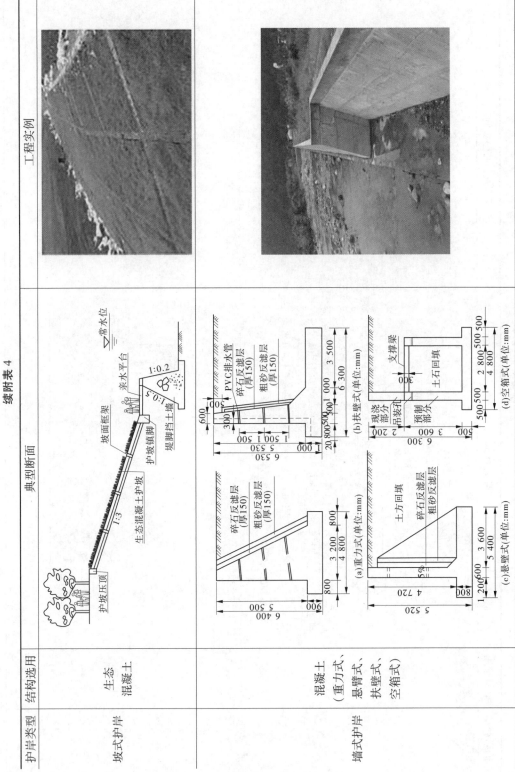	
墙式护岸	混凝土（重力式、悬臂式、扶壁式、空箱式）		

续附表 4

护岸类型	结构选用	典型断面	工程实例
墙式护岸	浆砌石		
	干砌石		

续附表 4

护岸类型	结构选用	典型断面	工程实例
墙式护岸	格宾笼	堤顶高程　设计水位▽h　格宾挡墙　1000 mm　1:m　W　L　镀高尔凡聚酯长纤　聚酯长纤无纺布	（工程实例照片）
	生态砌块	设计水位▽h　植生挡墙可种植水生植物　自嵌式挡土块错台布置　规格40 cm×30.51 cm×15 cm(长×宽×高)　橡胶棒(长20 cm,直径10 mm)　直线段小孔对小孔设置;曲线段上大孔下小孔　上大孔下小孔根据工程实际确定　C25混凝土压顶　550 mm　250　土工格栅具体设计根据工程实际确定　格栅间反滤土工布　回填土　破裂面　25 cm宽级配碎石　粒径1~3 cm　混凝土基础　5 cm素混凝土垫层　10 cm碎石垫层　400 mm　C混凝土墙	（工程实例照片）

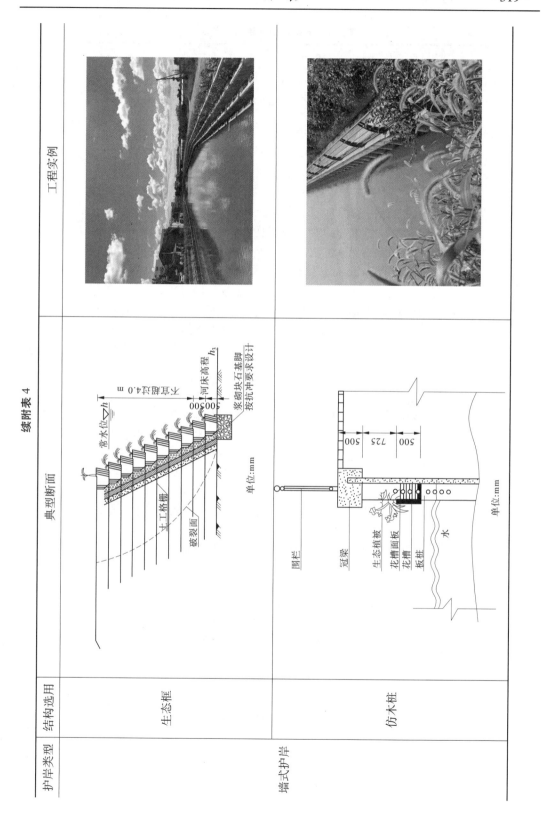

附表5　主要强制性条文检查表

一、水文专业

序号	条款号	强制性条文内容	执行情况
标准名称1		《河流流量测验规范》(GB 50179—2015)	
1	2.1.2	测验河段必须避开易发生滑坡、坍塌和泥石流的地点	
2	4.5.2	各种高洪流量测验方案使用前必须进行演练,确保生产安全	
标准名称2		《水文基础设施建设及技术装备标准》(SL/T 276—2022)	
1	4.1.1	水文测站设施建设应分别满足防洪标准和测洪标准的要求。当出现防洪标准相应洪水时,应能保证设施设备、建筑物不被淹没、冲毁,人身安全有保障。当发生测洪标准相应洪水时,水文(水位)设施设备应能正常运行。测站测报工作应能正常开展	
2	4.1.2	水文(水位)站的防洪、测洪建设标准应根据水文测站级别划分原则和水文(水位)站的重要性,按表4.1.2的规定执行	
3	4.1.3	水文测站岸上观测设施和站房防洪建设应符合下列要求: 1. 非平原河网地区,测站岸上观测设施和站房应建在表4.1.2规定的防洪标准洪水水位1.0 m以上;测验河段有堤防的测站,应高于堤顶高程;平原河网地区按需建设;雨量、蒸发及其他气象要素观测场地高程宜设置在相应洪水水位以上; 2. 测站专用变压器、专用供电线路、专用通信线路及通信天线应建在历年最高洪水位3.0 m以上; 4. 测验河段、码头应有保护措施,确保出现高洪水位时不因崩岸或流冰而导致岸边设施和观测道路被毁; 5. 沿海地区的水文基础设施应能抵御12级台风	
4	4.1.4	水文测站测洪标准与报汛设施设备应符合下列要求: 1. 水位监测应能观测到历史最高、最低水位。测验河段有堤防的测站,应能测记到高于堤防防洪标准的水位。水位自记设施应能测记到表4.1.2规定测洪标准相应的水位	
5	6.9.4	对于水文测站从事水上作业人员,应配备救生衣等	

续附表 5

序号	条款号	强制性条文内容	执行情况
标准名称 3		《水利水电工程设计洪水计算规范》(SL 44—2006)	
1	1.0.9	对设计洪水计算过程中所依据的基本资料、计算方法及其主要环节,采用的各种参数和计算成果,应进行多方面分析检查,论证成果的合理性	
2	2.1.2	对计算设计洪水所依据的暴雨、洪水、潮位资料和流域、河道特征资料应进行合理性检查;对水尺零点高程变动情况及大洪水年份的浮标系数、水面流速系数、推流借用断面情况等应重点检查和复核,必要时还应进行调查和比测	
3	2.2.1	洪水系列应具有一致性。当流域内因修建蓄水、引水、提水、分洪、滞洪等工程,大洪水时发生堤防溃决、溃坝等,明显改变了洪水过程,影响了洪水系列的一致性;或因河道整治、水尺零点高程系统变动影响水(潮)位系列一致性时,应将系列统一到同一基础	
4	2.3.5	对插补延长的洪水、暴雨和潮位资料,应进行多方面的分析论证,检查其合理性	
5	2.4.1	对搜集的历史洪水、潮位、暴雨资料及其汇编成果,应进行合理性检查;对历史洪水洪峰流量应进行复核,必要时应补充调查和考证;对近期发生的特大暴雨、洪水及特大潮,应进行调查	
6	3.4.5	分期设计洪水计算时,历史洪水重现期应在分期内考证,其重现期不应短于在年最大洪水系列中的重现期	
7	4.3.1	由设计暴雨计算设计洪水或由可能最大暴雨计算可能最大洪水时,应充分利用设计流域或邻近地区实测的暴雨、洪水对应资料,对产流和汇流计算方法中的参数进行率定,并分析参数在大洪水时的特性及变化规律。参数率定与使用方法应一致;洪水过程线的分割与回加应一致。不同方法的产流和汇流参数不应任意移用	
8	4.3.7	由设计暴雨计算的设计洪水或由可能最大暴雨计算的可能最大洪水成果,应分别与本地区实测、调查的大洪水和设计洪水成果进行对比分析,以检查其合理性	
标准名称 4		《水利水电工程水文计算规范》(SL/T 278—2020)	
1	2.2.1	水文计算依据的流域特征和水文测验、整编、调查资料,应进行检查。对重要资料,应进行重点复核。对有明显错误或存在系统偏差的资料,应改正,并建档备查。对采用资料的可靠性,应做出评价	
2	5.3.1	根据工程设计要求,应拟定河道设计断面的水位流量关系。水位高程系统应与工程设计采用的高程系统一致	
3	5.3.7	水位流量关系曲线的高水外延,应利用实测大断面、洪水调查等资料,根据断面形态、河段水力特性,采用多种方法综合分析拟定。低水延长,应以断流水位控制	

续附表 5

二、规划专业

序号	条款号	强制性条文内容	执行情况
标准名称 1		《农田水利规划导则》(SL 462—2012)	
1	5.3.5	在血吸虫病疫区及其可能扩散影响的毗邻地区,农田水利规划应包括水利血防措施规划	
标准名称 2		《防洪标准》(GB 50201—2014)	
1	5.0.4	当工矿企业遭受洪水淹没后,可能爆炸或导致毒液、毒气、放射性等有害物质大量泄漏、扩散时,其防洪标准应符合下列规定: 1. 对于中、小型工矿企业,应采用本标准表 5.0.1 中 I 等的防洪标准; 2. 对于特大、大型工矿企业,除采用本标准表 5.0.1 中 I 等的上限防洪标准外,尚应采取专门的防护措施; 3. 对于核工业和与核安全有关的厂区、车间及专门设施,应采用高于 200 年一遇的防洪标准	
2	6.1.2	经过行、蓄、滞洪区铁路的防洪标准,应结合所在河段、地区的行、蓄、滞洪区的要求确定,不得影响行、蓄、滞洪区的正常运用	
3	6.2.2	经过行、蓄、滞洪区公路的防洪标准,应结合所在河段、地区的行、蓄、滞洪区的要求确定,不得影响行、蓄、滞洪区的正常运用	
4	6.3.5	当河(海)港区陆域的防洪工程是城镇防洪工程的组成部分时,其防洪标准不应低于该城镇的防洪标准	
5	6.5.4	经过行、蓄、滞洪区的管道工程的防洪标准,应结合所在河段、地区的行、蓄、滞洪区的要求确定,不得影响行、蓄、滞洪区的正常运用	
6	7.2.4	最终确定的核电厂设计基准洪水位不应低于有水文记录或历史上的最高洪水位	
7	11.8.3	堤防工程上的闸、涵、泵站等建筑物及其他构筑物的设计防洪标准,不应低于堤防工程的防洪标准,并应留有安全裕度	

续附表 5

标准名称 3		《河道整治设计规范》(GB 50707—2011)	
1	4.1.3	整治河段的防洪、排涝、灌溉或航运等的设计标准,应符合下列要求: 　　1. 整治河段的防洪标准应以防御洪水或潮水的重现期表示,或以作为防洪标准的实际年型洪水表示,并应符合经审批的防洪规划。 　　2. 整治河段的排涝标准应以排除涝水的重现期表示,并应符合经审批的排涝规划。 　　3. 整治河段的灌溉标准应以灌溉设计保证率表示,并应符合经审批的灌溉规划。 　　4. 整治河段的航运标准应以航道的等级表示,并应符合经审批的航运规划。 　　5. 整治河段的岸线利用应与岸线控制线、岸线利用功能分区的控制要求相一致,并应符合经审批的岸线利用规划。 　　6. 当河道整治设计具有两种或两种以上设计标准时,应协调各标准间的关系。	

三、勘测专业

序号	条款号	强制性条文内容	执行情况
标准名称 1		《水利水电工程钻探规程》(SL/T 291—2020)	
1	11.1.8	钻孔竣工验收后应按技术要求进行封孔,应采用 32.5 级以上水泥配制砂浆封孔,但小口径钻孔要用水泥浆封孔	
标准名称 2		《水利水电工程地质勘察规范》(GB 50487—2008)	
1	5.2.7	工程场地地震动参数确定应符合下列规定: 　　1. 坝高大于 200 m 的工程或库容大于 $10×10^9$ m³ 的大(1)型工程,以及 50 年超越概率 10% 的地震动峰值加速度大于或等于 $0.1g$ 地区且坝高大于 150 m 的大(1)型工程,应进行场地地震安全性评价工作。 　　5. 场地地震安全性评价应包括工程使用期限内,不同超越概率水平下,工程场地基岩地震动参数	
2	6.10.1	导流明渠及围堰工程勘察应包括下列内容: 　　2. 查明地层岩性特征。基岩区应查明软弱岩层、喀斯特化岩层的分布及其工程地质特性;第四纪沉积物应查明其厚度、物质组成,特别是软土、粉细砂、湿陷性黄土和架空层的分布及其工程地质特性	
3	6.12.1	边坡工程地质勘察应包括以下内容: 　　2. 岩质边坡尚应查明岩体结构类型,风化、卸荷特征,各类结构面和软弱层的类型、产状、分布、性质及其组合关系,分析对边坡稳定的影响	

续附表 5

序号	条款号	强制性条文内容	执行情况
4	6.13.1	渠道勘察应包括下列内容： 3. 查明渠道沿线含水层和隔水层的分布,地下水补排关系和水位,特别是强透水层和承压含水层等对渠道渗漏、涌水、渗透稳定、浸没、沼泽化、湿陷等的影响以及对环境水文地质条件的影响。 4. 查明渠道沿线地下采空区和隐藏喀斯特洞穴塌陷等形成的地表移动盆地,地震塌陷区的分布范围、规模和稳定状况,并评价其对渠道的影响。对于穿越城镇、工矿区的渠段,还应探明地下构筑物及地下管线的分布	
5	6.19.2	移民新址工程地质勘察应包括下列内容： 2. 查明新址区及外围滑坡、崩塌、危岩、冲沟、泥石流、坍岸、喀斯特等不良地质现象的分布范围及规模,分析其对新址区场地稳定性的影响。 3. 查明生产、生活用水水源、水量、水质及开采条件	
6	9.4.3	不稳定边(岸)坡勘察应查明下列内容： 2. 不稳定边坡的分布范围、边界条件、规模、地质结构和地下水位。 3. 潜在滑动面的类型、产状、力学性质及与临空面的关系	
标准名称 3		《中小型水利水电工程地质勘察规范》(SL 55—2005)	
1	5.2.9	溶洼水库和溶洞水库勘察应包括下列内容： 3. 查明库盆区主要消水洞穴(隙)的分布位置、性质、规模及与库外连通程度,被掩埋的地面塌坑、溶井和其他消泄水点情况等。 5. 查明堵体部位覆盖层的类型、性质和厚度,喀斯特洞隙发育规律和管道枝汊的联通情况。在利用洞周岩壁挡水时,应调查洞周岩壁的完整情况、有效厚度及其支承稳定性	
2	6.3.5	对施工中可能遇到危及施工或建筑物安全的有关地质现象,应及时进行预测和预报,其重点内容是： 1. 根据基坑开挖所揭露的土层情况,预测软土、湿陷性黄土、膨胀土等特殊土层的分布位置、高程、厚度,及可能发生的边坡滑动、塌陷、基坑涌水、涌砂和地基顶托等不利现象。 2. 预测洞室掘进中可能遇到的重大塌方、碎屑流、突水或其他地质灾害发生的部位。 3. 根据边坡开挖后所揭露的岩土性质和不利结构面的分布情况,预测边坡失稳的可能性及其边界条件,对施工期的监测提出建议	

续附表5

序号	条款号	强制性条文内容	执行情况
标准名称4		《堤防工程地质勘察规程》(SL 188—2005)	
1	4.3.1	新建堤防的勘察应包括下列内容： 4.查明堤基相对隔水层和透水层的埋深、厚度、特性及与江、河、湖、海的水力连系,调查沿线泉、井分布位置及其水位、流量变化规律,查明地下水与地表水的水质及其对混凝土的腐蚀性。 5.基本查明堤线附近埋藏的古河道、古冲沟、渊、潭、塘等的性状、位置、分布范围,分析其对堤基渗漏、稳定的影响	
2	4.3.2	已建堤防加固工程的勘察除应满足本标准4.3.1条的规定外,还应包括下列内容： 1.复核堤基险情隐患分布位置、范围、特征,调查堤外滩地形、微地貌特征和宽度,堤内决口冲刷坑和决口扇分布位置、范围等。 2.查明拟加固堤段堤基临时堵体、决口口门淤积物等的分布位置、特征等,查明因出险而引起的堤基地质条件变化情况	
3	4.3.3	涵闸工程的勘察应包括下列内容： 3.查明闸基透水层、相对隔水层的厚度、埋藏条件、渗透特性及其与地表水体的水力连系,地下水位及其动态变化,地下水及地表水水质并评价其对混凝土的腐蚀性。 4.查明闸址处埋藏的古河道、古冲沟、土洞等的特性、分布范围,危及涵闸的滑坡、崩塌等物理地质现象的分布位置、规模和稳定性,评价其对闸基渗漏、稳定的影响	
4	4.3.4	堤岸的勘察应包括下列内容： 2.基本查明拟护堤岸段岸坡的地质结构、各地层的岩性、空间分布规律,评价其抗冲性能,确定各土(岩)层的物理力学参数,注意特殊土层、粉细砂层等的分布情况及其性状,不利界面的形态	
5	5.3.13	钻孔完成后必须封孔(长期观测孔除外),封孔材料和封孔工艺应根据当地实际经验或试验资料确定	
6	8.0.2	天然建筑材料产地的选择,应符合下列原则： 3.土料产地距堤脚应有一定的安全距离,严禁因土料开采引起堤防渗透变形和抗滑稳定问题	

续附表 5

四、水工施工专业

序号	条款号	强制性条文内容	执行情况
标准名称 1		《水利水电工程等级划分及洪水标准》(SL 252—2017)	
1	3.0.1	水利水电工程的等别,应根据其工程规模、效益和在经济社会中的重要性,按表 3.0.1 确定	
2	3.0.2	对综合利用的水利水电工程,当按各综合利用项目的分等指标确定的等别不同时,其工程等别应按其中最高等别确定	
3	4.4.1	防洪工程中堤防永久性水工建筑物的级别应根据其保护对象的防洪标准按表 4.4.1 确定。当经批准的流域、区域防洪规划另有规定时,应按其规定执行	
4	4.5.1	治涝、排水工程中的排水渠(沟)永久性水工建筑物级别,应根据设计流量按表 4.5.1 确定	
5	4.5.2	治涝、排水工程中的水闸、渡槽、倒虹吸、管道、涵洞、隧洞、跌水与陡坡等永久性水工建筑物级别,应根据设计流量按表 4.5.2 确定	
6	4.6.1	灌溉工程中的渠道及渠系永久性水工建筑物级别,应根据设计流量按表 4.6.1 确定	
7	4.7.1	供水工程永久性水工建筑物级别,应根据设计流量按表 4.7.1 确定。供水工程中的泵站永久性水工建筑物级别,应根据设计流量及装机功率按表 4.7.1 确定	
8	4.8.1	水利水电工程施工期使用的临时性挡水、泄水等水工建筑物的级别,应根据保护对象、失事后果、使用年限和临时性挡水建筑物规模,按表 4.8.1 确定	
9	4.8.2	当临时性水工建筑物根据表 4.8.1 中指标分属不同级别时,应取其中最高级别。但列为 3 级临时性水工建筑物时,符合该级别规定的指标不得少于两项	
标准名称 2		《水利水电工程进水口设计规范》(SL 285—2020)	
1	3.1.12	进水口工作平台的超高值采用波浪计算高度及安全加高值之和,其中安全加高值应按表 3.1.12 采用,对于整体布置的进水口应与挡水建筑物相协调	

续附表 5

四、水工施工专业

序号	条款号	强制性条文内容	执行情况
2	6.3.3	进水口抗滑稳定安全系数应符合下列规定： 1. 整体布置进水口的抗滑稳定安全系数应与大坝、河床式水电站和拦河闸等枢纽工程主体建筑物相同。 2. 对于独立布置进水口，当建基面为岩石地基时，沿建基面抗滑稳定安全系数应不小于表 6.3.3 规定的数值	
3	6.3.4	进水口抗浮稳定计算应符合下列规定： 1. 进水口抗浮稳定安全系数水小于 1.1	
4	6.3.7	进水口建基面法向应力应符合下列规定： 1. 整体布置进水口建基面应力标准应与大坝、河床式水电站或拦河闸等枢纽工程主体建筑物相同	
标准名称 3		《水工挡土墙设计规范》(SL 379—2007)	
1	3.1.1	水工建筑物中的挡土墙级别，应根据所属水工建筑物级别按表 3.1.1 确定	
2	3.1.4	位于防洪(挡潮)堤上具有直接防洪(挡潮)作用的水工挡土墙，其级别应不低于所属防洪(挡潮)堤的级别	
标准名称 4		《水利水电工程边坡设计规范》(SL 386—2007)	
1	3.2.2	边坡的级别应根据相关水工建筑物的级别及边坡与水工建筑物的相互间关系，并对边坡破坏造成的影响进行论证后按表 3.2.2 的规定确定	
2	3.2.3	若边坡的破坏与两座及其以上水工建筑物安全有关，应分别按照 3.2.2 条的规定确定边坡级别，并以最高的边坡级别为准	
标准名称 5		《调水工程设计导则》(SL 430—2008)	
1	9.2.1	调水工程的等别，应根据工程规模、供水对象在地区经济社会中的重要性，按表 9.2.1 综合研究确定	
2	9.2.2	以城市供水为主的调水工程，应按供水对象重要性、引水流量和年引水量 3 个指标拟定工程等别，确定等别时至少应有两项指标符合要求。以农业灌溉为主的调水工程，应按灌溉面积指标确定工程等别	

续附表 5

序号	条款号	强制性条文内容	执行情况
标准名称 6		《水利水电工程施工导流设计规范》(SL 623—2013)	
1	3.1.1	导流建筑物应根据其保护对象、失事后果、使用年限和围堰工程规模划分为 3~5 级,具体按表 3.1.1 确定	
2	3.1.2	当导流建筑物根据表 3.1.1 指标分属不同级别时,应以其中最高级别为准。但列为 3 级导流建筑物时,至少应有两项指标符合要求	
3	3.1.4	应根据不同的导流分期按表 3.1.1 划分导流建筑物级别;同一导流分期中的各导流建筑物级别,应根据其不同作用划分	
4	3.1.6	过水围堰级别应按表 3.1.1 确定,该表中的各项指标以过水围堰挡水情况作为衡量依据	
5	3.2.2	当导流建筑物与永久建筑物结合时,导流建筑物设计级别与洪水标准仍按表 3.1.1 及表 3.2.1 的规定执行;但成为永久建筑物的结构设计应采用永久建筑物级别标准	
标准名称 7		《水利水电工程围堰设计规范》(SL 645—2013)	
1	3.0.1	围堰级别应根据其保护对象、失事后果、使用年限和围堰工程规模划分为 3 级、4 级、5 级,具体按表 3.0.1 确定	
2	3.0.2	当围堰工程根据表 3.0.1 指标分属不同级别时,应以其中最高级别为准。但列为 3 级建筑物时,至少应有两项指标符合要求	
3	3.0.4	当围堰与永久建筑物结合时,结合部分的结构设计应采用永久建筑物级别标准	
4	3.0.5	过水围堰级别应按表 3.0.1 确定建筑物级别,表中各项指标应以挡水期工况作为衡量依据	
8 强条汇编章节		第一篇水利工程设计 4 工程设计 4-2 洪水标准和安全超高 4-2-1 洪水标准	
标准名称		《水利水电工程水文自动测报系统设计规范》(SL 566—2012)	
1	11.1.3	水位站应满足防洪标准和测洪标准的要求。水位站的防洪标准和测洪标准,应按表 11.1.3 的规定执行	
标准名称		《水利水电工程施工导流设计规范》(SL 623—2013)	
1	3.2.1	导流建筑物设计洪水标准应根据建筑物的类型和级别在表 3.2.1 规定幅度内选择。同一导流分期各导流建筑物的洪水标准相同,以主要挡水建筑物的设计洪水标准为准	

续附表 5

序号	条款号	强制性条文内容	执行情况
4	10.2.1	对导流建筑物级别为 3 级且失事后果严重的工程,应提出发生超标准洪水时的预案	
标准名称		《水利水电工程围堰设计规范》(SL 645—2013)	
1	3.0.9	围堰工程设计洪水标准应根据建筑物的类型和级别在表 3.0.9 规定幅度内选择。对围堰级别为 3 级且后果严重的工程,应提出发生超标准洪水时的工程应急措施	
9 强条汇编章节		第一篇水利工程设计　4 工程设计　4-2 洪水标准和安全超高　4-2-2 安全超高	
标准名称		《水利水电工程施工组织设计规范》(SL 303—2017)	
1	2.4.20	不过水围堰堰顶高程和堰顶安全加高值应符合下列规定: 1. 堰顶高程不低于设计洪水的静水位与波浪高度及堰顶安全加高值之和,其堰顶安全加高不低于表 2.4.20 中规定的值。 2. 土石围堰防渗体顶部在设计洪水静水位以上的加高值:斜墙式防渗体为 0.8~0.6 m;心墙式防渗体为 0.6~0.3 m。3 级土石围堰的防渗体顶部应预留完工后的沉降超高。 3. 考虑涌浪或折冲水流影响,当下游有支流顶托时,应组合各种流量顶托情况,校核围堰堰顶高程	
标准名称		《水工挡土墙设计规范》(SL 379—2007)	
1	3.2.2	不允许漫顶的水工挡土墙墙前有挡水或泄水要求时,墙顶的安全加高值不应小于表 3.2.2 规定的下限值	
10 强条汇编章节		第一篇水利工程设计　4 工程设计　4-3 稳定与强度	
标准名称		《蓄滞洪区设计规范》(GB 50773—2012)	
1	5.2.1	蓄滞洪区安全台台坡的抗滑稳定安全系数,不应小于表 3.2.10 的规定	
标准名称		《水工混凝土结构设计规范》(SL 191—2008)	
1	3.1.9	未经技术鉴定或设计许可,不应改变结构的用途和使用环境	
2	3.2.2	承载能力极限状态计算时,结构构件计算截面上的荷载效应组合设计值应按下列规定计算(具体要求见设计规范 3.2.2 条)	
3	3.2.4	承载能力极限状态计算时,钢筋混凝土、预应力混凝土及素混凝土结构构件的承载力安全系数 K 不应小于表 3.2.4 的规定	
4	4.1.4	混凝土轴心抗压、轴心抗拉强度标准值 f_{ck}、f_{tk} 应按表 4.1.4 确定	
5	4.1.5	混凝土轴心抗压、轴心抗拉强度设计值 f_c、f_t 应按表 4.1.5 确定	

续附表5

序号	条款号	强制性条文内容	执行情况
6	4.2.2	钢筋的强度标准值应具有不小于95%的保证率。 普通钢筋的强度标准值 f_{yk} 应按表4.2.2-1采用;预应力钢筋的强度标准值 f_{ptk} 应按表4.2.2-2采用	
7	4.2.3	普通钢筋的抗拉强度设计值 f_y 及抗压强度设计值 f'_y 应按表4.2.3-1采用;预应力钢筋的抗拉强度设计值 f_{py} 及抗压强度设计值 f'_{py} 应按表4.2.3-2采用	
8	5.1.1	素混凝土不得用于受拉构件	
9	9.2.1	纵向受力钢筋的混凝土保护层厚度(从钢筋外边缘算起)不应小于钢筋直径及表9.2.1所列的数值,同时也不应小于粗骨料最大粒径的1.25倍	
10	9.3.2	当计算中充分利用钢筋的抗拉强度时,受拉钢筋伸入支座的锚固长度不应小于表9.3.2中规定的数值。纵向受压钢筋的锚固长度不应小于表9.3.2所列数值的0.7倍	
11	9.5.1	钢筋混凝土构件中纵向受力钢筋的配筋率不应小于表9.5.1规定的数值	
12	9.6.6	预制构件的吊环必须采用HPB235级钢筋制作,严禁采用冷加工钢筋	
13	9.6.7	预埋件的锚筋应采用HPB235级、HRB335级或HRB400级钢筋,严禁采用冷加工钢筋。锚筋采用光面钢筋时,端部应加弯钩	
标准名称		《水利水电工程施工组织设计规范》(SL 303—2017)	
1	2.4.17	土石围堰、混凝土围堰与浆砌石围堰的稳定安全系数应满足下列要求: 1. 土石围堰边坡稳定安全系数应满足表2.4.17的规定。 2. 重力式混凝土围堰、浆砌石围堰采用抗剪断公式计算时,安全系数 K' 应不小于3.0,排水失效时安全系数 K' 应不小于2.5;按抗剪强度公式计算时安全系数 K 应不小于1.05。	
标准名称		《水工挡土墙设计规范》(SL 379—2007)	
1	3.2.7	沿挡土墙基底面的抗滑稳定安全系数不应小于表3.2.7规定的允许值	
2	3.2.8	当土质地基上的挡土墙沿软弱土体整体滑动时,按瑞典圆弧法或折线滑动法计算的抗滑稳定安全系数不应小于表3.2.7规定的允许值	

续附表5

序号	条款号	强制性条文内容	执行情况
3	3.2.10	设有锚碇墙的板桩式挡土墙,其锚碇墙抗滑稳定安全系数不应小于表3.2.10规定的允许值	
4	3.2.11	对于加筋式挡土墙,不论其级别,基本荷载组合条件下的抗滑稳定安全系数不应小于1.40,特殊荷载组合条件下的抗滑稳定安全系数不应小于1.30	
5	3.2.12	土质地基上挡土墙的抗倾稳定安全系数不应小于表3.2.12规定的允许值	
6	3.2.13	岩石地基上1~3级水工挡土墙,在基本荷载组合条件下,抗倾覆安全系数不应小于1.50,4级水工挡土墙抗倾覆安全系数不应小于1.40;在特殊荷载组合条件下,不论挡土墙的级别,抗倾覆安全系数不应小于1.30	
7	3.2.14	对于空箱式挡土墙,不论其级别和地基条件,基本荷载组合条件下的抗浮稳定安全系数不应小于1.10,特殊荷载组合条件下的抗浮稳定安全系数不应小于1.05	
8	6.3.1	土质地基和软质岩石地基上的挡土墙基底应力计算应满足下列要求: 1.在各种计算情况下,挡土墙平均基底应力不大于地基允许承载力,最大基底应力不大于地基允许承载力的1.2倍; 2.挡土墙基底应力的最大值与最小值之比不大于表6.3.1规定的允许值	
9	6.3.2	硬质岩石地基上的挡土墙基底应力计算应满足下列要求: 1.在各种计算情况下,挡土墙最大基底应力不大于地基允许承载力; 2.除施工期和地震情况外,挡土墙基底不应出现拉应力,在施工期和地震情况下,挡土墙基底拉应力不应大于100 kPa	
标准名称		《水利水电工程边坡设计规范》(SL 386—2007)	
1	3.4.2	采用5.2节规定的极限平衡方法计算的边坡抗滑稳定最小安全系数应满足表3.4.2的规定。经论证,破坏后给社会、经济和环境带来重大影响的1级边坡,在正常运用条件下的抗滑稳定安全系数可取1.30~1.50	
11 强条汇编章节		第一篇水利工程设计 4 工程设计 4-4 抗震	
标准名称		《水工建筑物抗震设计标准》(GB 51247—2018)	
1	1.0.5	地震基本烈度为Ⅵ度及Ⅵ度以上地区的坝高超过200 m或库容大于100亿 m^3 的大(1)型工程,以及地震基本烈度为Ⅶ度及Ⅶ度以上地区的坝高超过150 m的大(1)型工程,其场地设计地震动峰值加速度和其对应的设计烈度应依据专门的场地地震安全性评价成果确定	

续附表 5

序号	条款号	强制性条文内容	执行情况
2	3.0.1	水工建筑物应根据其重要性和工程场地地震基本烈度按表 3.0.1 确定其工程抗震设防类别	
12 强条汇编章节		第一篇水利工程设计　4 工程设计　4-5 挡水、蓄水建筑物	
标准名称		《堤防工程设计规范》(GB 50286—2013)	
1	7.2.4	黏性土土堤的填筑标准应按压实度确定。压实度值应符合下列规定： 1.1 级堤防不应小于 0.95； 2.2 级和堤身高度不低于 6 m 的 3 级堤防不应小于 0.93； 3. 堤身高度低于 6 m 的 3 级及 3 级以下堤防不应小于 0.91	
2	7.2.5	无黏性土土堤的填筑标准应按相对密度确定，1 级、2 级和堤身高度不低于 6 m 的 3 级堤防不应小于 0.65，堤身高度低于 6 m 的 3 级及 3 级以下堤防不应小于 0.60。有抗震要求的堤防应按现行行业标准《水工建筑物抗震设计规范》(SL 203—1997) 有关规定执行	
3	10.1.3	修建与堤防交叉、连接的各类建筑物、构筑物，应进行洪水影响评价，不得影响堤防的管理运用和防汛安全	
13 强条汇编章节		第一篇水利工程设计　4 工程设计　4-8 防火	
标准名称		《水利工程设计防火规范》(GB 50987—2014)	
1	4.1.1	枢纽内相邻建筑物之间的防火间距不应小于表 4.1.1 的规定	
2	4.1.2	室外主变压器场与建筑物、厂外油罐室或露天油罐的防火间距不应小于表 4.1.2 的规定	
标准名称		《水利系统通信运行规程》(SL 306—2004)	
1	6.1.2	水利通信机房应符合通信机房消防规范要求，严禁存放易燃、易爆和腐蚀性物品，严禁烟火。通信机房应备有适宜电气设备的消防器材，专人负责，定期检查，确保完好	
五、水土保持专业			
序号	条款号	强制性条文内容	
标准名称 1		《生产建设项目水土保持技术标准》(GB 50433—2018)	
1	3.2.3	严禁在崩塌和滑坡危险区、泥石流易发区内设置取土(石、砂)场	
2	3.2.5	严禁在对公共设施、基础设施、工业企业、居民点等有重大影响的区域设置弃土(石、渣、灰、矸石、尾矿)场	

续附表 5

序号	条款号	强制性条文内容	执行情况
标准名称 2		《水土保持工程设计规范》(GB 51018—2014)	
1	7.1.5	淤地坝放水建筑物应满足 7 d 放完库内滞留洪水的要求	
2	12.2.2	弃渣场选址应符合下列规定： 2. 严禁在对重要基础设施、人民群众生命财产安全及行洪安全有重大影响的区域布设弃渣场	
标准名称 3		《水土保持治沟骨干工程技术规范》(SL 289—2003)	
1	5.2.2	坝体在汛前必须达到 20 年一遇洪水重现期防洪度汛高程,否则应采取抢修度汛小断面等措施	
2	7.4.2	骨干坝在设计水位情况下,必须确保安全运用。对超标准洪水应制定安全运用对策,保护工程安全,将损失降到最低程度。当建筑物出现严重险情或设备发生故障时,必须尽快泄空库内蓄水,进行检查抢修。对病险坝库,必须控库运用	
标准名称 4		《水利水电工程水土保持技术规范》(SL 575—2012)	
1	4.1.1	水利水电工程水土流失防治应遵循下列规定： 1. 应控制和减少对原地貌、地表植被、水系的扰动和损毁,减少占用水土资源,注重提高资源利用效率。 2. 对于原地表植被、表土有特殊保护要求的区域,应结合项目区实际剥离表层土、移植植物以备后期恢复利用,并根据需要采取相应防护措施。 3. 主体工程开挖土石方应优先考虑综合利用,减少借方和弃渣。弃渣应设置专门场地予以堆放和处置,并采取挡护措施。 4. 在符合功能要求且不影响工程安全的前提下,水利水电工程边坡防护应采取生态型防护措施;具备条件的砌石、混凝土等护坡及稳定岩质边坡,应采取覆绿或恢复植被措施。 5. 水利水电工程有关植物措施设计应纳入水土保持设计。 6. 弃渣场防护措施设计应在保证渣体稳定的基础上进行	
2	4.1.5	弃渣场选址应符合下列规定： 2. 严禁在对重要基础设施、人民群众生命财产安全及行洪安全有重大影响的区域布设弃渣场。弃渣场不应影响河流、沟谷的行洪安全;弃渣不应影响水库大坝、水利工程取用水建筑物、泄水建筑物、灌(排)干渠(沟)功能,不应影响工矿企业、居民区、交通干线或其他重要基础设施的安全	
3	10.5.2	弃渣场抗滑稳定计算应分为正常运用工况和非常运用工况。 1. 正常运用工况:弃渣场在正常和持久的条件下运用,弃渣场处在最终弃渣状态时,渣体无渗流或稳定渗流。 2. 非常运用工况:弃渣场在正常工况下遭遇Ⅶ度以上(含Ⅶ度)地震	

续附表 5

六、环境保护专业

序号	条款号	强制性条文内容	执行情况
标准名称 1		《水利水电工程环境保护设计规范》(SL 492—2011)	
1	3.3.1	水生生物保护应对珍稀、濒危、特有和具有重要经济、科学研究价值的野生水生动植物及其栖息地、鱼类产卵场、索饵场、越冬场,以及洄游性水生生物及其洄游通道等重点保护	
标准名称 2		《环境影响评价技术导则 水利水电工程》(HJ/T 88—2003)	
1	6.2.1	水环境保护措施: a. 应根据水功能区划、水环境功能区划,提出防止水污染、治理污染源的措施。 b. 工程造成水环境容量减小,并对社会经济有显著不利影响,应提出减免和补偿措施	
2	6.2.2	大气污染防治措施:应对生产、生活设施和运输车辆等排放废气、粉尘、扬尘提出控制要求和净化措施;制定环境空气监测计划、管理办法	
3	6.2.3	环境噪声控制措施:施工现场建筑材料的开采、土石方开挖、施工附属企业、机械、交通运输车辆等释放的噪声应提出控制噪声要求;对生活区、办公区布局提出调整意见;对敏感点采取设立声屏障、隔音减噪等措施;制定噪声监控计划	
4	6.2.4	施工固体废物处理处置措施:应包括施工产生的生活垃圾、建筑垃圾、生产废料处理处置等	
5	6.2.5	生态保护措施: a. 珍稀、濒危植物或其他有保护价值的植物受到不利影响,应提出工程防护、移栽、引种繁殖栽培、种质库保存和管理等措施。工程施工损坏植被,应提出植被恢复与绿化措施。 b. 珍稀、濒危陆生动物和有保护价值的陆生动物的栖息地受到破坏或生境条件改变,应提出预留迁徙通道或建立新栖息地等保护及管理措施。 c. 珍稀、濒危水生生物和有保护价值的水生生物的种群、数量、栖息地、洄游通道受到不利影响,应提出栖息地保护、过鱼设施、人工繁殖放流、设立保护区等保护与管理措施	

续附表 5

序号	条款号	强制性条文内容	执行情况
6	6.2.6	土壤环境保护措施:a.工程引起土壤潜育化、沼泽化、盐渍化、土地沙化,应提出工程、生物和监测管理措施。	
7	6.2.7	人群健康保护措施应包括卫生清理、疾病预防、治疗、检疫、疫情控制与管理,病媒体的杀灭及其孳生地的改造,饮用水水源地的防护与监测,生活垃圾及粪便的处置,医疗保健、卫生防疫机构的健全与完善等	
8	6.2.10	工程对取水设施等造成不利影响,应提出补偿、防护措施	

七、征地移民专业

序号	条款号	强制性条文内容	执行情况
标准名称 1		《水利水电工程建设征地移民安置规划设计规范》(SL 290—2009)	
1	2.6.3	迁建新址的选择应符合以下要求: 1.城(集)镇新址,应选择在地理位置适宜、地形相对平坦、地质稳定、水源安全可靠、交通方便、防洪安全、便于排水、能发挥服务功能的地点。选择新址,还应与当地城镇体系规划相协调,并为远期发展留有余地。 2.城(集)镇选址应进行水文地质和工程地质勘察,进行场地稳定性及建筑适宜性评价,并进行地质灾害危险性评估	
2	2.9.2	防护工程设计标准应按以下原则确定: 4.防浸没(渍)标准应根据水文地质条件、水库运用方式和防护对象的耐浸能力,综合分析确定不同防护对象容许的地下水位临界深度值。 5.排涝工程的内外设计水位应根据防护对象的除涝防渍要求、主要防护对象的高程分布和水库调度运用资料,综合分析,合理确定	
标准名称 2		《水利水电工程水库库底清理设计规范》(SL 664—2014)	
1	9.4.2	有炭疽尸体埋葬的地方,清理后表土不应检出具有毒力的炭疽芽孢杆菌	
2	9.4.3	灭鼠后鼠密度不应超过 1%	
3	9.4.4	传染性污染源应按 100%检测,其他污染源按 3%～5%检测	
4	10.2.3	市政污水处理设施(包括沼气池、废弃的污水管道、沟渠等)中积存的污泥应予以清理	

续附表5

序号	条款号	强制性条文内容	执行情况
5	10.2.5	下列危险废物应予以清理： 1. 医疗卫生机构、医药商店、化验(实验)室等产生的列入《医疗废物分类目录》(卫医发〔2003〕287号)的各种医疗废物。 2. 电镀污泥、废酸、废碱、废矿物油等以及列入《国家危险废物名录》(环境保护部、国家发展改革委令第1号)的各种废物及其包装物。 3. 根据GB 5085检测被确认具有危险特性的废物及其包装物。 4. 化工、化肥、农药、染料、油漆、石油以及电镀、金属表面处理等废弃的生产设备、工具、原材料和产品包装物以及废弃的原材料和药剂。 5. 农药销售商店、摊点和储存点积存、散落和遗落的废弃农药及其包装物	
6	10.2.6	废放射源及含放射性同位素的固体废物应予以清理	
7	10.2.7	危险废物以及磷石膏等工业固体废物清理后的原址中的土壤，如果其浸出液中一种或一种以上的有害成分浓度大于或等于表10.2.4中所列指标，应予以清理	

八、劳动安全与卫生

序号	条款号	强制性条文内容	执行情况
标准名称1		《灌溉与排水工程设计标准》(GB 50288—2018)	
1	20.4.2	1~4级渠(沟)道和渠道设计水深大于1.5m的5级渠道跌水、倒虹吸、渡槽、隧洞等主要建筑物进、出口及穿越人口聚居区应设置安全警示牌、防护栏杆等防护设施	
2	20.4.3	设置踏步或人行道的渡槽、水闸等建筑物应设防护栏杆，建筑物进人孔、闸孔、检修井等位置应设安全井盖	
标准名称2		《水利水电工程劳动安全与工业卫生设计规范》(GB 50706—2011)	
1	4.2.2	采用开敞式高压配电装置的独立开关站，其场地四周应设置高度不低于2.2m的围墙	
2	4.2.6	地网分期建成的工程，应校核分期投产接地装置的接触电位差和跨步电位差，其数值应满足人身安全的要求	

续附表 5

序号	条款号	强制性条文内容	执行情况
3	4.2.9	在中性点直接接地的低压电力网中,零线应在电源处接地	
4	4.2.11	安全电压供电电路中的电源变压器,严禁采用自耦变压器	
5	4.2.13	独立避雷针、装有避雷针或避雷线的构架,以及装有避雷针的照明灯塔上的照明灯电源线,均应采用直接埋入地下的带金属外皮的电缆或穿入埋地金属管的绝缘导线,且埋入地中长度不小于 10 m。装有避雷针(线)的构架物上,严禁架设通信线、广播线和低压线	
6	4.2.16	易发生爆炸、火灾造成人身伤亡的场所应装设应急照明	
7	4.5.7	机械排水系统的排水管管口高程低于下游校核洪水位时,必须在排水管道上装设逆止阀	
8	4.5.8	防洪防淹设施应设置不少于 2 个的独立电源供电,且任意一电源均应能满足工作负荷的要求	
标准名称 3		《水利水电工程施工组织设计规范》(SL 303—2017)	
1	4.6.12	防尘、防有害气体等综合处理措施应符合下列规定: 4. 对含有瓦斯等有害气体的地下工程,应编制专门的防治措施	
2	7.2.3	下列地区不应设置施工临时设施: 1. 严重不良地质区或滑坡体危害区; 2. 泥石流、山洪、沙暴或雪崩可能危害区; 3. 受爆破或其他因素影响严重的区域	

九、景观专业

序号	条款号	强制性条文内容	执行情况
标准名称		《公园设计规范》(GB 51192—2016)	
1	4.1.7	公园内古树名木严禁砍伐或移植,并应采取保护措施	
2	5.1.3	公园地形应按照自然安息角设计坡度,当超过土壤的自然安息角时,应采取护坡、固土或防冲刷的措施	
3	5.2.4	地形填充土不应含有对环境、人和动植物安全有害的污染物或放射性物质	
4	5.3.3	非淤泥底人工水体的岸高及近岸水深应符合下列规定: 1. 无防护设施的人工驳岸,近岸 2.0 m 范围内的常水位水深不得大于 0.7 m; 2. 无防护设施的园桥、汀步及临水平台附近 2.0 m 范围以内的常水位水深不得大于 0.5 m; 3. 无防护设施的驳岸顶与常水位的垂直距离不得大于 0.5 m